教育部 财政部职业院校教师素质提高计划职教师资培养资源开发项目

普通高等教育能源动力类系列教材

小型制冷空调设备制造安装与维修

主编　张文慧

参编　尹雪梅

机 械 工 业 出 版 社

本书以工作过程系统化的模式系统地阐述了小型制冷空调设备的制造安装与维修实务。全书按照由简单到复杂的逻辑关系，设置电冰箱、冷柜、房间空调器、汽车空调、户式中央空调五个学习情境，并且每一个学习情境都以设备的制造、安装、运行调试及故障诊断与排除为主线来进行。这样能够让学生不仅掌握小型制冷空调设备的运行原理知识，同时掌握小型制冷空调设备制造安装与维修的相关技能。

本书为能源与动力工程专业职教师资本科培养教材，也可作为高等院校相关专业教材和从事小型制冷空调设备制造、安装与维修工作的工程技术人员的参考书。

本书配有电子课件，向授课教师免费提供，需要者可登录机械工业出版社教育服务网（www. cmpedu. com）下载。

图书在版编目（CIP）数据

小型制冷空调设备制造安装与维修/张文慧主编. —北京：机械工业出版社，2020. 1（2023.12 重印）

教育部　财政部职业院校教师素质提高计划职教师资培养资源开发项目

ISBN 978-7-111-64651-8

Ⅰ. ①小…　Ⅱ. ①张…　Ⅲ. ①制冷装置-空气调节器-设备安装②制冷装置-空气调节器-维修　Ⅳ. ①TB657. 2

中国版本图书馆 CIP 数据核字（2020）第 013281 号

机械工业出版社（北京市百万庄大街 22 号　邮政编码 100037）

策划编辑：蔡开颖　责任编辑：蔡开颖　张亚捷　刘丽敏

责任校对：王明欣　封面设计：张　静

责任印制：常天培

固安县铭成印刷有限公司印刷

2023 年 12 月第 1 版第 4 次印刷

184mm×260mm · 13. 75 印张 · 335 千字

标准书号：ISBN 978-7-111-64651-8

定价：39. 00 元

电话服务	网络服务
客服电话：010-88361066	机　工　官　网：www. cmpbook. com
010-88379833	机　工　官　博：weibo. com/cmp1952
010-68326294	金　　书　　网：www. golden-book. com
封底无防伪标均为盗版	机工教育服务网：www. cmpedu. com

出版说明

《国家中长期教育改革和发展规划纲要（2010—2020年）》颁布实施以来，我国职业教育进入加快构建现代职业教育体系、全面提高技能型人才培养质量的新阶段。加快发展现代职业教育，实现职业教育改革发展新跨越，对职业学校“双师型”教师队伍建设提出了更高的要求。为此，教育部明确提出，要以推动教师专业化为引领，以加强“双师型”教师队伍建设为重点，以创新制度和机制为动力，以完善培养培训体系为保障，以实施素质提高计划为抓手，统筹规划，突出重点，改革创新，狠抓落实，切实提升职业院校教师队伍整体素质和建设水平，加快建成一支师德高尚、素质优良、技艺精湛、结构合理、专兼结合的高素质专业化的“双师型”教师队伍，为建设具有中国特色、世界水平的现代职业教育体系提供强有力的师资保障。

目前，我国共有60余所高校正在开展职教师资培养，但由于教师培养标准的缺失和培养课程资源的匮乏，制约了“双师型”教师培养质量的提高。为完善教师培养标准和课程体系，教育部、财政部在“职业院校教师素质提高计划”框架内专门设置了职教师资培养资源开发项目，中央财政划拨1.5亿元，系统开发用于本科专业职教师资培养标准、培养方案、核心课程和特色教材等系列资源。其中，包括88个专业项目、12个资格考试制度开发等公共项目。该项目由42家开设职业技术师范专业的高等学校牵头，组织近千家科研院所、职业学校、行业企业共同研发，一大批专家学者、优秀校长、一线教师、企业工程技术人员参与其中。

经过三年的努力，培养资源开发项目取得了丰硕成果。一是开发了中等职业学校88个专业（类）职教师资本科培养资源项目，内容包括专业教师标准、专业教师培养标准、评价方案，以及一系列专业课程大纲、主干课程教材及数字化资源；二是取得了6项公共基础研究成果，内容包括职教师资培养模式、国际职教师资培养、教育理论课程、质量保障体系、教学资源中心建设和学习平台开发等；三是完成了18个专业大类职教师资资格标准及认证考试标准开发。上述成果，共计800多本正式出版物。总体来说，培养资源开发项目实现了高效益：形成了一大批资源，填补了相关标准和资源的空白；凝聚了一支研发队伍，强化了教师培养的“校—企—校”协同；引领了一批高校的教学改革，带动了“双师型”教师的专业化培养。职教师资培养资源开发项目是支撑专业化培养的一项系统化、基础性工程，是加强职教教师培养培训一体化建设的关键环节，也是对职教师资培养培训基地教师专业化培养实践、教师教育研究能力的系统检阅。

自2013年项目立项开题以来，各项目承担单位、项目负责人及全体开发人员做了大量深入细致的工作，结合职教教师培养实践，研发出很多填补空白、体现科学性和前瞻性的成果，有力推进了“双师型”教师专门化培养向更深层次发展。同时，专家指导委员会的各位专家以及项目管理办公室的各位同志，克服了许多困难，按照两部对项目开发工作的总体要求，为实施项目管理、研发、检查等投入了大量时间和心血，也为各个项目提供了专业的咨询和指导，有力地保障了项目实施和成果质量。在此，我们一并表示衷心的感谢。

编写委员会

2016年3月

教育部高等学校中等职业学校教师培养教学指导委员会

项目专家指导委员会

主　任　刘来泉

副主任　王宪成　郭春鸣

成　员　（按姓氏笔画排列）

刁哲军　王乐夫　王继平　邓泽民　石伟平　卢双盈
刘正安　刘君义　米　靖　汤生玲　李仲阳　李栋学
李梦卿　吴全全　沈　希　张元利　张建荣　周泽扬
孟庆国　姜大源　夏金星　徐　朔　徐　流　郭杰忠
曹　晔　崔世钢　韩亚兰

前　　言

为了全面提高职教师资的培养质量，在“十二五”期间，教育部、财政部在职业院校教师素质提高计划的框架内专门设置了职教师资培养资源开发项目，系统开发用于职教师资本科培养专业的培养标准、培养方案、核心课程和特色教材等资源，目标是形成一批职教师资优质资源，不断提高职教师资培养质量，完善职教师资培养体系建设，更好地满足现代职业教育对高素质专业化“双师型”职业教师的需要。

本书是教育部、财政部职业院校教师素质提高计划职教师资培养资源开发项目的能源与动力工程专业项目（VTNE018）的核心成果之一。以职业教育专业教学论的视角，我们编写了这本针对能源与动力工程专业职教师资培养的特色教材，力求遵循职教师资培养的目标和规律，将理论与实践、专业教学与教育理论知识、高等学校的培养环境与中等职业学校专业师资的实际需求有机地结合起来，聚焦于形成职教师资本科学生的职业综合能力。本书是能源与动力工程专业职教师资本科培养的专业必修课教材，也是该专业的核心课程教材。本书的编写思路是：解构传统意义上的学科知识体系，重构并形成基于工作过程的职业行动体系，通过问题导向、任务驱动、项目教学、案例引导的工学结合等方式，将职业岗位的工作任务转换成课程学习任务，构成基于学习情境的学习目标、教学实现方法和能力目标。本书具有鲜明的职业师范教育的特色、专业的独特性和一定的创新性，其具体特点如下：

1. 以工作任务为中心来实现知识的选取和重构。教材开发基于企业工作任务，即以工作任务为中心组织课程内容，让学生在系统化的工作过程中最大限度地获得经验和启发，从而构建相关知识理论体系，并能有效地利用这些知识体系进行创新和新的实践，循序渐进地发展其职业能力。

2. 以“必需、够用”为度来进行理论知识的选取。理论教学以应用为目的，将理论知识贯穿于工作任务的完成过程中，突出理论知识的应用和实践能力的培养。

3. 以学生能力培养为目标进行教学方法设计。在工作任务及其系统化的工作过程中，重点发展学生的专业能力、方法能力和社会能力。教学设计中教学方法适应于学生能力培养目标，逐步培养学生的自主学习能力、知识迁移能力、团队协作能力和创新能力。

4. 以过程性原则进行教学评价。课程的评价融入操作技能评价、全过程学习质量记录、全过程课程考核评价机制，注重学生对知识的理解能力、运用能力和实际操作能力的培养，充分体现评价的导向功能、激励功能。

本书由郑州轻工业大学建筑环境工程学院张文慧任主编，参加本书编写的人员有张文慧（学习情境一、学习情境三、学习情境五）、郑州轻工业大学能源与动力工程学院尹雪梅（学习情境二、学习情境四）。本书在编写过程中，得到了职教师资培养资源开发项目专家指导委员会刘来泉研究员、姜大源研究员、吴全全研究员、张元利教授、韩亚兰教授和沈希教授等专家学者的悉心指导和帮助。陕西科技大学曹巨江教授和华中科技大学黄树红教授对本书的编写也给予了大力支持。郑州市电子信息工程学校孟凡超老师和格力电器（郑州）有限公司提供了大量的教学资料，使得本书内容更加丰富和翔实 。在此向他们表示衷心的感谢！

由于编者的知识水平和专业能力有限，本书难免有疏漏、错误或不当之处，恳请使用和阅读本书的读者予以批评指正。

编　者

目　录

学习情境一　电冰箱制造与维修

工作任务

工作任务一　电冰箱制造及装配

工作任务二　电冰箱故障诊断及排除

学习目标

电冰箱是利用机械制冷方式获得低温环境，以储存食品的小型冷冻冷藏装置。现代生活中，电冰箱已成为人们生活中必不可少的家用电器之一。通过学习电冰箱相关知识、相关技能和各工作任务，应达到如下学习目标。

1）掌握电冰箱的组成及工作原理。

2）能够进行电冰箱的制造及装配作业。

3）能够进行电冰箱故障诊断与排除。

4）了解各工作任务资讯、方案的制订、方案实施和检查评价等过程。

学习内容

1）电冰箱的分类。

2）电冰箱的组成及工作原理。

3）电冰箱的制造及装配工艺。

4）电冰箱故障诊断与排除相关操作技能。

5）电冰箱故障诊断与排除。

教学方法与组织形式

1）主要采用任务驱动教学法。

2）知识的学习主要采用教师讲解、小组讨论等学习的模式。

3）技能的学习可采用实操演示、参观生产线等模式进行。

学生应具备的基本知识及技能

1）应具备制冷设备及电气控制相关知识。

2）应掌握电工常用仪表和工具的使用方法。

3）应具备管道切割、扩口、胀口、弯管、焊接等制冷系统基本操作技能。

学习评价方式

1）以小组（3~4人）形式对电冰箱进行装配、故障诊断与排除操作，并进行自评整改。

2）小组之间进行观摩互评。

3）教师综合评价。

4）本情境综合考核，按百分制，取每个工作任务考核结果平均值。

工作任务一　电冰箱制造及装配

学习目标

1）了解常用电冰箱分类。

2）掌握电冰箱组成及工作原理。

3）掌握电冰箱的制造及装配工艺。

教学方法与教具

1）教师课堂讲授。

2）多媒体、板书、视频、实操展示相结合。

3）观看生产线录像，参观电冰箱生产线。

4）所需教具：电冰箱生产线、电冰箱模型或实物、电冰箱拆解工具。

电冰箱的制造及装配工艺包括板材成型、钣金成型、吸塑成型、磷化喷涂、门体箱体预装、门体箱体发泡、总装、检测和清洗打包等过程。电冰箱制造及装配工艺流程图如图 1-1 所示。

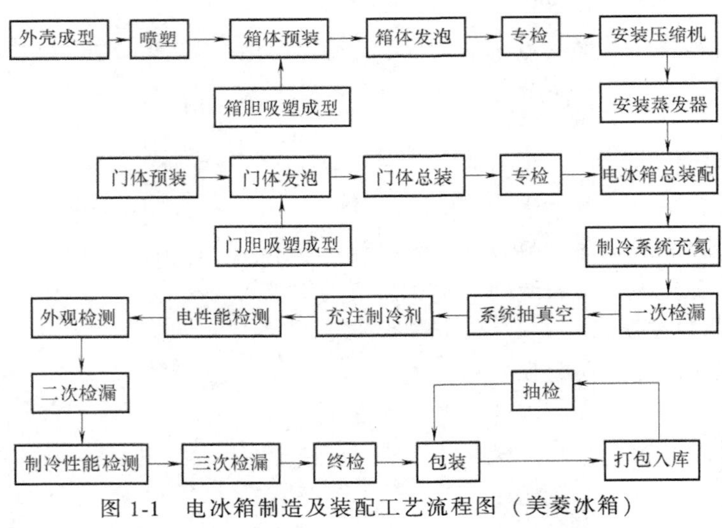

图 1-1　电冰箱制造及装配工艺流程图（美菱冰箱）

在学习电冰箱制造及装配工艺前，应首先了解电冰箱的分类，掌握电冰箱的组成及工作原理等相关知识。

一、相关知识

1. 电冰箱的分类

（1）按用途分类　电冰箱种类繁多，按用途可分为冷藏箱、冷藏冷冻箱和冷冻箱等。

1）冷藏箱。该类型电冰箱至少有一个间室是冷藏室，用以储藏不需冻结的食品，其温度应保持在 0℃以上。该类型电冰箱可以具有冷却室、制冰室、冻结食品储藏室、冰温室，但没有冷冻室。

2）冷藏冷冻箱。该类型电冰箱至少有一个间室为冷藏室，一个间室为冷冻室。

3）冷冻箱。该类型电冰箱至少有一间为冷冻室，并能按规定储藏食品，可有冻结食品储藏室。

（2）按冷却方式分类　电冰箱按冷却方式可分为直接冷却式电冰箱和间接冷却式电冰箱。

1）直接冷却式电冰箱中冷气以自然对流的方式冷却食品，蒸发器一般直接布置在电冰箱上部的冷冻室，而冷藏室内另设一个蒸发器，或使冷冻室内一部分冷气进入冷藏室，对冷藏室内食品进行冷却。单门直接冷却式电冰箱剖视图如图 1-2 所示，双门电冰箱的冷冻室和冷藏室分别设门，使冷冻和冷藏的食品互相不串味，这种电冰箱的冷冻室容量比单门电冰箱大，国产的双门电冰箱通常为直接冷却式双门双温电冰箱。双门直接冷却式电冰箱剖视图如图 1-3 所示。

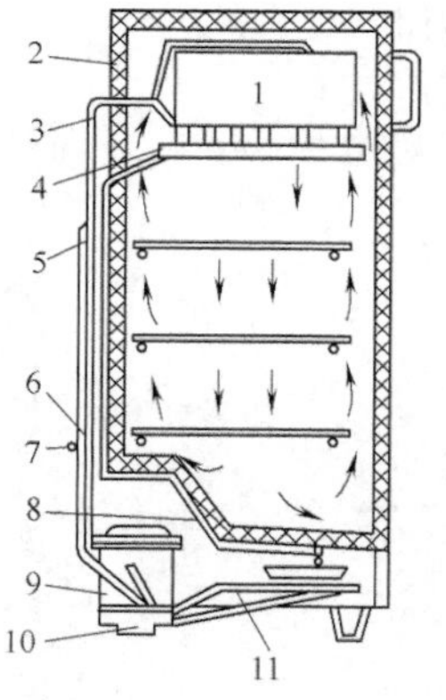

图 1-2　单门直接冷却式电冰箱剖视图

1—蒸发器　2—隔热层　3—吸气管　4—滴水盘
5—冷凝器　6—毛细管　7—过渡器　8—排水管
9—压缩机　10—蒸发盘　11—冷凝器

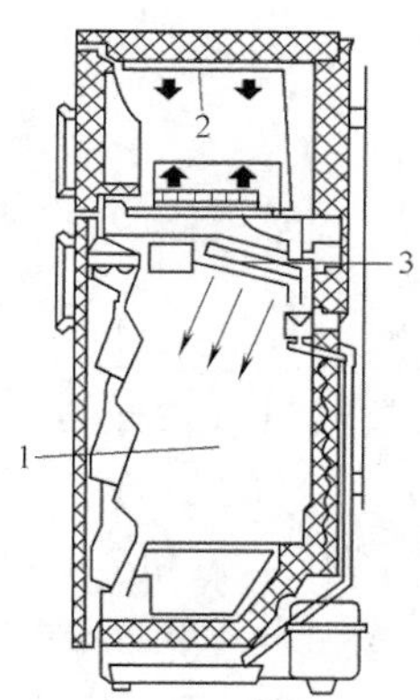

图 1-3　双门直接冷却式电冰箱剖视图

1—冷藏室　2—冷冻室蒸发器　3—冷藏室蒸发器

直接冷却式电冰箱结构简单、制造方便，食品冷却速度快且省电；但箱内温度均匀性差，除霜时须将食品从冷冻室取出。

2）间接冷却式电冰箱的蒸发器多数位于冷冻室和冷藏室的夹层之间，在箱内看不到蒸发器，只能看到一些风孔。夹层内有一个微型电风扇将冷气吹出，采用冷气强制循环达到更好的制冷效果。采用这种冷却方式的电冰箱箱内温度均匀、冷却速度快、使用方便。但因具有除霜系统，耗电量稍大，制造相对复杂。因储藏物表面很少有霜，也称“无霜电冰箱”。间接冷却式电冰箱剖视图如图 1-4 所示。

间接冷却式电冰箱容积效率高、温度均匀、可自动除霜；但结构复杂、价格昂贵、冻结速度比直接冷却式慢。

（3）按箱体外型分类　电冰箱按箱体外型可分为立式电冰箱、卧式电冰箱和炊具组合

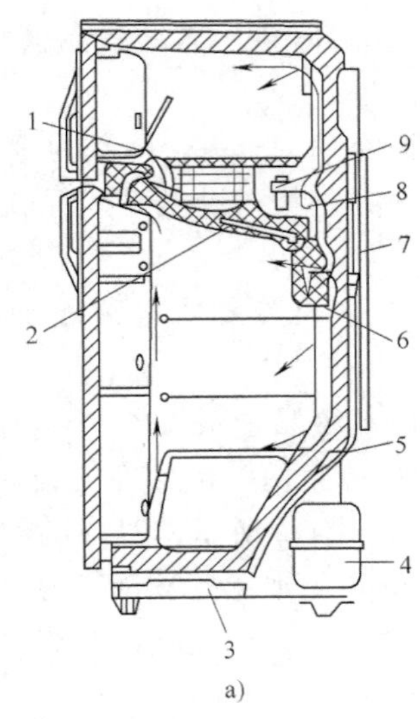

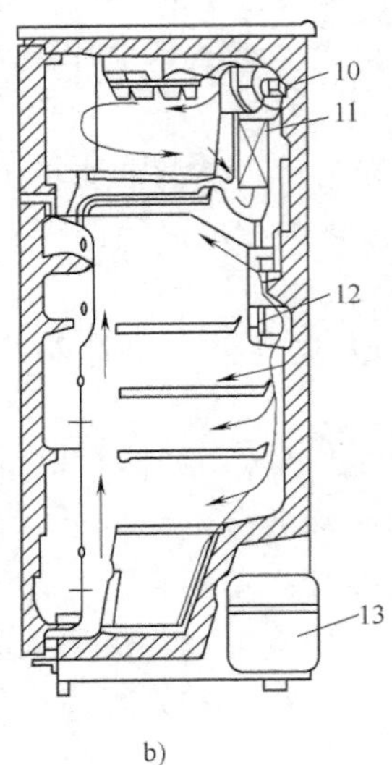

图 1-4 间接冷却式电冰箱剖视图

a）横卧式蒸发器 b）竖立式蒸发器

1、3、11—蒸发器 2—排泄水管 4、13—压缩机 5—排水管 6、12—风门调节阀 7—冷凝器 8—风扇 9、10—风扇电动机

式电冰箱等。

（4）按箱门形式分类 电冰箱按箱门形式可分为单门电冰箱（图 1-5）、双门电冰箱（图 1-6）、三门电冰箱（图 1-7）和多门电冰箱。

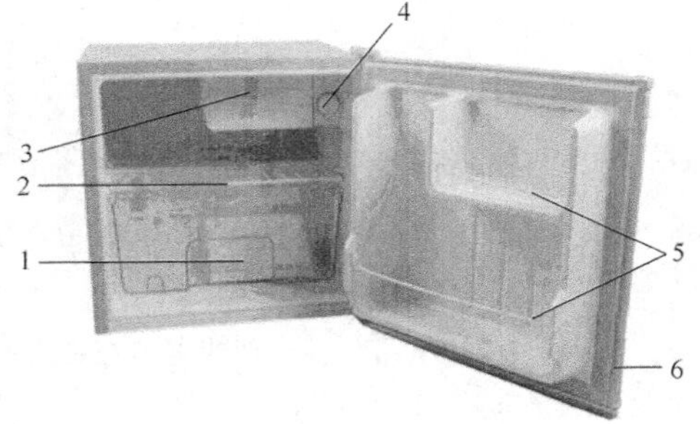

图 1-5 单门电冰箱

1—果菜盒 2—PVC 搁架 3—冷冻室 4—温度控制器 5—门挡 6—门封条

（5）按气候类型分类 根据国际标准规定，按电冰箱使用环境温度可将电冰箱分为四种类型。

1）亚温带型（SN）。适应环境温度 10~32℃。

2）温带型（N）。适应环境温度 16~32℃。

3）亚热带型（ST）。适应环境温度 18~38℃。

4）热带型（T）。适应环境温度 18~43℃。

（6）按电冰箱制冷等级分类 根据冷冻室所能达到的冷冻储存温度的不同，电冰箱制冷等级分类见表 1-1。

表 1-1 电冰箱制冷等级分类

星 级	符 号	冷冻室温度/℃	冷冻室食品储藏期
一星级	*	不高于-6	1 星期
二星级	* *	不高于-12	1 个月
三星级	* * *	不高于-18	3 个月
四星级	* * * *	不高于-24	6~8 个月

图 1-6　双门电冰箱

图 1-7　三门电冰箱

2. 电冰箱的组成及工作原理

目前应用最广的蒸气压缩式电冰箱由保温箱体、制冷系统、电气系统等部分组成，如图 1-8 所示。

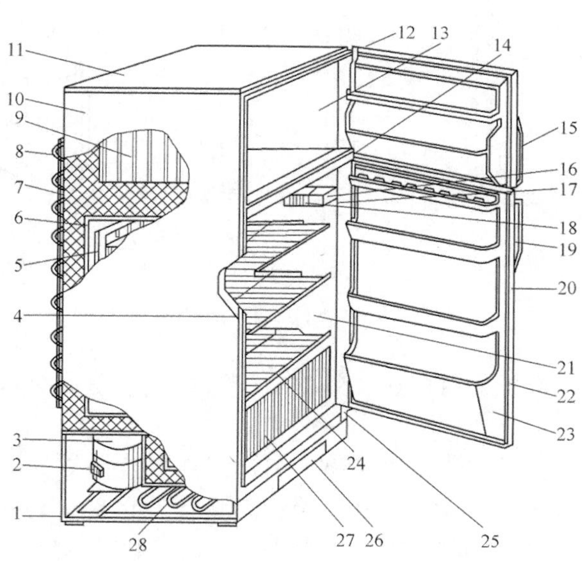

图 1-8　蒸气压缩式电冰箱结构

1—地脚螺钉　2—起动与过载保护继电器　3—压缩机　4—箱门口防露管　5—冷藏室蒸发器　6—塑料内壳　7—聚氨酯发泡绝热层　8—冷凝器　9—冷冻室蒸发器　10—外箱板　11—装饰顶板　12—上折页　13—冷冻室　14—中轴折页　15—上门柄　16—温度控制器　17—灯开关　18—照明灯　19—下门柄　20—箱门（冷藏室）　21—冷藏室　22—磁性门封条　23—门内衬　24—搁架　25—下折页　26—蒸发水皿　27—蔬菜盒　28—蒸发水皿加热管

(1) 保温箱体　保温箱体（图 1-9）由外箱、内箱、箱门、绝热材料、箱体顶面装饰板、门铰链、门框防露管、防凝露装置、箱内附件组成。

1）外箱。外箱一般采用 0.5~0.8mm 厚的优质钢板制成，经过磷化处理，表面喷涂丙烯酸漆或者环氧树脂涂料。也有采用硬质装饰性塑料板和塑料型材拼装而成，取消喷漆处理，实现了箱体结构全塑料化。外箱有两种结构形成：整体式和拼装式。

① 整体式外箱将顶板与左右侧板按要求辊轧成一倒“U”字形，然后再与后板、斜板定位焊成箱体，或将底板与左右侧板弯折成“U”字形，然后再与后板、斜板定位焊成一体。

② 拼装式外箱不需大型辊轧设备，箱体规格易变型，适应多规格、多系列的产品特点，但对每极侧板要求高，强度不如整体式好。

2）内箱。内箱也称内胆或内衬，一般采用丙烯腈板制造，加热干燥，采用凸模吸塑成型或凹模吸塑成型。其具有生产效率高、成本低、光泽好、耐蚀、无毒无味、重量轻等优点；但其硬度和强度较低且耐磨性、耐热性较差，使用温度不允许超过 70℃。目前电冰箱多采用 ABS 板材内箱，但 ABS 加工较困难、有气味、成本较高。而新型内箱材料 HIPS 加工容易，韧性好。新型板材的使用趋势是复合板和多层板。对双门电冰箱冷冻室内胆，也有采用优质钢板、铝合金或不锈钢等材料制造的。

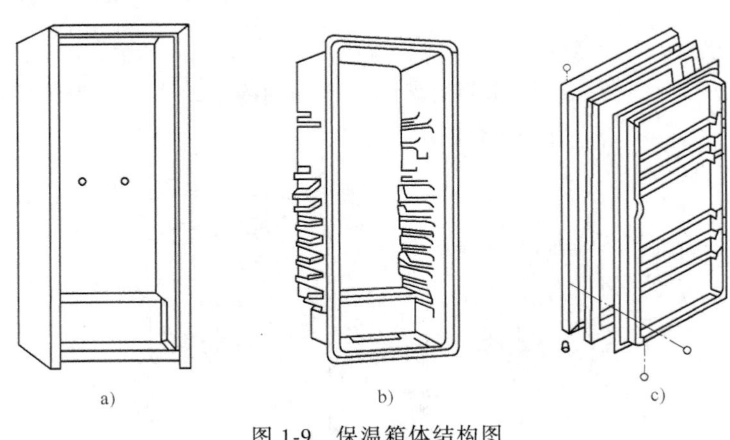

图 1-9　保温箱体结构图

a）外箱　b）内箱　c）箱门

3）箱门。箱门由门面板、门内胆、门衬板、磁性门封条等组成。箱门结构如图 1-10 所示。

门面板采用优质薄钢板制成，也采用塑料挤出型材做成框式结构。门内胆的材料和工艺与箱体相同，只是材料厚度可薄些。门内胆上设有瓶架和蛋架，门外壳和门内胆之间注入聚氨酯硬质泡沫塑料。门内侧四周镶有磁性门封条，当门体和箱体接近关闭时，能自动吸合严密。采用软质聚氯乙烯制作，在中间填有塑料磁性条，利用磁力作用，保证箱门与箱体形成一个良好的密封面。

4）绝热材料。为了防止制冷量散失，电冰箱箱体应具有良好的隔热作用。箱体的内箱和外箱之间填有优质隔热材料，常用的有聚氨酯硬质泡沫塑料、玻璃棉毡和聚苯乙烯泡沫塑料等。聚氨酯硬质泡沫塑料重量轻、绝热性能好［热导率 0.016~0.023W/(m·K)］，采用

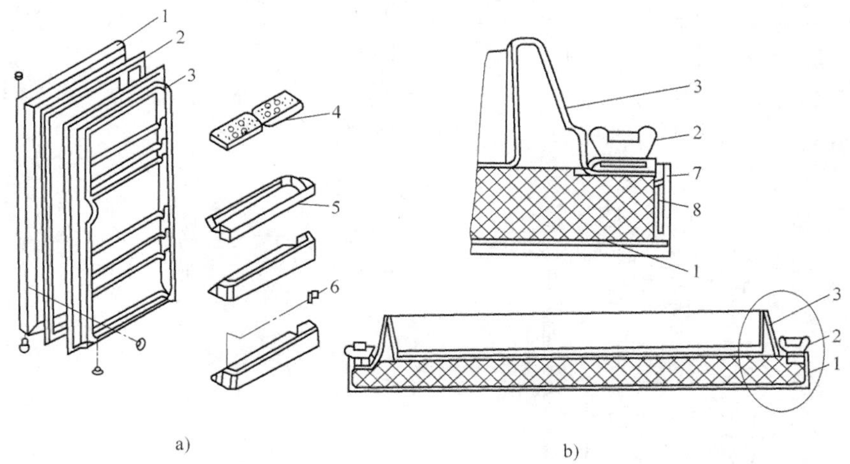

图 1-10　箱门结构图

a）轴测图　b）俯视图

1—门外壳　2—门封条　3—门内胆　4—蛋架　5—瓶架　6—栏杆　7—装饰边框　8—边框固定插板

现场注入发泡工艺，便于机械化生产，注入泡沫塑料后，可使内壳与外壳粘接成一体，提高了结构强度，应用比较广泛。

5）箱体顶面装饰板。采用复合塑料板，下垫聚苯乙烯泡沫板。

6）门铰链。在箱门框上设门铰链，用于连接门和箱体。

7）门框防露管。可防止电冰箱门封处结露，如图 1-11 所示。

8）防凝露装置。电冰箱常见的防凝露装置有电热防凝露装置和热管防凝露装置及红外线防凝露装置。

电热管是电热防凝露装置的主要结构；热管防凝露装置利用制冷系统中冷凝器散发的热量来防止凝露；红外线防凝露装置是在电热防凝露装置基础上的一种改进，它是在电阻外面涂敷了红外辐射材料，当电阻发热时，便发生红外辐射，以此防凝露。

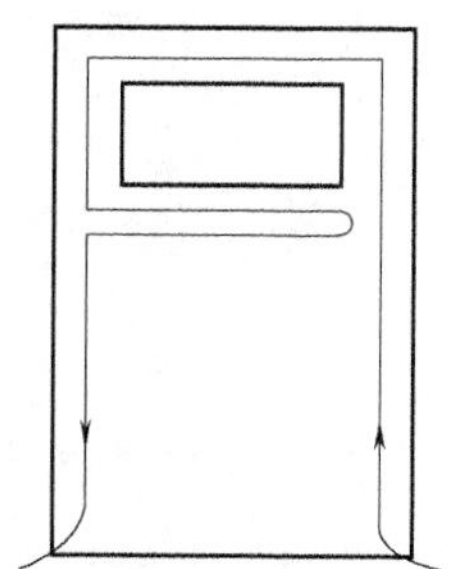

图 1-11　门框防露管

9）箱内附件。冷藏室附件包括接水盘、搁架、果菜盒、排水管、温度控制器旋钮；冷冻室附件包括搁架、制冰盒、贮冰盒、刮霜铲等；其他附件包括饮料盒、搁瓶架、门拉手、地脚调整螺栓及滚轮等。

① 电冰箱的接水盘也称滴水盘，位于蒸发器下方，形如一只大盘，前端有一排水孔，蒸发器除霜时，收集流下来的除霜水，并由排水孔排出。

② 搁架（图 1-12）由粗钢丝焊接后喷塑而成，有一定的刚性。电冰箱的内胆在成型时已在不同高度形成滑道，可以根据需要将搁架插入不同的高度。

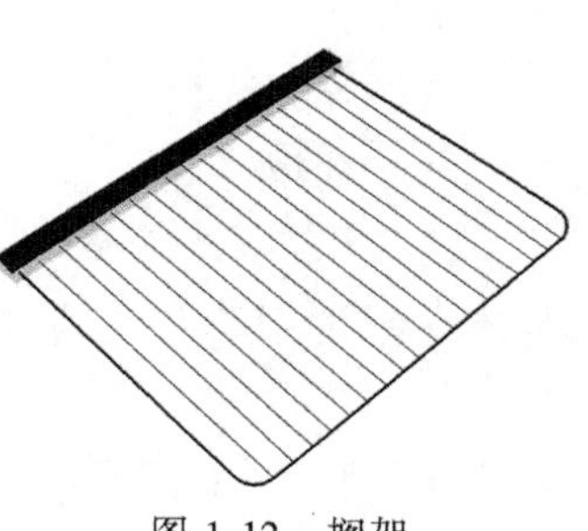

图 1-12　搁架

③ 果菜盒也称蔬菜盒，一般用聚乙烯注射成型，上面用玻璃盖密封。由于蔬菜盒放在箱底，对流的冷空气不能进入

内部，所以温度比箱内略高，里面能保持较高的湿度，这对于新鲜蔬菜的储藏是非常必要的。密封性好的蔬菜盒，蔬菜保存几天也不会干枯。

（2）制冷系统　电冰箱制冷系统由制冷压缩机、冷凝器、毛细管、蒸发器和干燥-过滤器等附件组成。电冰箱制冷系统原理图如图 1-13 所示。

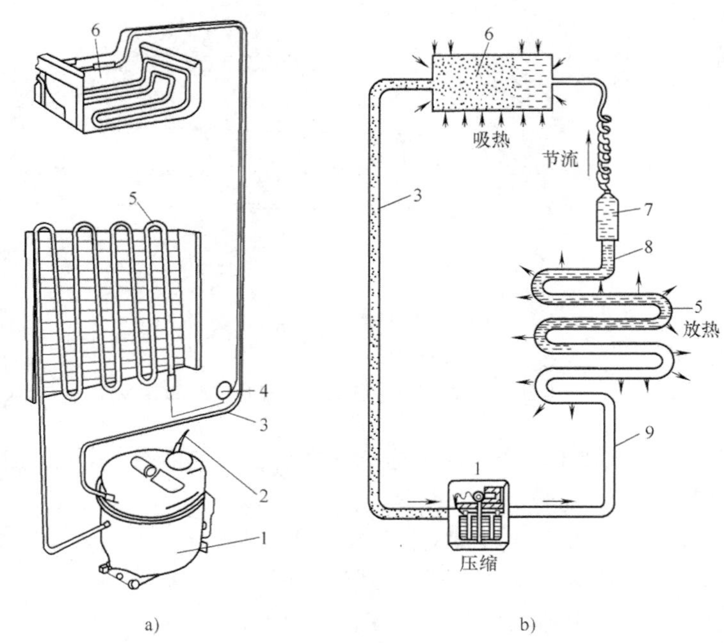

图 1-13　电冰箱制冷系统原理图

a）制冷系统外观　b）制冷系统内循环变化

1—压缩机　2—工艺口　3—回气管　4—毛细管　5—冷凝器　6—蒸发器　7—过滤器　8—液态制冷剂　9—高温高压的气态制冷剂

蒸气压缩式电冰箱制冷循环的工作原理可概括为：压缩→冷凝→节流→蒸发。具体过程如下。

压缩过程：在蒸发器中吸热后的低温低压制冷剂气体经回气管进入压缩机，压缩后，成为高温高压的蒸气排至冷凝器。高温高压的制冷剂液体流过干燥-过滤器，滤除可能携有的污垢或水分。

冷凝过程：高温高压制冷剂蒸气在冷凝器放热冷凝，把热量散发到空气中后，变为高温高压的制冷剂液体。

节流过程：来自冷凝器的高温高压制冷剂液体，经干燥-过滤器，再通过毛细管，制冷剂液体在流过细长的毛细管时受到很大阻力，进入蒸发器后压力骤然下降，温度也同时下降。

蒸发过程：经过毛细管节流后的制冷剂在蒸发器内吸收电冰箱内空间的热量，由液态变为气态。

1）压缩机。压缩机是电冰箱的“心脏”，是电冰箱制冷系统的主要部件之一。它的主要作用是将蒸发器内已经汽化吸热的制冷剂气体吸入气缸内，再由活塞对气体压缩做功，使气体的压力提高、温度上升，然后经冷凝器对气体进行散热和冷却，使制冷剂气体与外界空气产生热交换，气体的温度降低后逐渐冷凝，最后转变为液体。

电冰箱通常使用全封闭制冷压缩机，这种压缩机将压缩机和电动机全部密封在一个钢制外壳中，具有结构紧凑、体积小、密封性能好、振动小、噪声小等特点。其一般呈圆柱形或椭圆形，在压缩机的外部露出三根管子，其中一根较细，是高压管；另两根较粗，分别称为吸气管和工艺管。压缩机外观图如图 1-14 所示。

目前压缩机按其结构特点有滑管式压缩机、连杆式压缩机和滚动转子式压缩机三种。滑管式压缩机制造简单、成本低、寿命短、能效比低；连杆式压缩机加工工艺比较复杂、噪声小、寿命长，但价格偏高；滚动转子式压缩机加工工艺复杂、加工精度高、能效比高。

图 1-14　压缩机外观图

2）冷凝器。高温高压的制冷剂蒸气通过压缩机排气管进入冷凝气，放热冷凝。家用电冰箱的冷凝器都为空气冷却式。按其通风方式可分为自然对流冷却式和强制对流冷却式两种。冷凝器结构特点见表 1-2。

表 1-2　冷凝器结构特点

冷却方式	自然对流冷却			强制对流冷却
结构形式	板管式	丝管式	壁板盘管式	翅片管式
结构简图			箱体外壳 冷凝管 冷冻室	
结构说明	散热片为 0.5～0.6mm 钢板，盘管为 $\phi5 \sim \phi6$mm 镀铜钢管或铜管，将散热片冲出通风孔和凹槽，盘管挤压在凹槽中	盘管为 $\phi5 \sim \phi6$mm 的镀铜钢管，将 $\phi1.5$mm 左右的钢丝焊接在盘管两侧，钢丝间距一般为 5～7mm	将 $\phi5 \sim \phi6$mm 的镀铜钢管或铜管，用铝箔黏附，或用压成槽形的薄钢板压附在箱体外壁的内侧，靠箱体外壁散热	盘管为 $\phi8 \sim \phi10$mm 的镀铜钢管，翅片为 0.2～0.4mm 的镀铜钢板或铝板，翅片和盘管用胀管法胀紧，片距为 2～3mm 的镀铜钢管
特点	工艺简单，传热性能比丝管式稍差	传热性能好，整体强度好，材料费用低，但焊接工艺复杂	结构紧凑，不占用空间，便于清扫、不易损伤，传热性能差，隔热层厚	结构紧凑，散热效率高。冷却能力大，但需配置风扇
适用范围	用于压缩机功率小于 120W 的小型电冰箱			用于压缩机功率大于 120W 的大型电冰箱

3）毛细管。毛细管是制冷系统的主要部件之一，根据制冷系统不同的制冷量，选用内径在0.55~1.0mm，长度为2~4m的纯铜管。由于毛细管的孔径很小、长度较长，液体制冷剂流经毛细管时受到阻力而产生了压降，制冷剂此时会发生闪发现象，液体降温降压。这样既调整了制冷剂的流量，又获得了较低的制冷剂液体温度。若随着制冷剂压降能从外界获得充分的冷却（如与回气管进行换热），保持一定的过冷度，则可延迟闪发现象，减少蒸气含量，从而提高制冷剂的流量。毛细管外形图如图1-15所示。

毛细管节流具有结构简单、无运动部件、不易发生故障等优点；压缩机停机后高低压力逐渐趋于平衡状态，所以易于压缩机起动，可选用起动转矩较小的驱动电动机。但是，毛细管的流量调节能力较小，因此不适用于热负荷较大的制冷装置，而适用于热负荷较稳定的家用电冰箱。

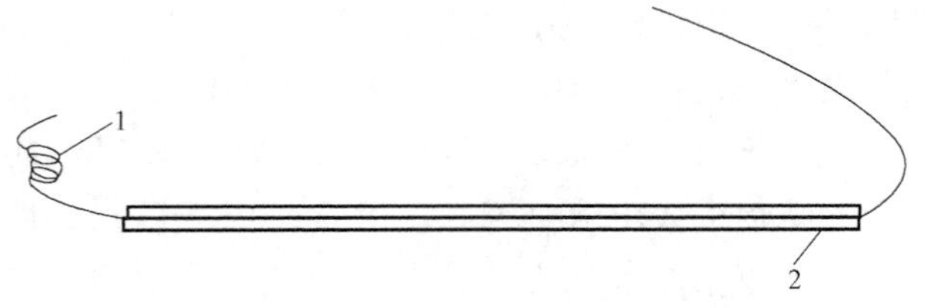

图1-15　毛细管外形图
1—毛细管　2—回气管

4）蒸发器。低温低压制冷剂经过节流阀进入蒸发器吸热汽化，使得电冰箱冷藏、冻结食品温度下降，从而达到食品保鲜的目的。

蒸发器采用传热性能良好的不锈钢、纯铜管或铝合金板压制而成。图1-16所示为铝板蒸发器实物图。图1-17为管板式蒸发器实物图。

图1-16　铝板蒸发器实物图

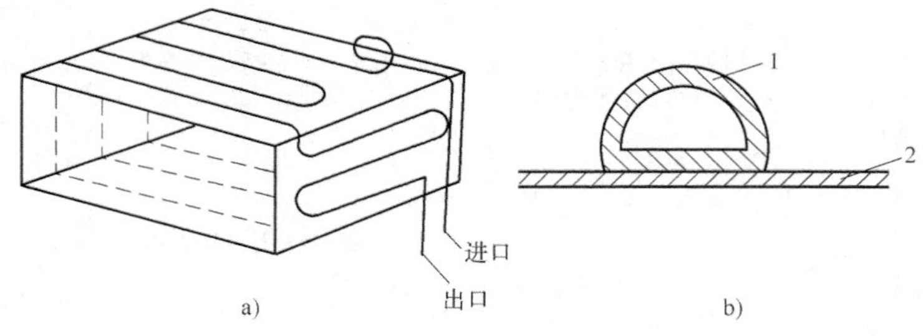

图1-17　管板式蒸发器
a）管板式蒸发器　b）管板连接示意图
1—金属管　2—薄板

5）干燥-过滤器。干燥-过滤器（图 1-18）由吸附剂和过滤网组合在一个壳体内，不仅可从液体或气体中除去水分，而且可以除去固体杂质。在制冷系统中，干燥-过滤器一般装在冷凝器和毛细管之间的管道上，用来清除制冷剂液体中的水分和固体杂质，保证电冰箱制冷系统的正常运行。

6）回热器。电冰箱的制冷系统一般采用回热循环，利用蒸发器出口的低温制冷剂冷却冷凝器出来的制冷剂高压液体，使其过冷，提高电冰箱的性能系数。电冰箱的回热器往往采用毛细管与回气管靠在一起的方法构成一个简单的回热器（图 1-15），目前一般将毛细管与回气管平行紧贴，用塑料胶带和海绵包扎。

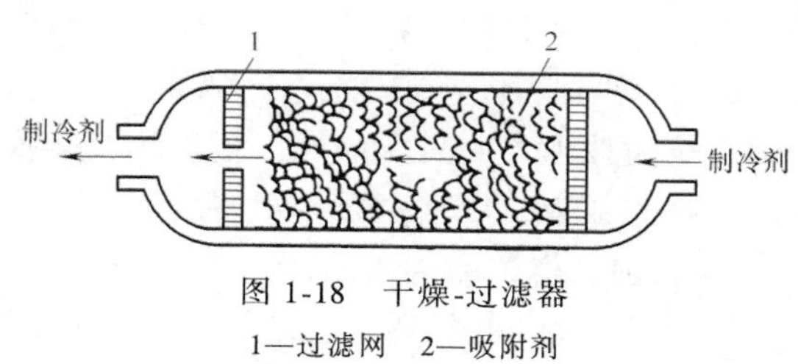

图 1-18　干燥-过滤器
1—过滤网　2—吸附剂

（3）电气系统　蒸气压缩式电冰箱电气系统一般由温度控制器、除霜控制器、压缩机的起动和安全运转保护器、照明灯、电风扇控制器及附属电路组成。

1）温度控制器。电冰箱温度控制器主要由感温元件和开关触点两部分组成，感温元件有压力式和热敏电阻两种，因此温度控制器分为蒸气压力式温度控制器和热敏电阻温度控制器。由于电冰箱常用温度控制器为蒸气压力式温度控制器，所以这里只介绍蒸气压力式温度控制器，如图 1-19 所示。

蒸气压力式温度控制器用于直接冷却式电冰箱时，一般是将温度控制器的感温包末端紧压在冷冻室蒸发器或冷藏室蒸发器出口附近管路的表面上，由该管路表面温度的变化来控制压缩机起停。当静触点和动触点接触时（组成闭合回路），压缩机电源接通，压缩机正常运转，蒸发器出口管路表面的温度不断下降，同时感温包内感温剂的温度和压力也随之下降，感温腔前面的膜片向后移动，导致温度控制器的动触点离开静触点。压缩机停止工作以后，蒸发器出口管路表面的温度不断升高，感温包的温度也随之增高，感温包内压力也上升，感温腔前的膜片向前移动使动触点与静触点闭合，接通压缩机电源，压缩机恢复运转，蒸发器表面又开始下降。这一过程不断循环，以此来控制电冰箱内的温度波动维持在一个较小的区间（如 1℃左右）。要得到不同的制冷温度，只要旋转调温旋钮（即温度控制范围凸轮），就可以改变平衡弹簧对感温腔的压力，从而改变压缩机工作时间的长短，实现电冰箱内温度的自动调节。若想将蒸气压力式温度控制器用于间接冷却式双门双温电冰箱，只需将感温包末端放在强制循环冷风的出风口或回风口处。利用电冰箱内循环空气温度的变化来控制压缩机的起停，以此来自动控制电冰箱内的温度。

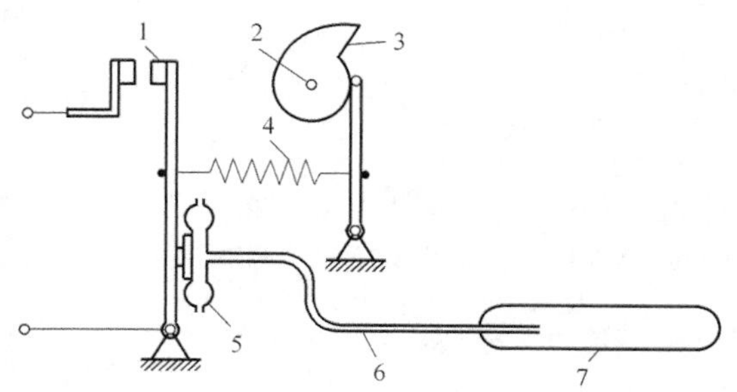

图 1-19　温度控制器工作原理
1—触点　2—调温旋钮轴　3—凸轮　4—弹簧
5—膜盒　6—毛细管　7—感温包

2）除霜控制器。电冰箱工作过程中，由于蒸发器表面温度低于 0℃，空气中的水蒸气会在蒸发器表面结霜。蒸发器在结霜初期，其传热性能增加，但是当霜层厚度达到 5mm 时，其传热性能会明显下降，此时必须进行除霜。电冰箱常用的除霜方法有人工除霜、半自动除霜和全自动除霜三种。

① 人工除霜一般用于单门简易电冰箱。除霜时，将温度控制器旋转按钮旋至停机位置或拔下电冰箱电源插头，制冷压缩机停止工作。经过一定时间后，蒸发器表面温度会逐渐上升，电冰箱内的霜层开始融化，待霜层全部融化后，起动压缩机制冷。

② 部分国产半自动除霜电冰箱采用按钮式半自动除霜方式。除霜时，将温度控制器上的除霜按钮按下，此时压缩机停止运行，蒸发器表面温度回升至6℃左右时，除霜按钮自动跳起，除霜结束，压缩机开始运转。

③ 目前，电冰箱通常采用“全自动除霜”控制。图1-20所示为自动除霜电路原理图。

3）电冰箱控制电路。单门电冰箱电气系统根据起动元件不同，分为重锤式起动继电器控制系统和PTC起动继电器控制系统两种。图1-21所示为重锤式起动继电器起动的单门直接冷却式电冰箱电路原理图。其由压缩机电动机、起动电容器、重锤式起动继电器和蝶形过载保护器等组成起动保护电路；由压力感温管式温度控制器、门触式灯开关和照明灯组成温控和照明电路。单门直接冷却式电冰箱重锤式起动继电器控制系统工作过程如下。

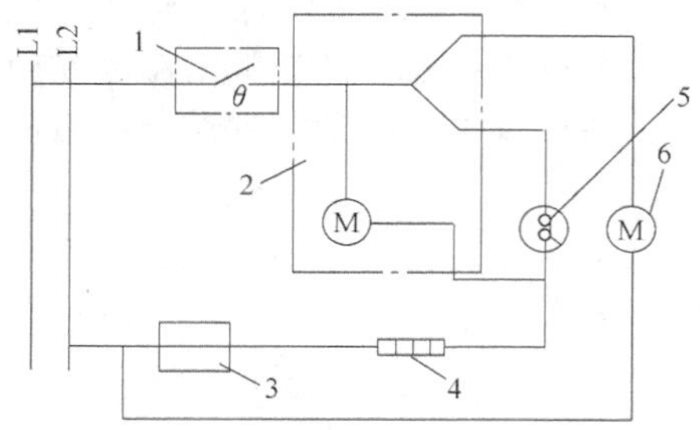

图1-20　自动除霜电路原理图

1—温度控制器　2—时间继电器　3—熔断器

4—除霜加热器　6—压缩机

7—双金属片除霜控制器

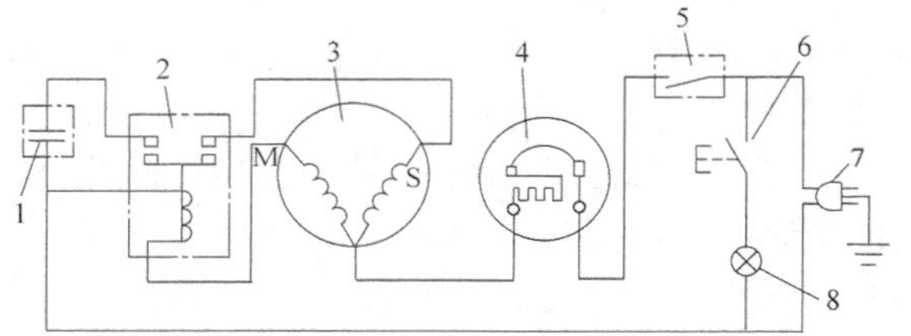

图1-21　重锤式起动继电器起动的单门直接冷却式电冰箱电路原理图

1—启动电容器　2—重锤式启动继电器　3—压缩机电动机

4—蝶形过载保护电器　5—温度控制器　6—照明灯开关

7—电源插头　8—箱内照明灯

电冰箱接通电源后，温度控制器接通，起动继电器静触点断开。电源经蝶形过载保护器、起动继电器的电流线圈、电动机运行绕组形成回路。电动机静止不动，电流迅速增大，起动继电器的电流线圈产生较强的磁场力，吸动重锤带动T形架向上移动，使起动触点接通，电动机开始运转。随着电动机转速的提高，起动电流下降，当电动机转速达到额定转速的80%左右时，起动继电器电流线圈中的电流值小于释放电流，此时的磁场力变小，重锤带动T形架向下移动，将起动继电器的动、静触点断开，电动机进入正常运转。当电动机在起动或运行过程中，电路出现过载或压缩机因某种原因造成机壳温升过高时，紧贴在压缩机外壳上的蝶形熔体丝在本身电流热量或外壳热量的作用下，发生弯曲变形，达到一定程度后翘起、切断电路，进而对压缩机进行过电流过温升保护，以免造成压缩机电动机的烧毁。

单门直接冷却式电冰箱重锤式起动继电器控制系统起动性能好，具有过电流过温升保护作用。

图1-22所示为PTC起动继电器启动的单门电冰箱电路原理图。其由压缩机电动机、蝶

形过载保护器、PTC 起动继电器、温度控制器和门灯控制电路组成。

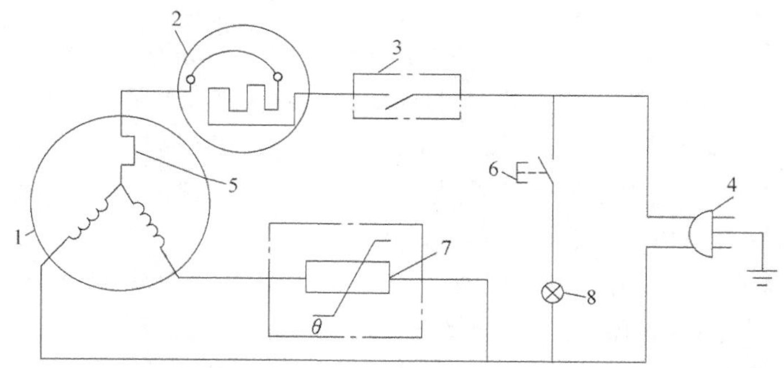

图 1-22　PTC 起动继电器启动的单门电冰箱电路原理图

1—压缩机　2—蝶形过载保护器　3—温度控制器　4—电源插头　5—保护继电器

6—照明灯开关　7—PTC 元件　8—箱内照明灯

PTC 起动继电器启动的单门电冰箱电气系统工作过程：当电冰箱接通电源，温度控制器接通，PTC 起动继电器在室温条件下，其阻值很小、呈导通状态，在电流通过 PTC 起动器的瞬间，电流顺利通过起动绕组和运行组，电动机定子获得旋转磁场，所以电动机旋转起来；此时，由于 PTC 起动继电器因通电加热，温度迅速上升，进入高阻状态，进而电流急剧减小并呈稳定状态，这时电动机起动绕组电路近于断开，电动机进入正常运转。

常见的双门、多门直接冷却式和间接冷却式电冰箱电气系统有具有温度补偿的直接冷却式双门电冰箱电气系统、双温双控直接冷却式电冰箱电气系统、间接冷却式双门双温电冰箱电气系统等几种类型。下面分别介绍其电路原理。

1）具有温度补偿的直接冷却式双门电冰箱电气系统。图 1-23 所示为普通直接冷却式双门电冰箱电路原理图。此电路与单门电冰箱的电路结构相似，但是其温度控制器常采用定温复位型，该温度控制器有三个接线端子，在其中两个端子间连接除霜加热器，用于防冻结、除霜和温度补偿。

具有温度补偿的直接冷却式双门电冰箱电气系统工作过程大体与单门直接冷却式电冰箱相同，但是此类电气系统在冷藏室的蒸发器上装有除霜加热器，当温度控制器触点断开后，通过除霜加热器给副蒸发器除霜，并兼有温度补偿作用，保证电冰箱冷冻室在环境温度较低的情况下，有正常的冷冻工作能力。

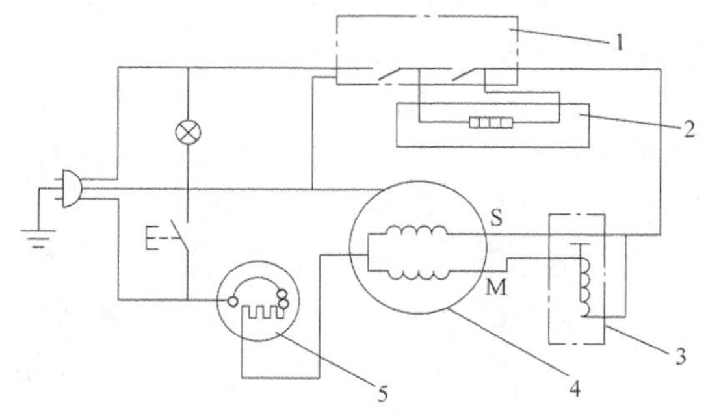

图 1-23　普通直接冷却式双门电冰箱电路原理图

1—温度控制器　2—除霜加热器　3—启动继电器

4—压缩机　5—过载保护器

2）双温双控直接冷却式电冰箱电气系统。直接冷却式电冰箱具有冷藏冷冻多种功能，所以此类电冰箱有多个温区。例如双门直接冷却式电冰箱有两个温区，这两个温区有两种温度控制方法，一种只用一个温度控制器，即双温单控，也称双温单循环制冷系统或双温单控系统；另一种用两个温度控制器，即双温双控，也称双循环制冷系统。

3）间接冷却式双门双温电冰箱电气系统。间接冷却式双门双温电冰箱电气系统由启动保护电路、全自动除霜电路、压缩机运行控制电路和加热防冻电路组成。

其中启动保护电路由制冷压缩机电动机、重锤式或 PTC 起动继电器和过载保护器组成；全自动除霜电路由除霜定时器、双金属除霜温度控制器、除霜加热器和除霜超热保护器组成；压缩机运行控制电路主要由冷冻室温度控制器组成；加热防冻电路由接水盘加热器、排水管加热器和风扇扇叶孔圈加热器组成。

假定图 1-20 的触点位置为一次除霜终了状态，定时除霜时间继电器正好与压缩机的电路接通，此时，定时除霜时间继电器与压缩机进入同步运转状态。定时除霜时间继电器与蒸发器除霜加热器串联在同一电路上。由于定时除霜时间继电器的内阻较大，而蒸发器除霜加热器的电阻与定时除霜时间继电器相比较小，所以加在除霜加热器上的电压较低，此时除霜停止。当定时除霜时间继电器与压缩机同步运转到设定的除霜时间间隔时，定时除霜时间继电器的动触点将通往压缩机的电路断开，同时接通双金属除霜温度控制器的蒸发器除霜电路。由于双金属片除霜温度控制器的电阻很小，因此全部输入的电压都加到除霜加热器上，对蒸发器进行加热除霜。当蒸发器表面的霜层全部融化后，蒸发器温度很快上升，达到双金属片除霜温度控制器的断开温度时，其触点断开，将通往蒸发器除霜加热器的电路切断，除霜加热器停止加热，同时除霜继电器开始运转，2min 后，压缩机开始工作。以此实现电冰箱的全自动除霜控制。

二、电冰箱制造及装配

（1）外壳成型及喷塑　电冰箱箱体外壳一般采用 0.5~0.8mm 厚的优质钢板制成，经过磷化处理，表面喷涂丙烯酸漆或者环氧树脂涂料。也有的外壳采用硬质装饰性塑料板和塑料型材拼装而成，取消了喷漆处理，实现了箱体结构全塑料化。

电冰箱侧板加工成型工艺流程为：开卷下料—切割和折弯—冲切—成型—存放转运（图 1-24）。电冰箱门体成型和侧板成型过程基本相同，包括：下料—冲切—压型—90°折弯—R 角成型。

电冰箱侧板和门板钣金成型后，要进行磷化喷涂。磷化喷涂分为立式喷涂和平板喷涂两种。磷化喷涂的工艺流程为：上料—脱脂（两道）—水洗（两道）—表调—磷化—水洗—纯水洗—烘干—喷涂—固化—下线。

图 1-25 所示为侧板上料、脱脂、水洗和磷化过程，图 1-26 所示为侧板烘干、喷涂、固化、下线过程。脱脂过程中采用高碱度低泡型粉末脱脂剂，在 60±5℃条件下，通过乳化与皂化作用将冷轧钢板表面防锈油除去。

（2）电冰箱内胆吸塑成型　电冰箱内胆一般采用工程塑料 ABS（丙烯腈-丁二烯-苯乙烯）板或者 HIPS（抗冲击聚苯乙烯）板制成，并且采用吸塑成型。吸塑成型生产分为门胆吸塑成型和箱胆吸塑成型，是通过真空吸塑的方法把 ABS 或 HIPS 板材加工成电冰箱的内胆。

吸塑成型又分为凸模成型和凹模成型两种。其中凹模成型用料省、合格制件表面光滑，无模具拼接痕迹。但此种成型方法对加工工艺和操作者本身要求极高，国内一般较少采用。凸模成型相对简单，但用料多、合格制件表面不光滑，国内电冰箱厂家通常采用此方法成型。内胆吸塑成型工艺流程如图 1-27 所示。内胆吸塑设备如图 1-28 所示。

a)　b)　c)　d)

图 1-24　电冰箱侧板加工成型工艺流程

a)　b)　c)　d)

图 1-25　侧板上料、脱脂、水洗和磷化过程

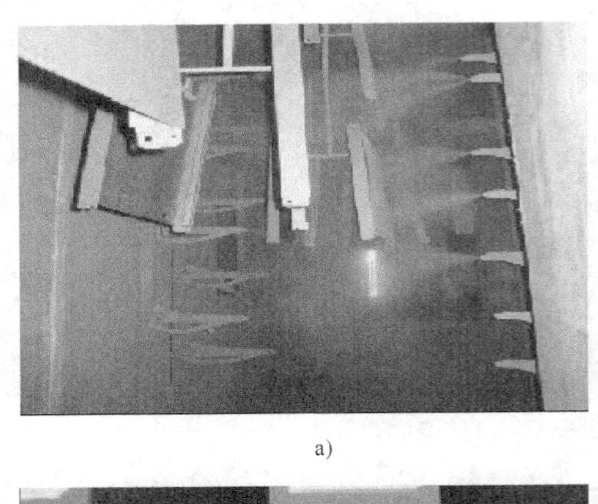

a)

b)

c)

d)

图 1-26　侧板烘干、喷涂、固化、下线过程

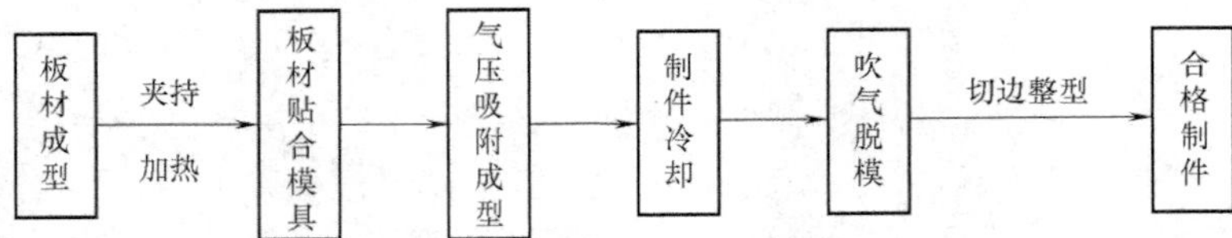

图 1-27　内胆吸塑成型工艺流程

图 1-28　内胆吸塑设备

电冰箱内胆吸塑成型过程中，首先利用夹紧装置对热塑性塑料板或者塑料片进行固定，采用辐射加热（常用的加热器有电加热器、晶体辐射器和红外线加热器）的方法对其进行加热，当温度达到塑料软化温度后，利用压缩空气（由压缩机制备，压力为 0.4～0.5MPa）对塑料板中心位置进行吹气，使其形成真空气泡，将此真空气泡覆盖在凸模或凹模上，并用真空泵抽真空的方法将塑料板与模具之间的空气抽空，同时，借助塑料板上下面之间的压差使塑料板紧贴在模具表面而成型。经过保压冷却，最终通过真空吸引孔抽真空或向反方向吹风以及吸塑模模具中的脱模装置将电冰箱内胆制件从模具中脱落。

图 1-29 所示为板材成型过程，其内胆吸塑成型工艺成型实物如图 1-30 所示。

a)　b)　c)　d)

图 1-29　板材成型过程

a）挤板线　b）挤板母料　c）板材成型　d）板材剪切

a)

b)

图 1-30　吸塑成型实物图

a）加热　b）吹泡

c)

d)

图 1-30　吸塑成型实物图（续）

c）挤塑成型并冷却　d）模具回位，负压成型

（3）箱体、门体预装

1）箱体预装。电冰箱箱体预装主要是以侧板组装为主流程的工艺路线。电冰箱箱体预装基本流程如图 1-31 所示，电冰箱箱体预装工艺图如图 1-32 所示。

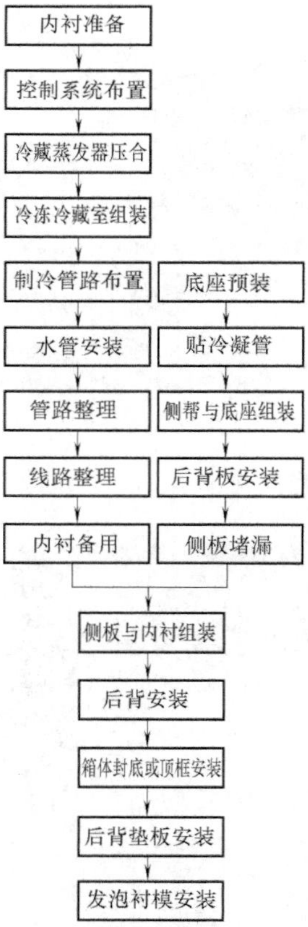

内衬准备 → 控制系统布置 → 冷藏蒸发器压合 → 冷冻冷藏室组装 → 制冷管路布置 → 水管安装 → 管路整理 → 线路整理 → 内衬备用

底座预装 → 贴冷凝管 → 侧帮与底座组装 → 后背板安装 → 侧板堵漏

→ 侧板与内衬组装 → 后背安装 → 箱体封底或顶框安装 → 后背垫板安装 → 发泡衬模安装

图 1-31　电冰箱箱体预装基本流程

a)　b)　c)　d)　e)　f)

图 1-32　电冰箱箱体预装工艺图

a）内胆准备　b）控制系统布置　c）蒸发器安装　d）冷藏胆与冷冻胆组装

e）侧板与内胆组装　f）侧帮与底座组装

箱体预装工艺控制重点：

① 冷凝器的粘贴要严密，铝箔无张口，否则会影响其传热效果。

② 制冷管件严禁碰冷藏胆、侧帮、后背板、除霜水管，否则会造成这些部位结霜或凝露。

③ 蒸发器贴合位置要正确，压合后与内胆粘贴要紧密，否则会影响制冷效果。

④感温管穿插位置要正确，密封完好，否则会影响制冷控制系统的合理运行。

⑤ 减振板包裹要严实、无张口，否则会产生较大噪声。

⑥ 箱体内线要避开螺钉位置，否则箱体内线易被螺钉击穿。

⑦ 透气孔要按规定的位置和数量操作，否则会导致聚气或脱贴。

2）门体预装。电冰箱门体预装基本流程为门体准备—门体饰条组装—放防收缩纸—门堵漏—门防护—预热—待发泡。电冰箱门体预装工艺图如图 1-33 所示。

a)　　b)　　c)　　d)

图 1-33　电冰箱门体预装工艺图

a）预装线　b）准备　c）放防收缩纸　d）装把手饰条及堵漏

（4）电冰箱门体成型　电冰箱门体由门板、框条、饰条组成（图 1-34），采用环戊烷超微孔一次性整体发泡而成。发泡前，将门体加热（图 1-35），以防止门体发泡时缩泡、离泡。发泡工艺参数为：

1）原料温度：18~28℃。

2）灌注压力：10~13MPa。

3）夹具、模具温度：40~50℃。图 1-36 所示为门体成型过程。

图 1-34　电冰箱门体

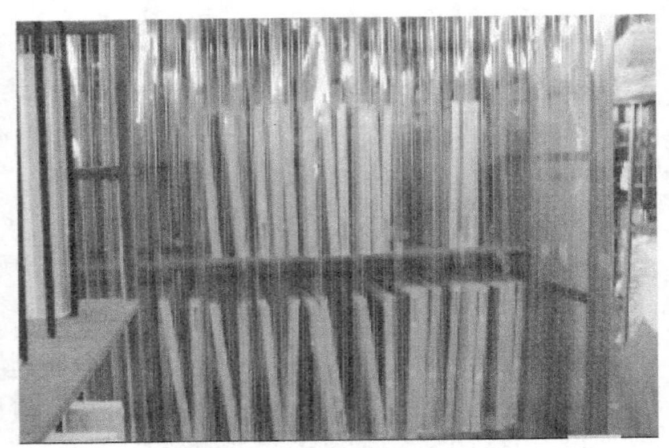
图 1-35　门体发泡前加热

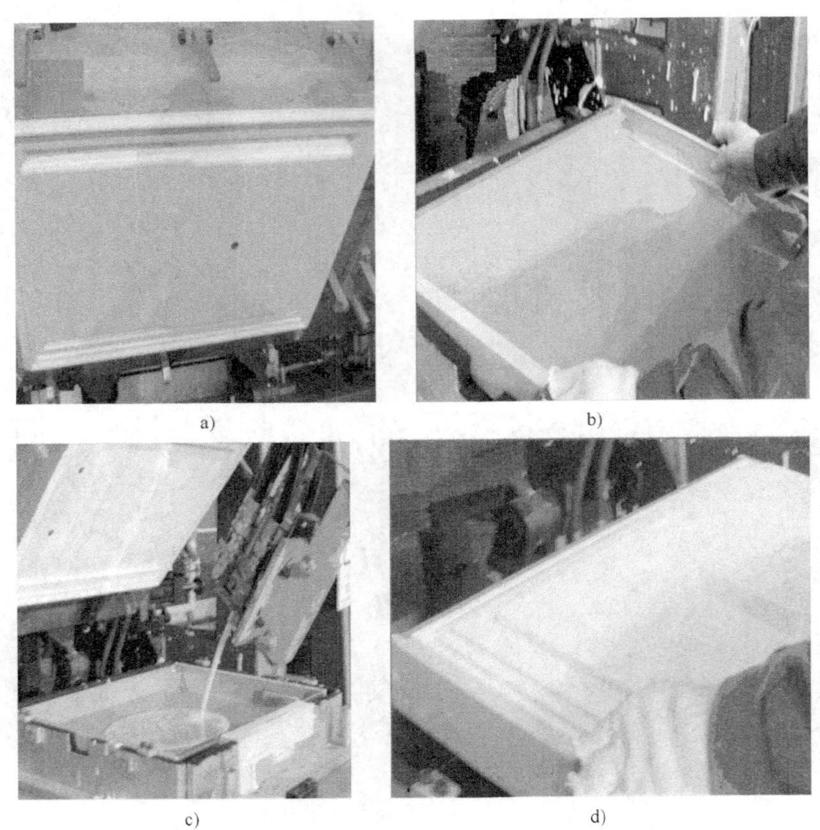

图 1-36　门体成型过程

a）发泡设备　b）固定门体　c）注入发泡材料　d）发泡成型

（5）箱门体发泡　目前国内电冰箱生产厂家主要采用环戊烷发泡。电冰箱箱门体发泡过程中，首先将混有环戊烷的多元醇（白料）与异氰酸酯（黑料）搅拌均匀，并维持恒定温度，注入箱体、门体和内壳之间的空间（图 1-37），在一定的温度条件下进行固化和脱模。黑料和白料两种物质产生化学反应，生成聚氨酯，同时释放热量，此时预混在白料中的液体发泡剂不断汽化使聚氨酯膨胀，产生细密的泡孔，从而填充箱门体和内壳之间的空间。

固化后，生成致密的硬质聚氨酯泡沫。箱门体发泡流程如图 1-38 所示，箱门体发泡线如图 1-39 所示。

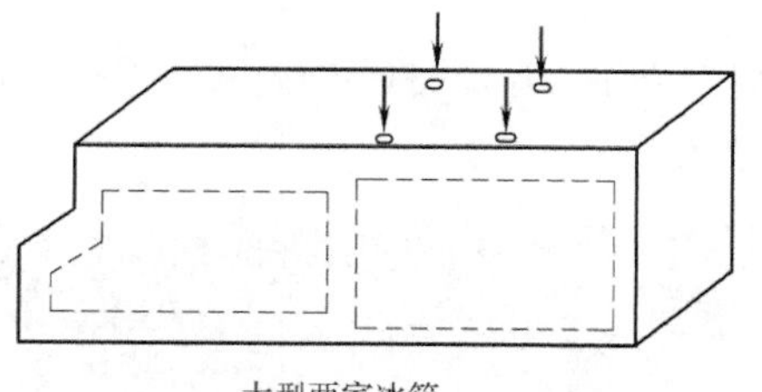

大型两室冰箱

背朝上：背部两侧4点注入(或2点注入)

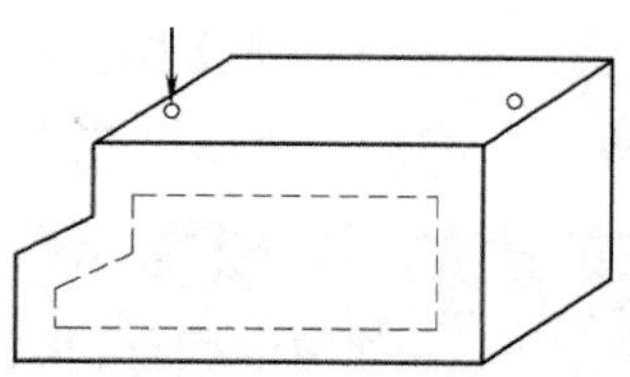

小型单室冰箱

背朝上：背部上侧或下侧1点注入

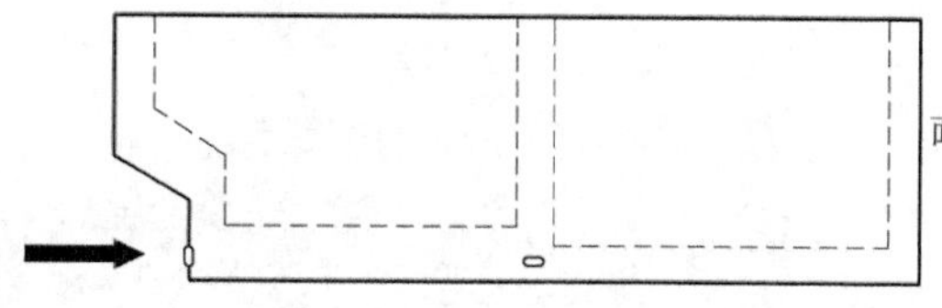

各型号冰箱

面朝上：背部1点注入(顶端)或底部1点注入

图 1-37　注入发泡材料

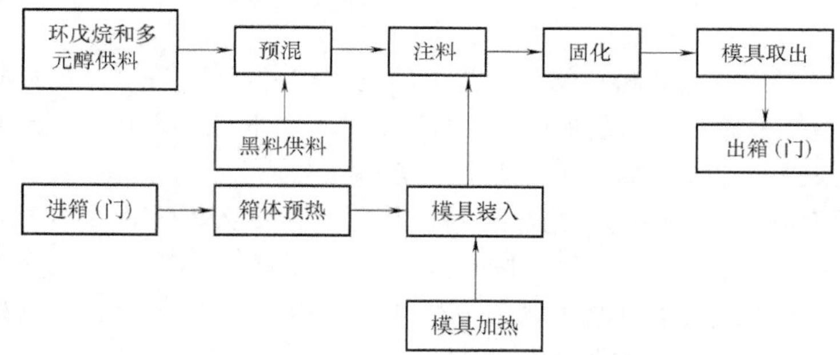

图 1-38　箱门体发泡流程

a)

b)

图 1-39　箱门体发泡线

a）箱体发泡线　b）门体发泡线

（6）电冰箱前预装　总装前预装工艺流程为：

1）正面。贴条码、铭牌—钻孔—装蒸发器—理线—接线—放台面—安温控阀—固定温度控制器。

2）背面。缠毛细管—上电路板—固定台面—盖线路板—吹氮—焊接—清焊。

图 1-40 所示为装冷藏蒸发器及整理管路。

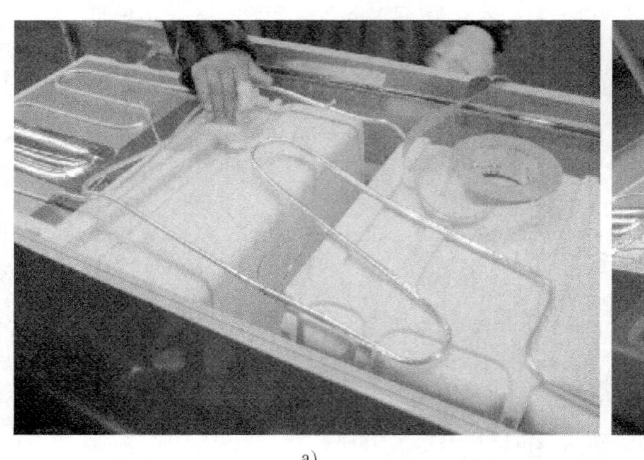
a)

b)

图 1-40　装冷藏蒸发器及整理管路

（7）电冰箱总装配　电冰箱总装配是对各种电冰箱材料及半成品进行螺钉连接及焊接，使其成为一个完整的电冰箱。总装配中的焊接、抽真空两道工序是电冰箱制造中的两个重要质量控制点，主要控制焊接质量（防止焊漏焊堵）。

图 1-41 所示为电冰箱总装配工艺流程图。其中，压缩机装配要使用工装，严禁放倒安装。压缩机橡胶堵头拔除过程中，要求按照排气管—回气管—灌氟工艺管依次拔除，若堵头断裂，应采用氮气加压的方法将堵头取出，严禁用火烧。图 1-42 所示为压缩机管路连接实物图。图 1-43 所示为压缩机管路焊接实物图。

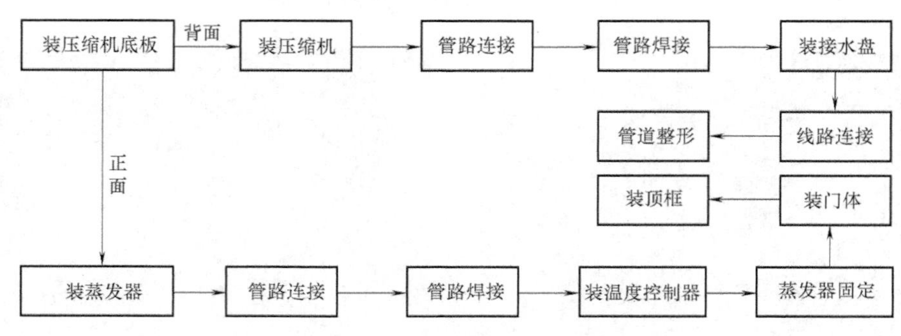

图 1-41　电冰箱总装配工艺流程图

图 1-44 所示为蒸发器安装及管路连接实物图。管路连接应按制冷剂走向进行：压缩机排气管—冷凝器过渡管—左冷凝器—防露管—右冷凝器—干燥-过滤器—毛细管—蒸发器返回管—压缩机回气管。管路连接过程中，配管深度应在 12～15mm，制冷管路（包括压缩机）的敞口时间不得超过 15min，停线间歇要将所有管口用堵头密封。

图 1-42　压缩机管路连接实物图

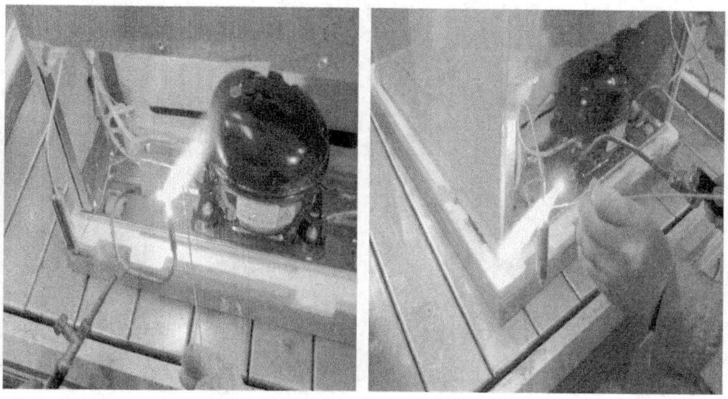

a)

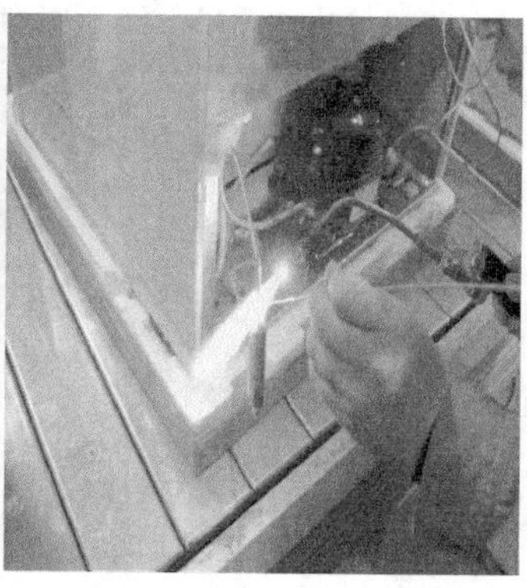

b)

图 1-43　压缩机管路焊接实物图

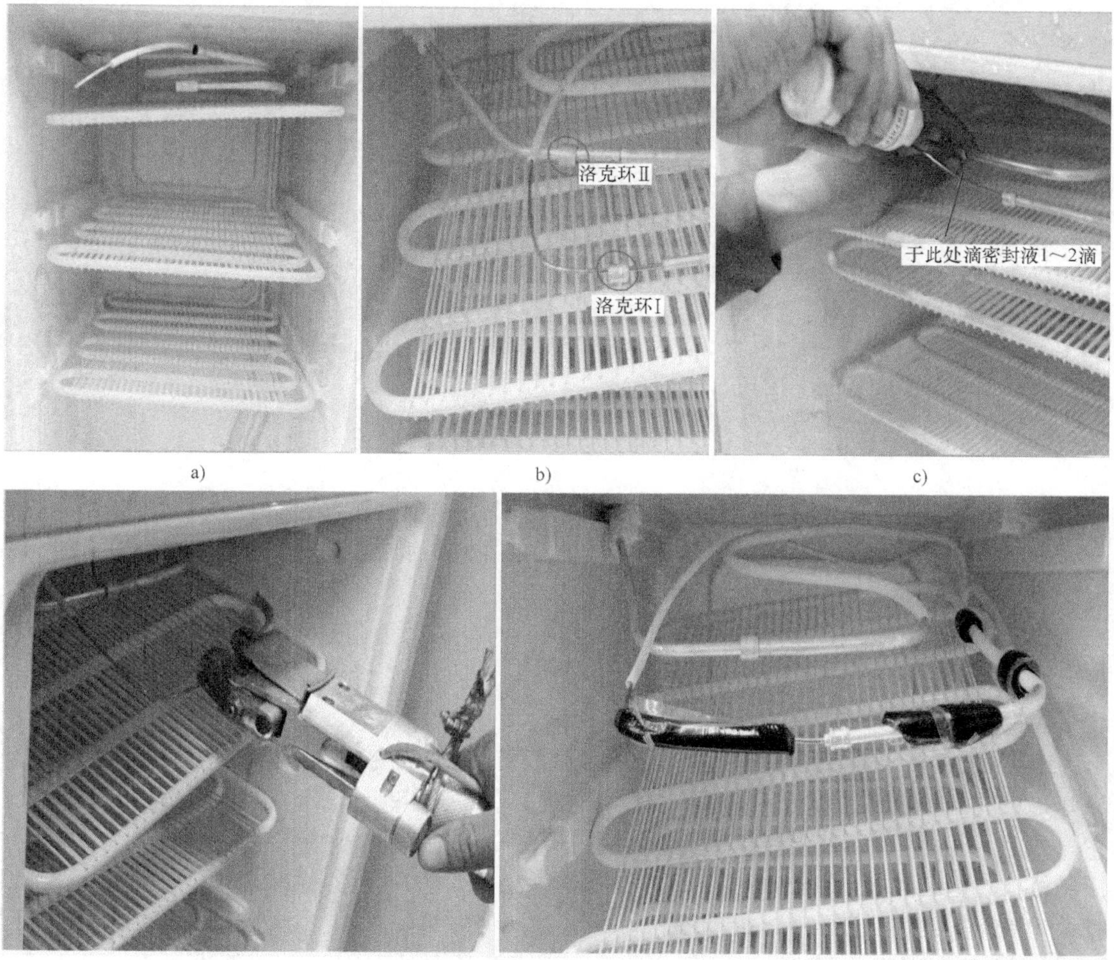

a)

b)

c)

d)

e)

图 1-44　蒸发器安装及管路连接实物图

（8）电冰箱检测　电冰箱检测包括线路检测、系统检漏、系统抽真空、灌注制冷剂、制冷性能检测。电冰箱测试工序流程图如图 1-45 所示。

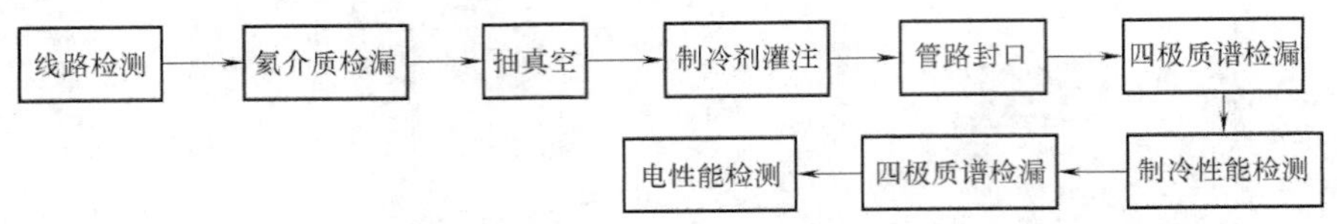

图 1-45　电冰箱测试工序流程图

1）线路检测主要检查电气系统是否出现短路、断路现象，系统是否接地，如图 1-46 所示。

电冰箱的防漏一直是电冰箱质量最关键的环节，若防漏不合格，则电冰箱制冷、节电性能将受严重影响。通过制冷系统检漏（图 1-47），应使出厂的产品质量有可靠的保证。制冷系统管路和压缩机连接、焊接后需进行多次检漏。

图 1-46　线路检测实物图

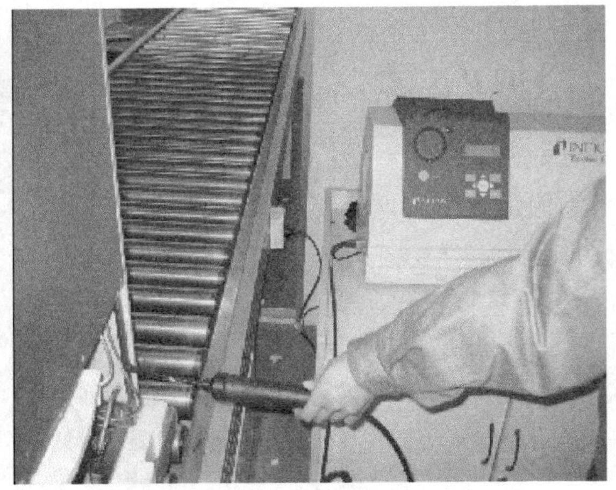

图 1-47　系统检漏实物图

① 第一次检漏。在灌注制冷剂之前对内外部焊点进行氦介质检漏。向系统充入一定压力的氦气，观察压力表上的压力是否随时间推移而降低，如果加压后放置一段时间，压力表的压力下降，说明系统有泄漏点。

② 第二次检漏。在抽真空、充制冷剂之后，对外部焊点进行第二次检漏，检测精度应达到国家标准。

③ 第三次检漏。包装前再进行第三次检漏。

3）系统抽真空要求电冰箱制冷系统真空度值低于 10Pa，当真空表指针达到合格范围（即绿灯亮）时方可转序，否则下线重抽，抽真空时间 20min。图 1-48 所示为抽真空实物图。

4）制冷剂的灌注由灌氟机来完成。目前灌氟机都有精密的检测和计量装置，在灌注前机器将检查电冰箱制冷系统的真空度，如果真空度满足要求，灌氟机启动灌氟程序。图 1-49 所示为制冷剂灌注实物图。

5）电冰箱制冷性能检测包括静态测试和动态测试两种方式。静态测试一般检测各间室温度、起停温度、控制策略等，检测效率低，但可靠性高。动态测试系统检测各间室温度趋势、排气管温度、回气管温度、电冰箱功率等参数，检测效率高，但可靠性低，并且对过程

a)

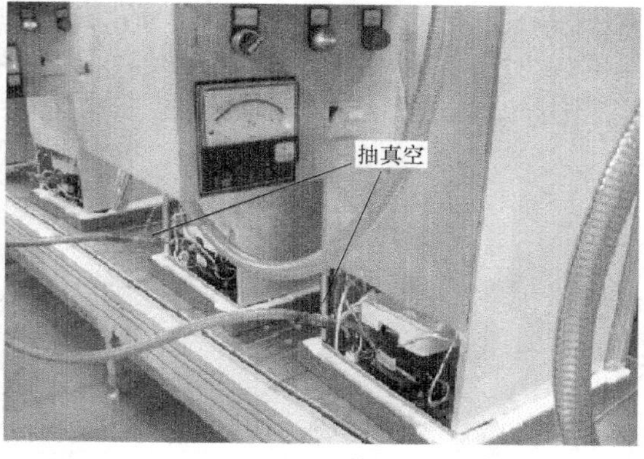

b)

图 1-48　抽真空实物图

a)

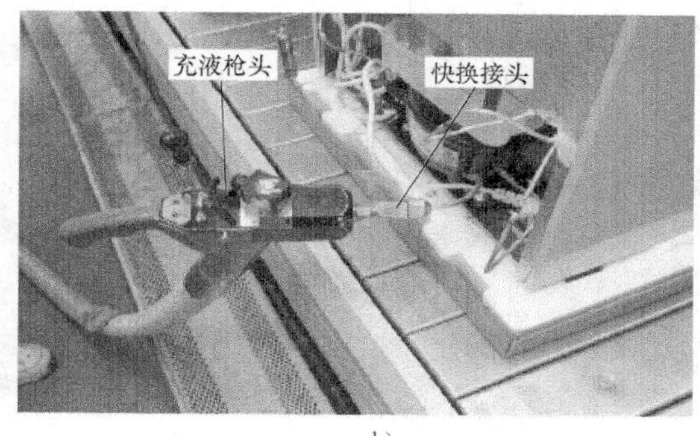

b)

图 1-49　制冷剂灌注实物图

控制要求严格，并要求测试人员有一定的电冰箱理论基础。制冷性能检测流程图如图 1-50 所示。制冷性能检测实物图如图 1-51 所示。

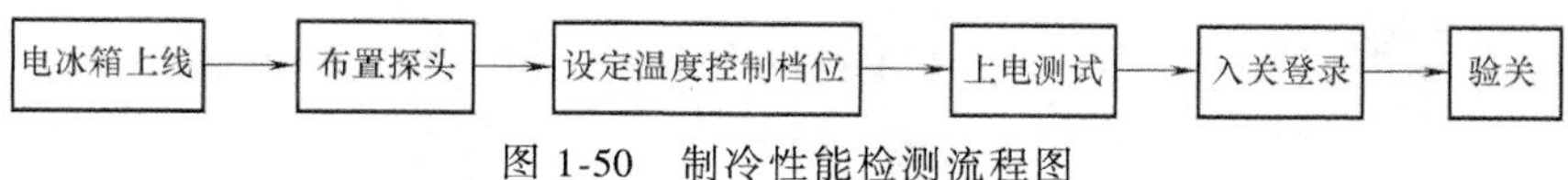

图 1-50　制冷性能检测流程图

a)

b)

图 1-51　制冷性能检测实物图

（9）电冰箱清洗打包　电冰箱清洗打包流程图如图1-52所示。

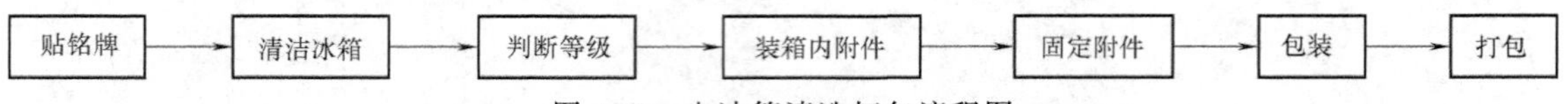

图1-52　电冰箱清洗打包流程图

三、技能训练

1. 训练项目

（1）电冰箱的装配

（2）电冰箱的检测

2. 训练场地及使用工具

（1）训练场地　电冰箱拆装实验室。

（2）使用工具　割管器、倒角器、胀管扩口器、弯管器、便携式焊炬、修理表阀、连接软管、真空泵等。

3. 训练注意事项

严格遵守安全操作规程。

4. 考核方式

1）训练项目考核以小组（每组4人）形式进行，在教师的指导下进行操作。

2）各项目所占分值见下表。

项目	电冰箱的装配(60分)	电冰箱的检测(40分)
资讯及方案制订	10分	5分
小组实际操作	25分	20分
针对方案和操作,小组自评和整改	10分	5分
组间观摩评价	10分	5分
安全操作	5分	5分
教师评价(综合得分)		

工作任务二　电冰箱故障诊断及排除

学习目标

1）掌握制冷系统维修基本操作（制冷系统检漏、制冷系统抽真空、管路清洗、制冷剂的充注、R600a 电冰箱维修技术）方法及技能。

2）能够进行电冰箱故障诊断及排除。

教学方法与教具

1）多媒体、板书、实际操作相结合。

2）所需教具：电冰箱、多媒体、电冰箱维修工具、电冰箱故障诊断实训台。

学习评价方式

1）小组进行相关技能实际操作。

2）根据小组表现进行自评、互评和教师整体评价。

电冰箱故障诊断与排除过程中离不开制冷系统检漏、抽真空、管路清洗和制冷剂充注等操作，因此首先介绍制冷系统相关操作技能。

一、相关技能

1. 所需工具

（1）制冷系统检漏　氮气瓶、高低压表、三通修理阀、减压阀、卤素灯、电子检漏仪、肥皂水等。

（2）制冷系统抽真空　真空泵、带有真空表的三通修理阀、连接软管等。

（3）制冷剂的充注　制冷剂钢瓶、三通修理阀、连接软管、钳形电流表、电子秤等。

（4）管路清洗　割管器、四氯化碳清洗剂、氮气或制冷剂、石蕊试纸、真空泵、管接头、储液瓶等。

（5）R600a 电冰箱维修技术　割管器、R600a 抽真空充注设备、电子秤、锁环（洛克环）、锁环伴侣、夹具、钢丝绒或纱布、排空钳等。

2. 基本操作

（1）管路清洗　电冰箱压缩机电动机绝缘击穿、绕组线间短路或烧毁是电冰箱的常见故障。电动机烧毁后系统内会产生大量酸性物质，从而污染制冷系统。当污染较严重时，除了要更换压缩机和干燥-过滤器外，还应对制冷系统进行清洗。当系统被轻度污染时，打开压缩机工艺管，无焦油味，倒出的润滑油较清洁、颜色无明显变化，用石蕊试纸浸入润滑油后，试纸的颜色呈柠檬色。当系统被严重污染后，从压缩机倒出的润滑油有焦油味，颜色呈深棕色且混浊，用石蕊试纸浸入润滑油后，试纸的颜色变成淡红色或红色。

1）严重污染的清洗。用割管器切开压缩机的工艺管，排空制冷剂，拆下压缩机和干燥-

过滤器。用四氯化碳作为清洗剂，对蒸发器和冷凝器进行清洗。由于毛细管的阻碍，清洗剂流量很小，需用四氯化碳和氮气交替反复进行清洗，直到干净。最后一次用氮气清洗时，需要将清洗剂清洗干净，才能将管道接入系统。管路清洗管系图如图 1-53 所示。

2）轻度污染的清洗。轻度污染的管路可以不加清洗剂，直接按图 1-53 所示接法，采用 0.8MPa 左右的高压氮气对冷凝器和蒸发器分别吹洗 30s 以上即可。

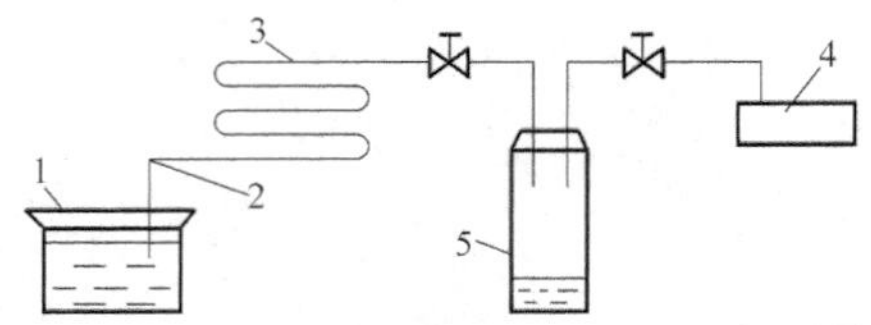

图 1-53　管路清洗管系图

1—四氯化碳　2—管接头　3—清洗部件　4—真空泵　5—储液瓶

（2）制冷系统检漏　制冷系统检漏有下列几种方法。

1）观察油渍法。制冷系统工作一段时间后，制冷剂和冷冻机油会互溶。若制冷系统发生泄漏，制冷剂和冷冻机油会同时从系统中漏出，在泄漏点周围黏附空气中的灰尘，形成油渍。在检漏过程中，应认真观察焊点和接口部位，若发现油渍，该部位就可能是泄漏点。

2）卤素灯检漏法。点燃卤素灯，调节火焰大小，用吸气管靠近可能发生的泄漏点部位，观察卤素灯火焰的颜色，若火焰呈微弱的蓝色，则被检测点未发生泄漏；若火焰呈绿色，则被检测点出现泄漏。

3）电子检漏仪检漏法。打开电子检漏仪的开关，将传感器靠近可能发生泄漏的部位，缓慢移动传感器。当传感器接近泄漏点时，报警装置就会发出报警声，从而确定泄漏点的位置。

4）肥皂水检漏法。将制冷系统充入 0.8～1MPa 的氮气，用毛笔或泡沫塑料浸上肥皂水，涂刷在制冷系统可能泄漏的部位上。当有肥皂泡冒起时，此处即为泄漏点。

5）高压检漏法。对制冷系统充入 0.6～1.0MPa 氮气，关闭三通检修阀（阀本身不能漏气）。待 24h 后，若表压没有下降，说明制冷系统不漏；若表压下降，则说明存在泄漏，再采用肥皂水检漏法检漏。

（3）制冷系统抽真空　在制冷系统检漏合格后、充注制冷剂之前，必须进行抽真空的处理，排除系统中的不凝性气体和水分。

1）低压侧抽真空：低压侧抽真空是利用压缩机上的工艺管进行的。低压侧抽真空管系图如图 1-54 所示。具体操作步骤如下。

① 用三通修理阀将真空泵和压缩机工艺口相连，三通修理阀中间管接头连接真空泵，低压表侧管接头连接制冷系统压缩机工艺管。

② 关闭三通修理阀开关，打开真空泵排气帽，起动真空泵。

③ 缓慢打开三通修理阀旋钮，可观察到真空表指针向负压方向偏转，系统空气被抽出。

④ 真空泵运转 30min 以上，真空表压力值低于 133Pa 时，关闭修理阀，停止真空泵。

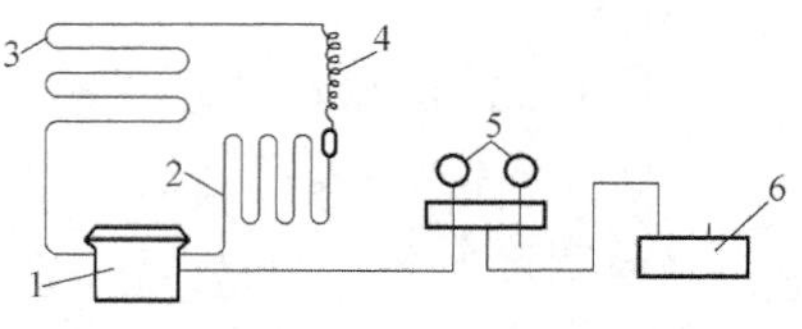

图 1-54　低压侧抽真空管系图

1—压缩机　2—蒸发器　3—冷凝器

4—毛细管　5—压力表　6—真空泵

2）高低压双侧抽真空（从吸、排气两侧同时抽真空）具体操作步骤如下。

① 用耐压胶管分别将压缩机工艺管和干燥-过滤器工艺管与三通修理阀相连。

② 将真空泵与三通修理阀相连。

③ 抽气操作同“低压单侧抽真空”。

3）若真空泵抽真空能力较差或系统内仍有水分，可进行二次抽真空。具体操作步骤如下。

① 第一次抽真空后，拆下真空泵，安装制冷剂钢瓶。

② 排掉输气管中的空气。

③ 向系统充注少量制冷剂，使系统的压力恢复到大气压力。

④ 按抽真空步骤再次抽真空。

（4）制冷剂充注　电冰箱系统抽真空后应立即充注制冷剂。制冷剂的充注有气态充注和液态充注两种方式。

1）图 1-55 所示为气态制冷剂充注管系图。气态充注法充注过程中，制冷剂钢瓶直立向上，制冷剂以气态形式充注入制冷系统中。其操作步骤如下。

① 系统抽真空后，拆下真空泵，安装制冷剂钢瓶。

② 排掉输气管中的空气。

③ 打开表阀，向系统中充入 0.2～0.3MPa 的制冷剂，然后关闭表阀。

④ 连接钳形电流表，起动压缩机运行 10～20min，在此过程中认真观察并详细记录表压力、电流和蒸发器结霜情况。

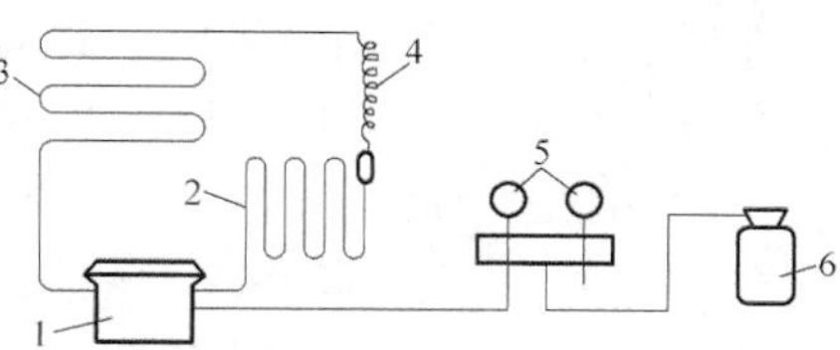

图 1-55　气态制冷剂充注管系图

1—压缩机　2—蒸发器　3—冷凝器

4—毛细管　5—压力表　6—制冷剂钢瓶

⑤ 充注完成时，导线电流符合要求且蒸发器表面挂霜均匀，若挂霜不满，应补充制冷剂。

⑥ 确认制冷性能合格后，将工艺管卡封，拆下表阀。

2）图 1-56 所示为液态制冷剂充注管系图。液态充注法充注过程中，将制冷剂钢瓶倒立，此时，向系统中充注的制冷剂均为液态。其操作步骤如下。

① 系统抽真空后，拆下真空泵，安装制冷剂钢瓶（将制冷剂钢瓶放在电子秤上，制冷剂钢瓶倒立）。

② 排掉输气管中的空气。

③ 打开表阀，向系统中充入制冷剂，通过观察电子秤的读数变化，定量地向制冷系统中充入制冷剂，然后关闭表阀。

④ 充注数分钟后，起动压缩机。

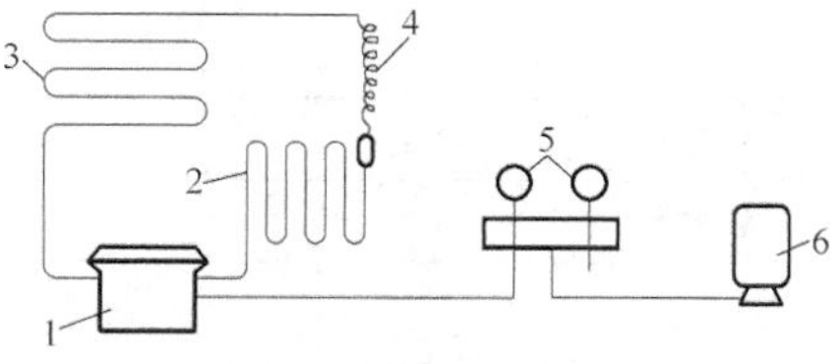

图 1-56　液态制冷剂充注管系图

1—压缩机　2—蒸发器　3—冷凝器

4—毛细管　5—压力表　6—制冷剂钢瓶

（5）R600a 电冰箱维修技术　R600a（异丁烷）热物理性能较好，该制冷剂比 CFCS 和 HFCS 具有更高的能效，压缩机的效率（性能系数）和电冰箱的整机制冷效率（耗电量指标）较 R134a 高。正由于节能及对环境无公害，德国首先成功地将碳氢化合物用作电冰箱的制冷剂。随着工艺及技术的成熟，R600a 制冷剂在中国制冷行业也得到日益广泛的应用。

异丁烷在常温常压下，在环境中以气态方式存在，无色无味微溶于水，性能稳定。相对体积质量约为空气的 2 倍，可以长距离传播，当浓度达到爆炸范围时，极容易燃爆，其危险程度类似于液化石油气，因此在 R600a 电冰箱维修时必须遵守安全操作规则。

使用 R600a 制冷剂的电冰箱除在铭牌标明制冷剂种类外，在电冰箱后背及压缩机处都贴有明显的标识。R600a 电冰箱标识如图 1-57 所示。

警告：本冰箱制冷剂为R600a，
维修需专业人员进行，
以防出现危险！

a)

b)

图 1-57　R600a 电冰箱标识

因此，R600a 电冰箱在进行维修时需注意：①若电冰箱制冷剂为 R600a，由于此制冷剂易燃易爆，因此不允许在用户家中打开制冷系统，维修场地应严禁吸烟，且需配备消防器材，通风良好；②R600a 制冷剂电冰箱维修应配备泄漏探测仪，应有专用的排风设备，工作时必须开启（且由于其密度大于空气，排风口需设在接近地面处）；③通风设备及场地电器均应使用防爆型（如图 1-58 所示的 R600a 抽真空充注设备），场地内不得有沟槽和凹坑，且应有防火标志；④R600a 电冰箱维修工具中与制冷剂接触的工具应单独存放和使用，不得与 R134a 电冰箱的维修工具混用；⑤R600a 电冰箱系统封口不得使用明火，可使用超声波焊接或锁环。

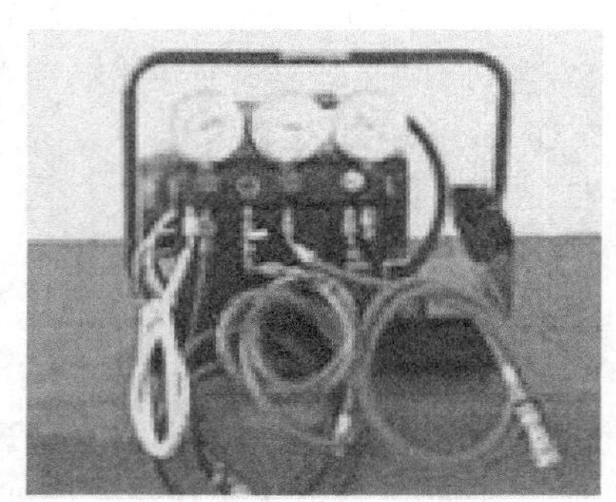

图 1-58　R600a 抽真空充注设备

1）R600a 电冰箱管路连接。R600a 电冰箱管路连接不允许采用焊接的方式，而需要采用锁环（洛克环）连接。锁环的材料有黄铜和铝两种，应根据管路材料进行选择，锁环材料与管材对照表见表 1-3。

表 1-3　锁环材料与管材对照表

管路材料	铝-铝	铝-铜	铝-钢	铜-铜	铜-钢	钢-钢
锁环材料	铝			黄铜		

锁环连接步骤：

① 用纱布或钢丝绒擦净待接管口，摩擦时，应绕管路端口旋转，避免横向擦伤管路。

② 将锁环伴侣（适用于异丁烷）涂在管口，以填充管路表面不平滑处。

③ 将待接管路两个端口插入锁环，旋转 360°，以使锁环伴侣涂遍结合面。

④ 用夹具夹紧锁环 2~3min。

2）R600a 电冰箱检漏。对于 R600a 电冰箱，由于制冷剂易燃易爆，其检漏设备应能用于 R600a 制冷剂，可用氮气、肥皂水检漏（先吹氮气检漏，氮气压力不超过 0.8MPa，再用肥皂水检漏）；由于 R600a 电冰箱工作时，低压侧为负压，因此检漏时电冰箱应为停机状态；不允许使用 R134a 检漏仪来进行检漏。

3）R600a 制冷剂的排放。由于 R600a 易燃易爆，且系统平衡压力较低，制冷剂充注量

少，因此维修需排放制冷剂时，应按照下列步骤操作。

① 用打孔钳连接压缩机工艺管，将排放口接上软管，经防爆型真空泵将制冷剂排到室外（严禁向室内排放）。

② 检查真空泵，并开启抽真空系统。同时，打开电冰箱门以加速制冷剂蒸发，提高排放速度。

③ 摇晃压缩机，检查真空泵，当抽至 1atm（标准大气压，1atm = 101.325kPa）时结束。禁止抽至负压，以避免空气进入。

④ 若需打开系统，可切开管路，但是不能使用气焊或电焊。

4）R600a 电冰箱系统抽真空。

① 如果电冰箱中制冷剂为 R600a，由于 R600a 与压缩机润滑油高度互溶，因此抽真空步骤和其他制冷剂不同，其具体操作如下：

a. 接真空泵抽 10min。

b. 起动压缩机，运行 10min。

c. 再次起动真空泵抽 5min。

d. 再次起动压缩机，运行 1min。

e. 第三次起动真空泵抽 3min。

② R600a 电冰箱用真空泵必须为防爆型真空泵，且不应和 R134a 电冰箱用真空泵混用（其压缩机润滑油不同）。抽真空时，真空度应低于 10Pa。

注意：对于有电磁阀的电冰箱，为避免抽真空不净，过滤器最好用双头且要从过滤器与压缩机的两个工艺管处一起抽真空。

5）R600a 制冷剂充注。若电冰箱中制冷剂为 R600a，由于其制冷剂充注量比 R134a 少很多，其对充注量有较高的要求，因此制冷剂充注时宜采用定量充注的方法，充注量偏差不应大于 1g。系统维修时，若需要更换压缩机，则 R600a 制冷剂充注量为电冰箱参数标牌上的标称值；若不需要更换压缩机，则充注量应为标称值的 90%。

充注时，先将制冷剂瓶瓶口朝下（当瓶中制冷剂较少时应停止灌注，否则杂质易进入系统），用电子秤称量充注。

6）更换压缩机操作如下。

① 用割管器割开排气管和回气管，用氮气将压缩机内残留的 R600a 吹出，然后拆下需要更换的压缩机。

② 更换压缩机，装回压缩机附件，焊接好与压缩机相连的管路并检查焊点质量。

③ 将压缩机工艺口与管接头进行连接，充入氮气，压力不高于 0.8MPa，用肥皂水检漏。

④ 无漏点后，拔下快换接头，放掉系统内的氮气。

二、电冰箱故障诊断及排除

电冰箱常见故障有制冷不停机、不制冷及其他故障。下面分别介绍每种故障的诊断及排除方法。

1. 电冰箱制冷不停机

（1）观察故障现象　电冰箱在正常使用条件下，将温度控制器的旋钮置于中间位置，运行 1~2h 后，应能自动停机，并在停机一段时间后自动开机。此时，电冰箱冷藏室内的温度应低于 5℃，冷冻室内的温度应达到规定的温度。电冰箱出现制冷不停机现象，存在两种情况：一是制冷效果很好，压缩机不停机；二是制冷效果差，压缩机运行不停机。

（2）制订故障诊断及排除方案　电冰箱运行出现故障，可通过看、听、摸、查、测等方式进行故障诊断。但电冰箱出现制冷不停机的原因多种多样，要找到电冰箱故障的真正原因，不能盲目进行操作，否则会事倍功半甚至破坏电冰箱正常的系统。因此，在进行故障维修前，应仔细观察和分析故障现象，制订合理的维修方案，由简单到复杂，由表及里进行故障诊断及排除，避免造成更大的破坏。电冰箱制冷不停机诊断方案流程图如图 1-59 所示。

（3）分析故障原因、确定故障部位及排除故障　此时应首先检查温度控制器是否设置

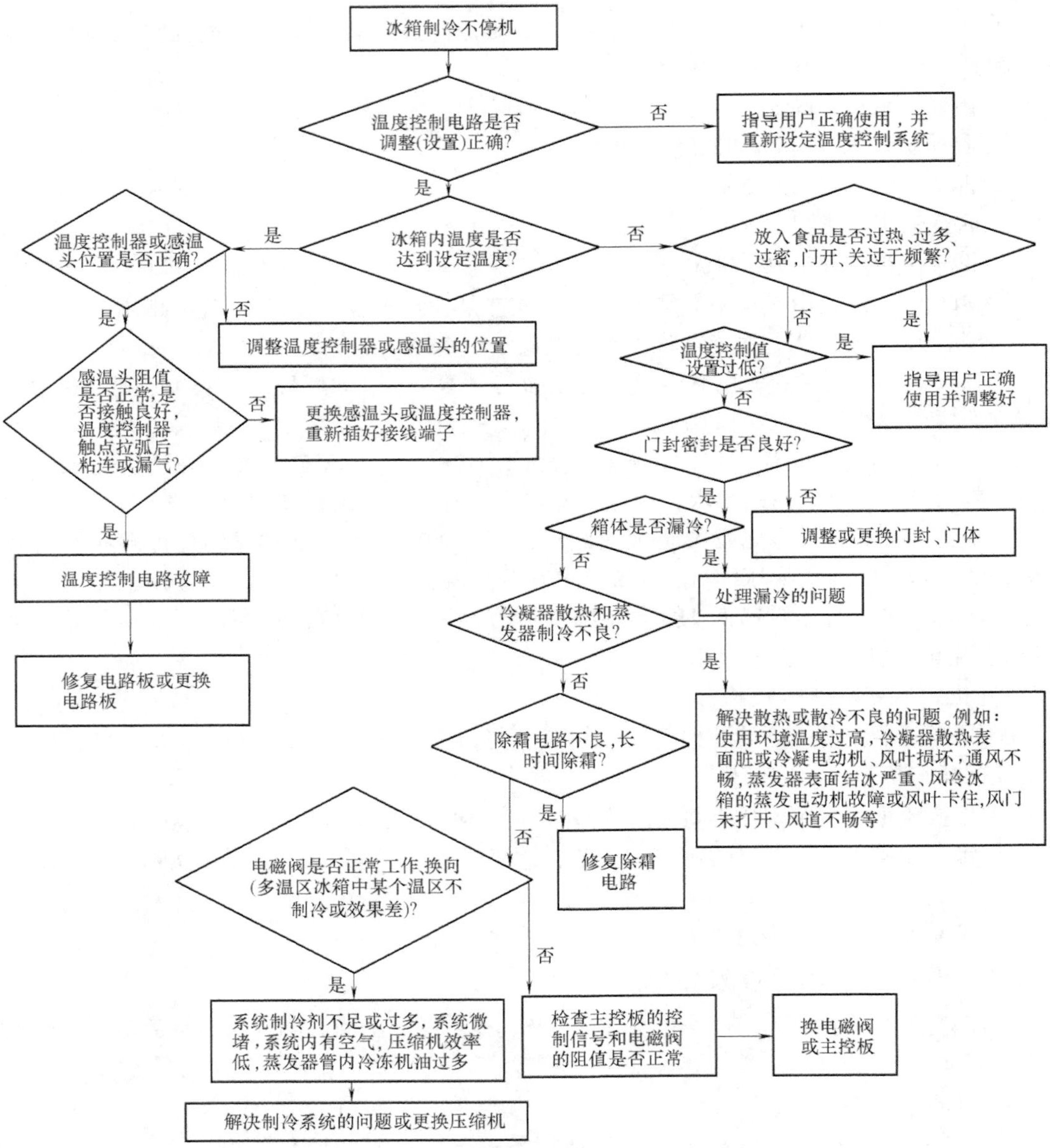

冰箱制冷不停机
温度控制电路是否调整(设置)正确?
否
指导用户正确使用，并重新设定温度控制系统
是
冰箱内温度是否达到设定温度?
是
温度控制器或感温头位置是否正确?
否
调整温度控制器或感温头的位置
是
感温头阻值是否正常,是否接触良好,温度控制器触点拉弧后粘连或漏气?
否
更换感温头或温度控制器，重新插好接线端子
是
温度控制电路故障
修复电路板或更换电路板
否
放入食品是否过热、过多、过密,门开、关过于频繁?
是
指导用户正确使用并调整好
否
温度控制值设置过低?
是
否
门封密封是否良好?
否
调整或更换门封、门体
是
箱体是否漏冷?
是
处理漏冷的问题
否
冷凝器散热和蒸发器制冷不良?
是
解决散热或散冷不良的问题。例如：使用环境温度过高，冷凝器散热表面脏或冷凝电动机、风叶损坏，通风不畅，蒸发器表面结冰严重、风冷冰箱的蒸发电动机故障或风叶卡住，风门未打开、风道不畅等
否
除霜电路不良，长时间除霜?
是
修复除霜电路
否
电磁阀是否正常工作,换向(多温区冰箱中某个温区不制冷或效果差)?
否
检查主控板的控制信号和电磁阀的阻值是否正常
换电磁阀或主控板
是
系统制冷剂不足或过多，系统微堵，系统内有空气，压缩机效率低，蒸发器管内冷冻机油过多
解决制冷系统的问题或更换压缩机

图 1-59　电冰箱制冷不停机诊断方案流程图

正确。若温度控制器设置错误，则应指导用户正确设定温控系统。若温度控制器设置正确，则应进行如下操作：

1）是否是由于温度控制器感温管离开蒸发器表面而引起不停机。打开箱门仔细观察冷藏室温度控制器感温管是否脱离蒸发器表面而悬置。一般情况下，压力式温度控制器的感温管紧贴蒸发器表面，以感应蒸发器表面温度来控制压缩机的起停。如果感温管离开蒸发器表面，感温管感受箱内温度，而箱内温度比蒸发器表面温度高，即使箱内温度降到规定温度，压缩机仍不会停机。此时，将感温管固定在蒸发器上，电冰箱恢复正常工作，故障排除。

2）是否是由于温度控制器感温剂泄漏导致温度控制器失效而引起不停机。关机重新接上电源，压缩机不起动，但箱门开启后照明灯亮。用万用表检查电气控制系统元器件，发现温度控制器的两个接线柱间呈断路状态。而对于压力式温度控制器断路的主要原因是接线柱卡子脱落和感温腔的感温剂泄漏。此时，打开冷藏室箱门，拆下接线盒，检查温度控制器接线柱卡子有无脱落。若没有脱落，则说明故障原因是感温剂泄漏（出现此故障要更换或修理温度控制器）。更换温度控制器时，把箱内接线盒拆下，拔出温度调节旋钮，把温度控制器从接线盒上取下，换上同一型号温度控制器（应注意感温管夹持在蒸发器表面的位置与接触长度）。若要修理温度控制器，首先应把温度控制器从接线盒上取下，把感温管上的裂缝进行封焊，然后向感温管中充灌感温剂。

不管是更换还是维修温度控制器，装上电冰箱后都要进行调试，以使电冰箱温度在额定范围之内。

3）是否是由于温度控制器动、静触点不能断开，使得压缩机不停机。若排除了温度控制器感温管故障，则将温度调节旋钮调在热点状态（逆时针方向旋至接近“停”位），再用螺钉旋具逆时针旋转调节温度范围调节螺母，并配合温度调节旋钮，把箱内温度调节在规定范围内。若此时压缩机能自动起停，温度控制器恢复正常工作。若温度控制器的平衡弹簧松弛、弹力太弱，用上述方法调整后仍不能排除故障，则应更换温度控制器。

4）是否由于门体密封不良使得压缩机不停机。电冰箱门封不严，造成制冷量泄漏、蒸发器结霜过厚、箱内温度降不下来、压缩机长时间运转不停机。

造成门封不严的主要原因有两种：一是门封条长期使用和聚氯乙烯出现老化变形或破裂；二是由于安装不当或门铰链损坏造成箱门不平行，箱门关闭不严产生缝隙。

对于第一类故障，应更换新的门封条。更换时，先用 60～70℃ 热水浸泡门封条并调平，如果尺寸不对，在裁剪时应保留四角，从门封条的中间部位斜面断开。连接时，用烧红的钢锯条插入斜面，然后迅速抽出，用手捏紧，最后用螺钉将门封条固定好。如果门封条轻微变形或凹陷，可用电吹风加热至温度为 50～60℃，待门封条变软后，用手轻轻触摸烘烤部位，或用硬物从门封的气室处使凹陷胀平，从而使门封条恢复原来状态。也可以在有缝隙或凹陷处垫上废胶片等物填平。

第二类故障可以调整固定箱门的铰链或支架，使箱门关闭后能与箱体平衡。

5）是否由于冷凝器散热或蒸发器散冷不良，使得压缩机不停机。如果电冰箱和墙体距离太近，会导致冷凝器散热不良，进而影响电冰箱制冷效果。因此，电冰箱两侧和墙壁之间应预留 10cm 以上的散热空间，且应避免阳光直射、远离热源。

如果风冷电冰箱的电动机发生故障或风道不畅，以致蒸发器散冷不良。此时电冰箱很难达到设定温度。因此，应分别排除风冷电冰箱风扇、电动机、风道等的故障。

6）是否由于除霜温度控制器失灵，导致电冰箱制冷效果差。除霜温度控制器失灵，电冰箱不除霜，厚厚的霜层将蒸发器翅片间的缝隙堵塞，空气无法正常循环，冷空气无法吹至冷室，电冰箱制冷效果差，也会出现制冷模式运行但压缩机不停机的现象。此时，电冰箱制冷效果差，箱内温度明显回升，风扇运转，但无冷风或冷风较少。打开冷冻室门，拆下冷冻室风道外隔板，可以看到整个蒸发器都被冰包住。

此现象说明除霜系统发生故障。若打开箱背板，用万用表电阻档测量除霜定时器电动机、除霜加热器、除霜温度熔断器等元件，两端接线柱均正常。此时，除霜温度控制器出现故障的可能性最大。换上同型号、同规格除霜控制器，电冰箱即可正常工作。

7）是否是由于制冷系统发生冰堵，导致制冷效果差，或无制冷效果、压缩机不停机。系统出现堵塞后，制冷效果随时间延长越来越差。排除了4~6故障后，应检查有无毛细管冰堵、毛细管脏堵或干燥-过滤器脏堵等现象。

电冰箱在冰堵初期阶段工作正常，蒸发器内结霜、冷凝器散热、机组运行平稳、蒸发器内制冷剂流动稳定。随着冰堵的形成，可听见气流声逐渐变弱，时断时续；堵塞严重时，气流声消失、制冷循环中断、冷凝器逐渐变凉。由于堵塞，排气压力升高，机器运行噪声增大，蒸发器内无制冷剂流入，结霜面积变小，温度也逐渐升高，同时毛细管温度升高，于是冰逐渐溶化，此时制冷剂重新开始循环。一段时间后冰堵再次发生，形成周期性的通—堵现象。

毛细管发生冰堵主要是由于系统里有水分。这主要是由下面几种原因造成的：

① 电冰箱在系统泄漏后经过充压、检漏，系统内水分很容易增多。

② 蒸发器破损后，长期开机使得冷冻室内的水分子进入制冷系统。

③ 工艺管打开后未及时密封。

④ 制冷剂中含有水分，充注时带入系统。

⑤ 干燥-过滤器老化，失去干燥功能。

冰堵故障排除主要是将制冷系统中的水分排出。一般有三种方法：

① 排放制冷剂排除水分。对于冰堵严重的设备，起动设备，在冰堵尚未出现以前，将连接干燥-过滤器端的毛细管剪断（不能采用焊枪将管路烧开，因为氟对温度比较敏感，管内氟受热会剧烈膨胀，产生事故），借助系统压力迅速放出制冷剂。此时大量的水分可随制冷剂排出机外。然后再通过抽真空、管壁加热等措施，将机内水分完全排出。

若在-15~-14℃出现冰堵，要先关机、等温度上升、重新开机后冰堵不存在时再放制冷剂。

② 加热排除水分。将制冷剂回收后，不断提高压缩机温升，并在冷冻室和冷藏室内放入热水，用电吹风不断给冷凝器加热，然后在工艺管处抽真空。由于水在真空状态下30℃就会汽化，这样水蒸气就会不断通过抽真空从系统里排除。

③ 干燥-过滤器排除水分。将压缩机加热后，将干燥-过滤器接毛细管端，在毛细管与过滤网之间钻一个1mm的小孔，再加热干燥-过滤器，不断将水分在压缩机的压力下从小孔排出。工艺管处则源源不断地送入经过干燥-过滤器干燥的新空气。然后关闭阀，让压缩机自抽真空，同时加热各处管路。直至所钻孔的压力与大气压力相等，不再进出气。补上小孔，在机外再抽真空、充氟、封口。

8）是否是由于制冷系统发生脏堵，导致制冷效果差，或无制冷效果、压缩机不停机。

制冷系统出现脏堵后，由于制冷剂无法循环，开机后压缩机运转，但蒸发器不冷、冷凝器不热、压缩机外壳不热，且蒸发器内无气流声。如果管路部分堵塞时，蒸发器有凉或冰凉的感觉，但不结霜，或结霜后马上化掉。而干燥-过滤器和毛细管外表面很凉，干燥-过滤器堵塞时，过滤器上会结露；毛细管堵塞时，其上会结霜。这主要是由于制冷剂流过微堵的干燥-过滤器或毛细管时，产生了节流降压作用。从而使制冷剂产生膨胀、降温，导致堵塞处表面结露或结霜。

脏堵和冰堵的区别是：冰堵发生一段时间后仍能恢复制冷，而脏堵发生后就不能产生制冷效果。因此，区分冰堵与脏堵可以在压缩机正常运行而蒸发器无液体流动时，加热毛细管入口处，片刻之后如果听到“嘶”的一声，制冷剂开始循环，则说明是冰堵；若没有反应则属于脏堵。

毛细管发生脏堵主要是由制冷系统中有过量的杂质及压缩机运转时高温高压使冷冻机油部分汽化而凝结在过滤网上引起的。

排除方法：

① 半堵故障的排除方法。半堵故障通常发生在干燥-过滤器或毛细管进口附近，当然也不能完全排除冷凝器或蒸发器有半堵。检修时，首先将吸气管和毛细管分别从压缩机上焊下，由吸气管一端充入氮气、经蒸发器后从毛细管进口处排出，接着可用手指靠近毛细管管口附近、检查气体排出情况。若有半堵现象，则排气量就会减小。此时可以用三角锉刀将毛细管一小段一小段切断，边切边试直至排气通畅、半堵消失。修理时注意毛细管若被切去过多，就必然会影响电冰箱的制冷效果。所以排堵结束以后最好重新接上一根与被切断的毛细管规格相同的新毛细管。

② 检查和排除全堵故障。首先确定全堵的部位，即找出堵塞点在高压部分还是在低压部分。检修时，将氮气或制冷剂从压缩机上的加液管内充入，正常情况下气体会经压缩机、冷凝器从干燥-过滤器处排出，若没有气体排出，则说明这一部分有堵塞。可以逐段切断或焊下以寻找堵塞的部位。在确定了堵塞的部位以后，可用高压氮气将管道内的堵塞物吹去。一般在高压部分会由于冷冻机油被氧化而造成管路堵塞，所以在排堵以后还要检查压缩机的冷冻机油颜色，正常时冷冻机油应为白色透明液体，氧化后即会发黄变红，这时就应当更换冷冻机油。

在检查低压部分时可以用氮气或制冷剂从干燥-过滤器处充入，正常时经毛细管、蒸发器从压缩机加液处排出气体（注意：由于经过毛细管，气体压力会有所降低，故排出气体压力会略小），若没有气体排出则可按上述方法进行检查，以确定堵塞部位。

低压部分的堵塞部位通常在毛细管进口处附近。其排除方法可参照半堵故障的排除方法进行。

9）是否是由于制冷系统发生油堵或其他管路堵塞，导致制冷效果差，或无制冷效果、压缩机不停机。电冰箱故障检查中若发现有不结霜或凝露的管道，则大部分故障是油堵。造成油堵的原因一般是在压缩机使用时间较长以后因为机械磨损，活塞与气缸之间间隙增大，压缩机内的润滑油易进入气缸，与制冷剂一起在制冷系统中循环；或因润滑油黏度下降从而进入管道，这些冷冻机油在冷凝器或蒸发器内聚集，使管道堵塞。为了提高一些铝复合板式蒸发器的蒸发效果，部分管路采用并联形式。在并联管路中冷冻机油极易在部分管道中停留，造成堵塞。另一种情况是压缩机的冷冻机油过量，使油随制冷剂一起进入管道、造成堵塞，所以在加油或换油时要注意不要超过油线。

排除方法：蒸发器部位油堵后只能采用喷射法进行排堵。修理时，可先将吸气管从压缩机上焊下，然后通电让压缩机运转，用大拇指紧紧按住吸气管的出口，不让气体从管路内排出，当气体压力很大，拇指按不住的时候迅速松开，这时气体会携带部分蒸发器内的油一起喷射出来，以上方法反复操作就能排出积油。

另外，在焊接管路时被焊料堵塞，或在更换管路时所更换的管子已经堵塞而未被发现。管路堵塞基本上是由人为因素造成的，因此要求在焊接和更换管子时，应按照要求进行清洗、抽真空、充注制冷剂等工作，即可排除此类故障。

10）是否是由于压缩机故障导致制冷效果差、压缩机不停机。高低压阀片漏气或被击穿时，会使电冰箱制冷速度降低、降温效果差，严重漏气时，系统将不能制冷。出现此故障的原因可能是：

① 阀片质量较差、翘曲变形，从而与阀座之间出现缝隙。

② 固定高低压的阀片或阀板上的螺钉松动。检查时，可在压缩机高压排气管和工艺管上分别接上压力表，然后在停机条件下通过工艺管向制冷系统内充注制冷剂（压力达0.2MPa）。起动压缩机，当低压阀漏气时，低压端的压力比正常压力高（单门电冰箱低压正常压力为0.06MPa，双门电冰箱低压正常压力为0.03MPa）；当高压端漏气时，高压排气管压力比正常压力低（高压排气管正常压力为0.6~0.8MPa）。

发生此类故障后，打开压缩机机壳，更换高低压阀片和阀垫。

11）是否是由于蒸发器泄漏导致制冷效果差，或不制冷导致压缩机不停机。电冰箱通电运行后，长时间运转不停机、制冷效果差或不制冷；冷凝器微热或不热；蒸发器无霜或部分无霜；压缩机吸气管不凉；压缩机运转电流小、振动和噪声减小、无负载感。出现此类现象表明制冷系统“漏氟”，制冷系统泄漏通常集中在蒸发器和连接管道焊接接口处。蒸发器泄漏主要由于：

① 电冰箱储存物品含有碱性，若不常清洗，则会造成蒸发器表面腐蚀而泄漏。

② 除霜或取物品时，锋利的金属器械将蒸发器表面刺破，造成泄漏。

③ 蒸发器质量不好，管壁和接口出现泄漏点，造成泄漏。

排除方法：

① 铜蒸发器修补。铜管有漏孔，可用银焊条进行修补。先将泄漏点周围用砂纸擦净，将焊剂涂在泄漏点处，用气焊中性焰对泄漏点和银焊条加温，当焊条熔化后，移开气焊，冷却后充入0.6MPa的氮气进行检漏。

② 铝蒸发器修补。可采用酸洗焊接法、摩擦焊接法和胶粘剂补漏。

a. 酸洗焊接法是先将蒸发器漏孔周围用布擦净，并将小孔塞住，然后在漏孔周围滴几滴稀盐酸，用以除去铝表面的氧化层，稍后再加入几滴较浓的硫酸铜溶液，待漏孔周围都有铜膜覆盖时，用湿布擦去剩余的硫酸铜和盐酸，然后用100W的电烙铁进行锡焊补漏。

b. 摩擦焊接法适用于0.1~0.5mm的漏孔。补漏时将漏孔边缘用细砂纸打磨干净，放上一些配好的焊剂（其配方：50%松香粉、20%石英粉、30%耐火砖粉），随即将挂有较多焊锡的烙铁头用力将焊锡和焊粉在漏孔周围摩擦，除去氧化层后，焊锡就会牢牢将漏孔封住。然后趁热将石英粉和耐火砖粉擦去，漏孔即被补焊好。

c. 胶粘剂补漏是最常用的补漏方法。常用的胶粘剂有CH-31、101、102、SA-102等。

补漏时先将漏孔周围用 0 号砂纸稍稍打磨，并用汽油或酒精清洗干净，然后将 CH-31 双管胶按 1∶1 配比，混合均匀后，涂在漏孔部位，约 24h 便可完全固化。固化后即可充压检漏。如漏孔较大，需做二次胶补，应在第一次胶粘剂固化 24h 后进行。用砂纸轻轻打磨胶粘处后，将配好的胶粘剂涂上，第二次涂抹范围要比第一次大些。如漏孔或漏缝较大，在第一次胶补时先剪一块铝片（面积稍大于孔或缝隙），用砂纸打磨和去油洗净后涂上胶粘剂，覆盖在孔或缝隙上，并用重物压住，待充分固化后再做第二次胶粘。

蒸发器进行焊补或胶补后，均应充入 0.6MPa 的高压氮气进行充压检漏。

铝蒸发器泄漏后（现象和其他蒸发器泄漏一样），用上述方法修补好后，使用寿命也不长，此时应更换新的蒸发器。铝蒸发器进口和出口均为铜铝接头，在与毛细管相连的铜管接口处，用砂纸将氧化物擦去，并用湿布把铜铝接头包好，避免焊接时温度过高而熔化。焊接时，用气焊中性焰对蒸发器接头铜管进行加热，呈青红色时，快速插入毛细管，并立即加上粘有焊剂的银焊条，当焊条熔化后填满接口时，迅速移去火焰，防止过热使毛细管及铜铝接头处熔化。在焊接时，严禁火焰喷到铝管处，否则在高温下，铝管氧化熔蚀造成蒸发器报废。焊完后，清除焊剂，避免遇水产生氢氧化钠而腐蚀铝，进而造成泄漏。

另外，蒸发器铜铝接头处管路弯曲或断裂主要是由管路修理过程中失误造成的，此故障可采用胶粘法进行修补。铜铝接头断裂后，采用 2～3cm 的纯铜管，用砂纸打磨其外表面，并用环氧树脂金属胶均匀涂在其上，然后插入铜铝管中，在室温下自然固化或适当加热烘干。固化后，再充氮检漏，如不泄漏制冷剂可继续使用，否则就应该更换新的蒸发器。如果铜铝接头处泄漏制冷剂但没有断裂，用环氧树脂金属胶粘接即可。

12）是否是由于冷凝器泄漏导致制冷效果差，或不制冷导致压缩机不停机。冷凝器泄漏较少发生。但是，由于使用环境潮湿，维护不及时，也会造成冷凝器直接接触潮湿空气而形成不同范围的锈蚀，进而使制冷剂泄漏。

大面积锈蚀的冷凝器，管路中布满孔洞，已失去使用价值，应将其从制冷系统中断开，换上相同型号新的冷凝器，如无同型号，可使用结构形式、面积相似的冷凝器代替。

冷凝器小孔泄漏的修补可采用焊接法和粘接法。如果是内藏式冷凝器泄漏，查找和拆卸都较困难，此时可重新选配钢丝盘管式或百叶窗式冷凝器，安装于箱体的后背。

冷凝器修补后，应充氮检漏，合格后再进行组装焊接。

2. 电冰箱不制冷

（1）观察故障现象　电冰箱不制冷分两种情况，一是压缩机不运转，电冰箱无法制冷；二是压缩机运转，但是不制冷，冷凝器不热，蒸发器不凉。

（2）制订故障诊断及排除方案　电冰箱不制冷故障诊断方案流程图如图 1-60 所示。

（3）分析故障原因、确定故障部位及排除故障

1）是否是由于高压输出缓冲管断裂，导致压缩机正常运转但无制冷效果。压缩机正常运行，但没有制冷效果，用手触摸压缩机排气管，只有一段发热，压缩机机壳温升较快，用螺钉旋具顶住压缩机密封壳，耳朵贴近其手柄，可以听到压缩机内有压缩气体喷出的气流声。检查时，可以焊开压缩机高压排气管和低压吸气管，用手指堵住高压排气口时，若感觉压力很小或没有压力时，则可判断高压输出缓冲管断裂或松开。这种现象主要是由高压输出缓冲管质量较差或焊接不好造成的。

打开压缩机机壳，用铜焊条进行焊接（不可以采用磷铜或银焊条焊接，否则受高压冲

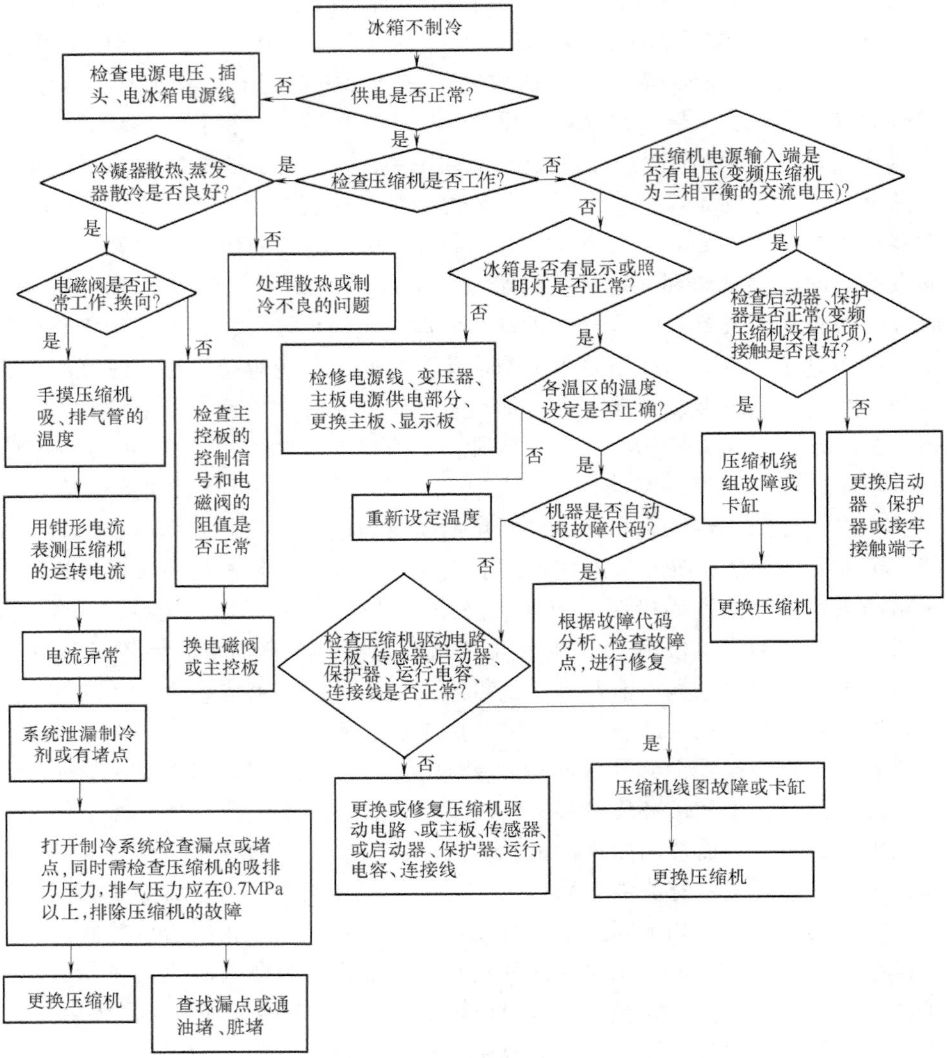

冰箱不制冷
供电是否正常?
否
检查电源电压、插头、电冰箱电源线
是
检查压缩机是否工作?
是
冷凝器散热、蒸发器散冷是否良好?
是
电磁阀是否正常工作、换向?
是
手摸压缩机吸、排气管的温度
用钳形电流表测压缩机的运转电流
电流异常
系统泄漏制冷剂或有堵点
打开制冷系统检查漏点或堵点，同时需检查压缩机的吸排力压力，排气压力应在0.7MPa以上，排除压缩机的故障
更换压缩机
查找漏点或通油堵、脏堵
否
检查主控板的控制信号和电磁阀的阻值是否正常
换电磁阀或主控板
否
处理散热或制冷不良的问题
否
压缩机电源输入端是否有电压(变频压缩机为三相平衡的交流电压)?
否
冰箱是否有显示或照明灯是否正常?
否
检修电源线、变压器、主板电源供电部分、更换主板、显示板
是
各温区的温度设定是否正确?
否
重新设定温度
是
机器是否自动报故障代码?
是
根据故障代码分析、检查故障点，进行修复
否
检查压缩机驱动电路、主板、传感器、启动器、保护器、运行电容、连接线是否正常?
否
更换或修复压缩机驱动电路、或主板、传感器、或启动器、保护器、运行电容、连接线
是
压缩机线图故障或卡缸
更换压缩机
是
检查启动器、保护器是否正常(变频压缩机没有此项)，接触是否良好?
是
压缩机绕组故障或卡缸
更换压缩机
否
更换启动器、保护器或接牢接触端子

图 1-60　电冰箱不制冷故障诊断方案流程图

击后会发生再次断裂)。然后进行通电试压，检查压缩机排气功能是否完好后对压缩机进行封壳。

2）是否是由于压缩机挂钩弹簧脱落或断裂，导致压缩机在密封机壳内倾斜、停机。当起动压缩机时，会发出较大的“当当当……”的响声，压缩机随即停止运转。发生挂钩弹簧脱落和断裂的原因一是由安装时未将挂钩卡住或三个弹簧高度不一致而导致三点承受不同拉力；二是在运输或搬运过程中未将压缩机垂直放置造成的。

打开压缩机机壳，将挂钩弹簧固定紧，或重新更换新的挂钩弹簧。

3）是否是由于高低压阀片或阀垫被击穿，导致压缩机正常运转但无制冷效果。若压缩机正常运转但无制冷效果，充注制冷剂后仍无制冷效果，则多半是由于气缸内高低压阀片被击碎或阀垫被击穿。检查时，可在压缩机工艺管管口焊上修理阀，然后停机充入制冷剂，当系统内压力达到 0.25MPa 时，起动压缩机。若压力几乎不下降，则可以判断阀片或阀垫发

生故障，此故障一般是由于压缩机内发生液击。

此时，打开压缩机机壳，更换阀片或阀垫即可。

4）是否是由于压缩机抱轴或卡缸，导致压缩机无法正常运转。压缩机抱轴或卡缸时，会使起动继电器连续过载，热保护触点跳开，压缩机停机。用万用表检查时，起动继电器和电动机绕组阻值正常，对地绝缘电阻良好，但压缩机通电后不运转，人工起动也无效。这些现象说明压缩机出现抱轴或卡缸故障。压缩机缺少润滑油导致摩擦面直接接触，从而加剧磨损；同时摩擦产生的热量无法有效散出导致摩擦面温度急剧上升，最后导致压缩机抱轴。压缩机卡缸的主要原因：

① 配合间隙过小。

② 压缩机修理过程中使水分大量进入制冷系统，从而使压缩机零部件出现锈蚀而卡缸。

排除方法：

① 敲击法。用一块木条放在压缩机外壳顶部中心位置，用锤子敲打木条。先敲中心，后敲四周，使活塞和气缸松弛后再采用人工方法起动压缩机。若抱轴不太严重，经这样处理后，压缩机有可能恢复工作。

② 浸润法。电冰箱压缩机，若因久置不用而卡死、无法起动，用敲击法也不能恢复工作，可将其从电冰箱上取下，将三个管口堵住，再把它倒置24h以上，使零件在润滑油中充分浸泡，再进行敲击处理，一般均能恢复正常。

③ 加大起动转矩法。经上述方法处理后若压缩机仍无法起动，则可采取加大起动转矩的方法。对于电冰箱压缩机，可通过外接调压器适当提高输入电压，并在起动绕组上串接一只75μF/400V的电容器再进行起动。其目的是加大起动转矩，使其起动运行。对于旋转式压缩机，因采用电容移相电动机，当其出现“抱轴”故障后，通常将原起动电容容量增大2倍，然后接通电源，看压缩机能否起动运转，否则应反复进行2~3次。若同时敲击压缩机，效果会更好。用该法需注意的是，每次通电不能超过5min，若需反复进行试验，每次应间隔3~5min。由于压缩机的旋转电流很大，试验用的导线应能承受足够的电流，以防止发生事故。若采用上述方法处理后仍不能恢复压缩机的运转，则只能进行开壳维修或直接更换同型号的压缩机。

5）是否是由于起动继电器和过载保护器断路，压缩机不起动。打开箱内，照明灯亮但压缩机不起动。用万用表检查温度控制器正常。拆下压缩机机壳旁边的接线罩盖，拆下起动继电器和过载保护器，装上整体式起动继电器，压缩机起动运行，电冰箱正常制冷。说明故障发生在起动继电器或过载保护器上。

排除方法：将拆下的起动继电器用手沿安装方位的轴线摇动，若能听到衔铁撞击声，说明衔铁动作正常。再将起动继电器以安装方向竖直倒置，用万用表RX1档检测起动继电器两个接线端子之间的通断情况，正常应导通，若实测处于断开状态，则起动继电器线路发生断路。故障排除时，将起动继电器电流线圈断开处用锡焊焊接，然后与过载保护器一起装回压缩机的接线罩内，接上电源，电冰箱正常工作。

若将拆下的过载保护器用万用表RX1档测量两个接线端子之间的阻值，室温条件下应为0~1Ω，若阻值无穷大，则过载保护器断路。过载保护器断路故障主要有熔体熔断或常闭触点烧损。故障排除时，更换新的过载保护器。

6）是否是由于起动继电器常开触点跳火打毛，压缩机起动不良。电冰箱长期使用，发现压缩机起动时声响较大，起动继电器有“啪啪啪”的声音，发生起动不良故障。此故障主要是由于起动继电器常开触点打火变得凹凸不平、接触不良，引起压缩机起动困难。

拆下起动继电器，用完好的起动继电器与压缩机相连，压缩机良好起动，“啪啪啪”的声音消失，可确定故障在起动继电器。取下起动继电器外壳，发现触点铜块有打火烧黑的斑点，使得触点接触电阻增大，起动时动、静触点频繁跳动，造成压缩机起动不良故障。

排除方法：用细砂纸撕成长方形，把动、静触点黑色斑点磨掉，并不断摇晃起动继电器，使其触点自行碰撞摩擦，达到动、静触点能自由、灵活地闭合或断开。经过检修后的起动继电器装到压缩机上，压缩机起动良好，电冰箱正常工作。

7）是否是由于压缩机电动机起动电容失效，压缩机不能起动。压缩机电动机使用电容器起动，电源供电正常，压缩机不起动。

排除方法：此时拔下电源插头，将电容器拆下，用导线将电容器两个接线端子短路，若发生火花放电，说明电容器正常，否则电容器失效。也可用万用表电阻档测量电容器的阻值来判断其是否失效，若阻值为零或极小，则为短路；若阻值无穷大，则为断路。

更换新的电容器后，压缩机正常工作。

8）是否是由于压缩机电动机主轴磨损，压缩机不起动。电源供电正常，压缩机不起动。由于电动机与压缩机密封组合在一起，电动机的转子中心轴的下部为吸油管，上端为压缩机的曲轴（对往复式压缩机而言）。当电动机转子随中心轴高速运转时，由于只靠一个铜轴承套支承，而转子与定子之间空隙仅 0.3mm 左右，一旦轴承套磨损，轴与孔之间产生松动，从而使电动机转子在运转时造成偏心摆动，产生的摩擦阻力增大，导致电动机电流迅速增加，使其绕组发热而烧坏电动机。

排除方法：对于此类故障在拆卸压缩机壳体后，应认真检查电动机轴套孔的磨损情况，一旦发现轴承内孔直径磨损超过 0.1mm 时，应及时更换轴承。

9）是否是由于压缩机电动机温升严重，导致压缩机起动异常，压缩机外壳温度过高。在实际检修过程中，发现压缩机的外壳温度过高，一般可从以下几个方面加以分析。一是钢壳体内的冷冻机油变质，从而增大压缩机零件之间的磨损。压缩机润滑油（即冷冻机油）是一种很纯净的透明液体，是适用于长期处于高温与低温频繁变化环境的特种油剂。一旦油质变质、混浊及黏稠，便加剧压缩机的机械磨损、油路阻塞，导致电动机大幅度升温而烧坏。二是压缩机钢壳体内缺少润滑油，使其压缩机运动部件供油不足，使各部件金属面相互摩擦加剧，引发电动机负荷加重、绕组发热而温升剧增。三是电动机内部绕组短路，若压缩机长期处于超负荷、长时间运行，电动机在壳体内经受冷热温差的变化，或压缩机起停频繁，均会造成电动机绕组绝缘老化、短路而发热。检测电动机有无短路，可测各绕组电阻值加以判断。一般电动机起动绕组无短路时电阻值约在 23Ω，运行绕组无短路时电阻值约在 11Ω，起动和运行绕组串联电阻值约在 35Ω。若电动机绕组有短路故障，其电阻值远远小于正常值。

如果毛细管、过滤器或管路等出现堵塞问题，也都会使压缩机的吸气压力降低或排气压力提高，从而加剧压缩机的运行负荷，造成电动机温度严重升高。

排除方法：此故障可对症下药，若润滑油变质或缺少，应充灌新的润滑油；若电动机绕组短路，应更换压缩机；若制冷系统管路堵塞，应参照制冷系统故障进行排除。

10）是否是由于除霜定时器触点接触不良，压缩机不起动。无霜电冰箱，打开冷藏室箱门，箱内照明灯亮，但压缩机不能起动运转。此时，可先检查温度控制器，若温度控制器良好，用万用表电阻档检测电冰箱背后内壁除霜定时器上的4个接线柱的导通情况，发现温度控制器和除霜定时器的接线端子与压缩机电动机和除霜定时器的接线端子之间断路，引起压缩机不能起动。

排除方法：更换同型号、同规格的除霜定时器。

11）是否是由于全自动除霜电冰箱温度熔体熔断，电冰箱不工作。全自动除霜电冰箱压缩机与冷却风扇不工作，箱内不冷，但打开箱门，照明正常。用万用表检测温度控制器和除霜定时器，温度控制器完好，除霜定时器触点处于除霜状态，拨动触点使压缩机运转电路接通，压缩机与风扇起动运转，因此可能是除霜加热电路出现故障。用万用表电阻档检测发现除霜加热电路上的温度熔体熔断。

排除方法：换上同型号同规格的温度熔体，电冰箱正常工作。

3. 电冰箱其他故障及其排除

（1）电冰箱“漏电”故障　整台电冰箱漏电时，有可能是电冰箱的电路系统、温度控制器、继电器、照明系统等有故障引起漏电。另外压缩机钢壳体内的电动机产生漏电，也会导致整台电冰箱带电，给安全带来严重危险。

此时应首先排除电路系统、温度控制器、继电器、照明系统故障疑点后，检查压缩电动机是否漏电，分析电动机漏电的主要原因，主要有电动机导线绝缘老化破裂，导致裸线与钢壳体碰触导电。其次为电动机严重受潮后导致整台电动机漏电。当然也有可能在拆卸压缩机维修后，由于装配不良或绝缘导线质量差，造成使用一段时间其电气绝缘性能下降而产生漏电。

针对以上情况在检测电动机是否漏电时，可将电动机三根引出线对壳体用绝缘电阻表测量电阻绝缘值加以判断。若无专用绝缘电阻表，可用白炽灯串接检测。具体的检测方法是把电动机的三根引出线从接线柱上拆下悬空，将电源线中的相线串接在电动机某根引出线上（每测一次换一根），然后将一只小瓦数白炽灯泡串接在机壳与地线之间，当电源相线碰触电动机某一引出线（起动线、运行线、起动运行连线）时，灯泡发亮说明电动机漏电。

一旦确认电动机漏电故障，只有锯开压缩机钢壳取出电动机进行修理或更换。

（2）电冰箱冷凝器“噪声大”故障　电冰箱在使用过程中，有时会听到冷凝器发出“噼啪”声或抖动声，这种现象多出现在百叶窗式冷凝器上。百叶窗式冷凝器（图1-61）是将冷却管挤压在百叶窗式平板散热片上，形成一个整体。生产过程中，或使用过程中导致冷凝管和散热片固定不牢，在压缩机运转过程中，发出“噼啪”声，这种现象不影响电冰箱使用，但长期下去，不仅产生噪声，还会使冷却管破损，从而造成制冷剂泄漏。

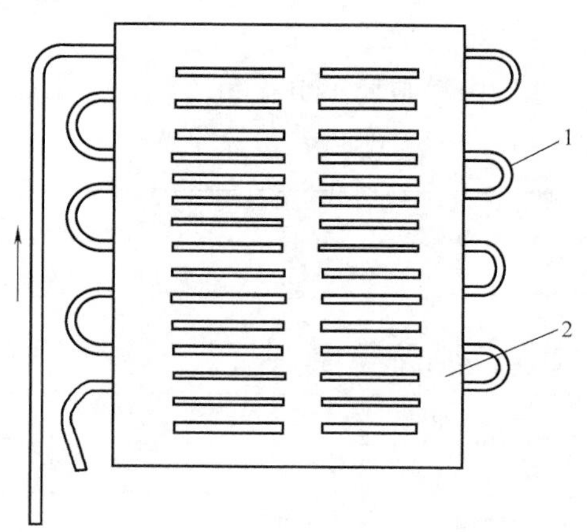

图1-61　百叶窗式冷凝器
1—冷凝管　2—百叶形板

检修时，停止压缩机运转，将502胶水滴在冷却管和散热片松动处，一天后再起动压缩机，噪声消失。

（3）电冰箱冷藏室积水或有水溢出　电冰箱冷藏室排水孔堵塞，造成冷凝水不能顺利排出。此时用有一定柔韧性的工具进行疏通即可排除故障。

（4）电冰箱过载保护器动作　电冰箱过载保护器动作，常常是由电源电压过低或环境温度过高、压缩机工作电流增大所致。电冰箱起动几分钟后出现过载现象，调节热过载保护器后反复试机，故障仍然存在。此时，检查压缩机电动机的运行和起动绕组的直流电阻均正常，将过热（过载）保护器拔除，直接接通电源起动电冰箱，运行正常。经测定，运行电流为 0.8A 左右，制冷效果良好，因此可断定故障出在热过载保护器上。应仔细检查保护器的双金属片是否有裂纹，使其未达到额定的温度值即离开触点，或者保护器热阻丝焊点是否焊接牢固，造成时通时断。遇此情况更换过载保护器，即可正常工作。

（5）电冰箱运转正常，但不停跳闸　开机后，压缩机运转正常、制冷效果良好、电源不停跳闸。此时，用试电笔测试电冰箱外壳，试电笔发光管发光，说明机壳漏电。检查电源插座专用地线是否连接，如果未连接，接上即可排除故障。

如果该地线连接良好，检查电冰箱压缩机机壳的电气绝缘性能。断开电源，断开压缩机各接线柱，用万用表测压缩机电动机起动绕组、运行绕组与机壳之间的阻值，正常时应大于 2MΩ，若为 0，说明压缩机漏电，应开壳检查。如绕组漆包线绝缘层破损、铜线裸露，与机壳接触而产生漏电，可用聚酯薄膜将破损处包扎，避免与机壳摩擦即可。若确属绕组漆包线的绝缘层脱落，可取下重新浸漆修复或更换电动机。

三、技能训练

1. 训练项目

1）电冰箱制冷不停机故障诊断及排除。

2）电冰箱不制冷故障诊断及排除。

2. 训练场地、使用工具及注意事项

（1）训练场地　电冰箱维修实验室。

（2）使用工具　电冰箱、氮气瓶、三通修理阀、减压阀、电子检漏仪、肥皂水、真空泵、连接软管、制冷剂钢瓶、钳形电流表、电子秤、气焊设备、封口钳、万用表等。

（3）注意事项　严格遵守安全操作规程。

3. 考核方式

1）由教师设定电冰箱故障，学生以小组（4 人）形式进行故障诊断及排除。

2）各项目所占分值见下表。

项目	制冷不停机(50 分)	不制冷(50 分)
资讯及方案制订	10 分	10 分
小组实际操作	25 分	25 分
针对方案和操作,小组自评和整改	5 分	5 分
组间观摩评价	5 分	5 分
安全操作	5 分	5 分
教师评价(综合得分)		

学习情境二　冷柜制造与维修

工作任务

工作任务一　冷柜制造及装配

工作任务二　冷柜安装

工作任务三　冷柜故障诊断及排除

学习目标

冷柜通常用于商场和超市，它不仅能低温保存商品或食品，还具有展示和销售商品的功能。冷柜是食品冷藏链中最后的环节，对生鲜食品的储存和销售来说具有重要的意义。通过此学习情境，应达到如下学习目标：

1）掌握冷柜的组成及工作原理。

2）掌握冷柜的制造及装配工艺。

3）能够进行冷柜安装作业。

4）掌握冷柜故障诊断与排除方法及操作技能。

学习内容

1）冷柜的分类。

2）冷柜工作原理及组成。

3）冷柜的装配工艺。

4）冷柜的安装。

5）冷柜故障诊断与排除。

教学方法与组织形式

1）主要采用任务驱动教学法。

2）知识的学习主要采用教师讲解、小组讨论相结合等学习的模式。

3）技能的学习可采用演示、实际操作、参观生产线等模式进行。

学生应具备的基本知识及技能

1）应具备制冷原理及电气控制相关知识。

2）应掌握常用电工仪表和工具的使用方法。

3）应具备管路清理、压力检测、制冷剂充注等基本操作技能。

学习评价方式

1）以小组（3~4人）形式对冷柜进行装配、安装、故障诊断与排除操作，并进行自评整改。

2）小组之间进行观摩互评。

3）教师综合评价。

4）本情境综合考核，按百分制，取每次考核平均值。

工作任务一　冷柜制造及装配

学习目标

1）了解常用冷柜的分类。

2）掌握冷柜的工作原理和组成。

3）掌握冷柜的制造及装配工艺。

教学方法与教具

1）教师课堂讲授。

2）多媒体、视频、实物展示相结合。

3）观看生产线录像，参观冷柜生产线。

4）所需教具：冷柜模型或实物、冷柜生产线、冷柜拆解工具。

冷柜的生产包括两个方面：结构研究和制造装配工艺。要生产出符合标准的冷柜，除了要理论研究最佳的尺寸结构及各部件的选取，在其生产制造的过程中，制造装配工艺起着重要的作用，如果工艺制造装配水平比较差，生产出来的残次品就比较多，因此为了提高产品性能，必须重视冷柜制造装配工艺。

冷柜的制造工艺和电冰箱的制造工艺类似，包括钣金成型、脱脂磷化、干燥喷粉、内胆预装、箱/门体发泡、焊接、抽真空灌注、检测、包装等过程。冷柜制造工艺流程图如图 2-1 所示。

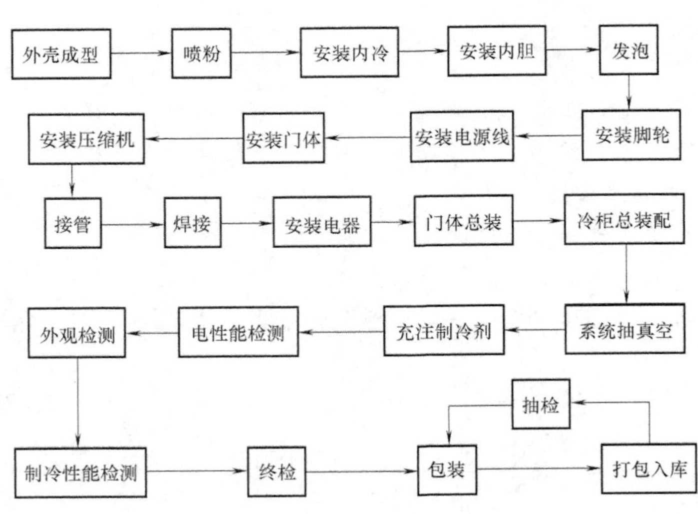

图 2-1　冷柜制造工艺流程图

在学习冷柜的制造及装配工艺前，应首先了解冷柜的分类，掌握冷柜的组成及工作原理等相关知识。

一、相关知识

1. 冷柜的分类

为满足商场的需求，根据冷柜的种类、形式和功能的不同，其结构形式也不同。一般冷柜的分类有以下几种类型：

（1）按用途分类　冷柜种类繁多，按用途可分为：冷藏用、冷冻用、冷藏冷冻用、冷藏陈列用和冷冻陈列用。

（2）按冷却方式分类　冷柜按冷却方式可分为：吹风冷却式和盘管冷却式。吹风冷却式以空气强迫对流直接与冷却盘管组换热。盘管冷却式以空气自然对流直接与冷却盘管或冷却平面进行换热。

（3）按展示部结构分类　冷柜按展示部结构可分为：开启式、封闭式、半封闭式及组合式。

（4）按运行温度分类　冷柜按照运行温度可分为：冷藏式、冷冻式、双温式。

（5）按制冷等级分类　根据冷冻室所能达到的冷冻储存温度的不同，冷柜可按制冷等级来分类。其制冷等级划分和电冰箱的制冷等级划分相同。

（6）按门的设置数量分类　冷柜按门的设置数量可分为双门、三门和多门。冷柜的外形结构图如图 2-2 所示。

（7）按结构分类　冷柜的基本结构有立式和卧式两大类。按照结构又可分为：岛式、货架式、平式、柜台式、组合式。

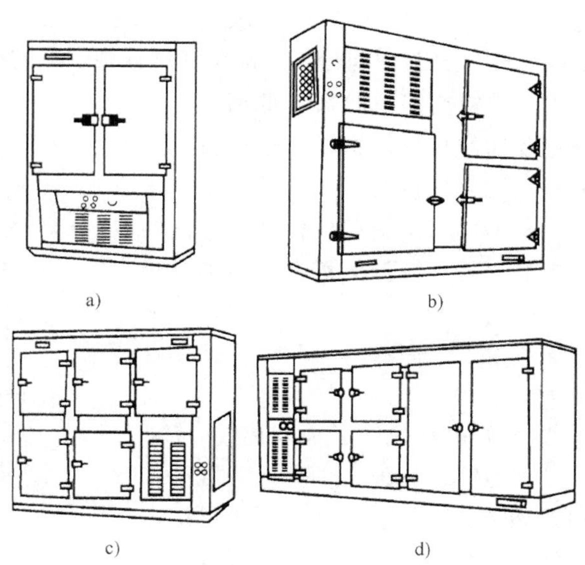

图 2-2　冷柜的外形结构图

a）双门　b）三门　c）五门　d）六门

岛式陈列柜的外形与岛屿相似，在它的四周都可取货，故称为岛式陈列柜。由于它的四周都可以取货，一般情况下可以把它放置在超市冷冻区的中间部位，多数岛式陈列柜的四周设置透明的围栏玻璃，这样不仅能尽量减少陈列柜内的制冷量与周围环境的热传递，还能使顾客无论从哪个位置都能看清商品，方便、快捷地选购物品。

岛式陈列柜的结构图如图 2-3 所示，通常由聚氨酯发泡定型的一个柜体和两个端板拼装而成。柜体外壁彩色钢板或铝板，内壁面用厚度为 50mm 高强度的纤维板，也可用钢板。把抛光的不锈钢安装在陈列柜上方，在垂直的柜体内侧安装彩色铝板制作的挡风板，这样就组成了循环空气的吸入和排出风道。把蒸发器和风道安置在陈列柜下部，并用三块可拆卸的隔热板把柜内容积分隔开，以便必要时可调节、检修热力膨胀阀和风机。其中，小的隔热板布置在安装热力膨胀阀的区域，而大的隔热板直接安装在蒸发器上。这样一来，在除霜时，隔热板可以减少被加热的蒸发器和柜内冷空气之间的热交换，避免柜内货物和空间温度过高。

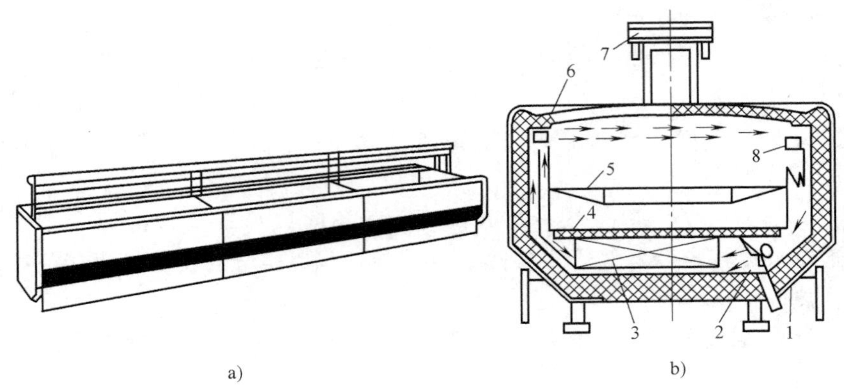

图 2-3　岛式陈列柜的结构图

a）立体图　b）剖视图

1—绝热外壳　2—风机　3—蒸发器　4—绝热底板　5—货物搁架　6—空气分配格栅　7—照明灯　8—温度控制器

用风机来完成空气流的循环，风道的冷风送出口应布置成百叶式或蜂巢式出风口，以便均匀地分配空气流，使冷空气建立同层水平风幕，阻碍柜外热空气进入柜内。冷空气被加热并进入回风口，空气由风机吸入两条通道，内通道内设有蒸发器，空气流经蒸发器时被冷却。冷却空气分为两部分，一部分透过分割食品的空间和内通道板壁上的小孔进入存放食品的空间，维持空间内所需的低温，另一部分通过顶部的格栅，构成一道风幕。外通道的空气也通过格栅形成一道风幕。这样两道风幕不仅能减少存放食品空间内的冷空气外泄，而且能阻止室内高温空气透入存放食品的空间。同时，为避免在冷风进出口处结霜，在垂直柜壁上方安装电热元件。

货架式陈列柜因其常沿超市墙壁放置。又称为壁式陈列柜，货架式陈列柜的结构图如图 2-4 所示。其柜顶缘下端至地面的高度一般为 1.8m，加上宽阔的开口，可以有效展示商品，以便顾客方便地选取柜内商品。其结构件一般采用高强度无毒塑料构件和不锈钢型材、耐蚀合金钢板等，采用美观的粉末喷涂表面。货架式陈列柜的温度调节范围较大，可以根据展示商品特性，选择合适的温度范围，一般是

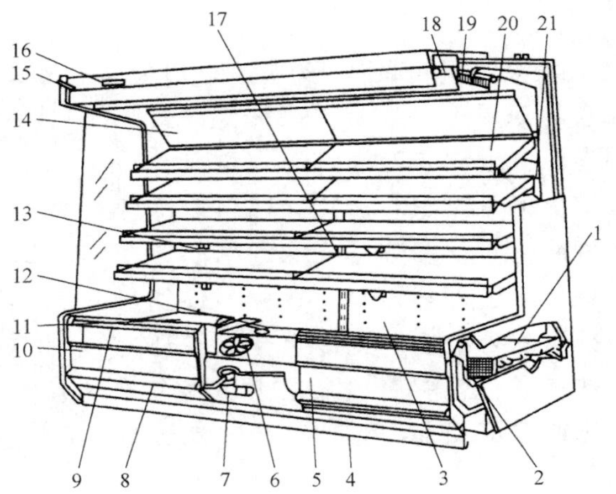

图 2-4　货架式陈列柜的结构图

1—蒸发器　2—回风栅　3—背面板　4—前挡板　5—前面板　6—风机组件　7—排水管　8—保险杠　9—前面罩　10—底板　11—连接件　12—蒸发器检查窗　13—搁板照明插座　14—镜子　15—顶棚　16—液晶温度计　17—搁板柱　18—导光罩　19—冷风出风栅　20—货架板　21—搁架

在出风口部位安装容易观察的数字式温度显示装置和除霜指示器。

货架内的商品在冷风幕的作用下，实现低温存储和展示。货架式陈列柜一般有两层或三层风幕，能有效保持冷柜储藏或冷冻温度，减少冷气损失，从而达到节能的目的。货架式陈列柜的剖视图如图 2-5 所示。

平式陈列柜又称为平行壁式陈列柜，一般单面靠墙放置或由营业员进行面对面服务。平式陈列柜的结构图如图 2-6 所示。平式陈列柜容积大，适合陈列销售鲜肉、鲜鱼和熟食等商品。

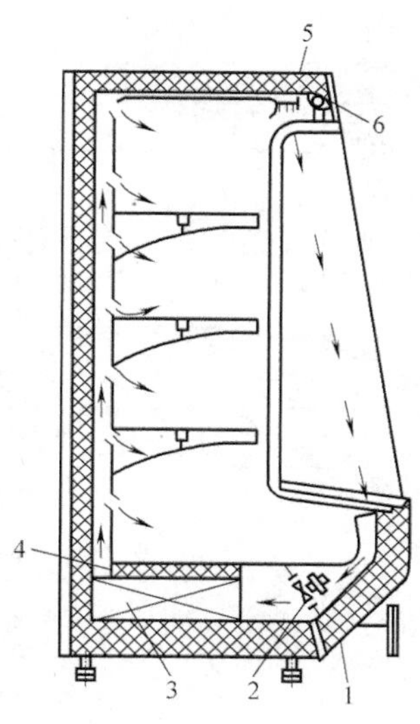

图 2-5 货架式陈列柜的剖视图

1—绝热外壳 2—风机 3—蒸发器 4—隔热板 5—格栅 6—照明灯

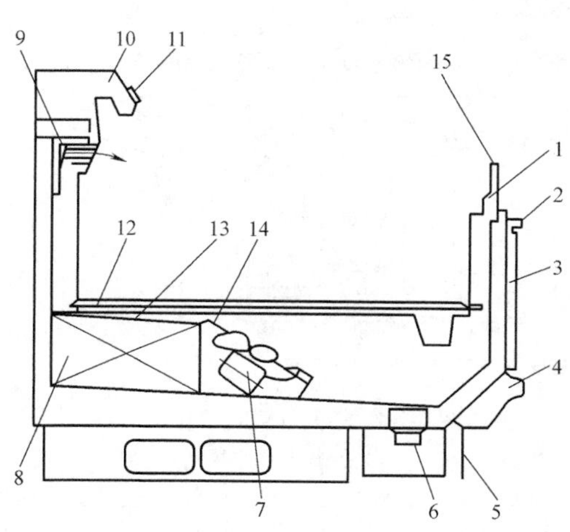

图 2-6 平式陈列柜的结构图

1—回风栅 2—前面罩 3—前面板背面板 4—保险杠前挡板 5—挡板 6—排水管 7—风机 8—蒸发器 9—冷风出风栅 10—液晶温度计 11—价格栏 12—底板 13—蒸发器检查窗 14—风机组件 15—玻璃护栏

柜台式陈列柜类似于商业柜台，一般为全封闭结构，食品不与外界空气接触，可以保证食品的卫生和鲜度。柜台式陈列柜有大视野的玻璃罩，后部是透明的玻璃移门，顶部平台宽度尺寸约 250mm，上部装有照明灯，可以衬托出食品品质，有利于食品销售。柜内通过冷风循环保持陈列柜内的稳定低温。柜台式陈列柜的结构图如图 2-7 所示。

组合式陈列柜一般是由货架式陈列柜和平式陈列柜组合而成的，它具有这两种陈列柜的特点和使用性能，不仅能使商场地面和空间得到充分利用，而且可以陈列展示多种类型的商品。组合式陈列柜的结构图如图 2-8 所示。

2. 冷柜的工作原理及组成

冷柜主要由柜体、制冷系统、电气控制系统等组成。

（1）柜体 冷柜的柜体常采用角钢焊接成框架，柜体外壳采用 Q235 钢板冲压、定位焊而成，柜体内壁可使用不锈钢板、铝合金板和喷塑钢制板等，组成风道的内壁板还可采用高强度纤维板。小型立式冷柜的内壁也可采用 ABS 塑料板。

冷柜柜体中间的隔热保温材料有两种形式：一种使用软木、玻璃纤维、聚氨酯泡沫塑料

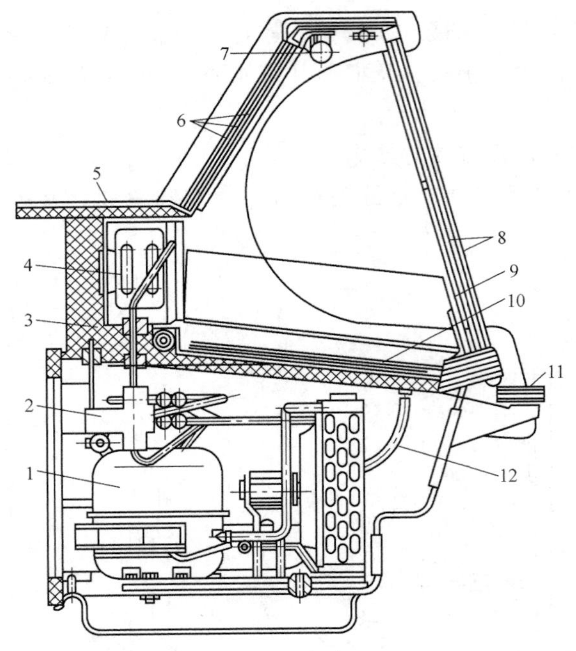

图 2-7 柜台式陈列柜的结构图

1—冷凝机组 2—热力膨胀阀 3—绝热外壳 4—蒸发器 5—桌面 6—滑门 7—照明灯 8—双层玻璃窗 9—保护玻璃 10—集水盘 11—搁架 12—管道

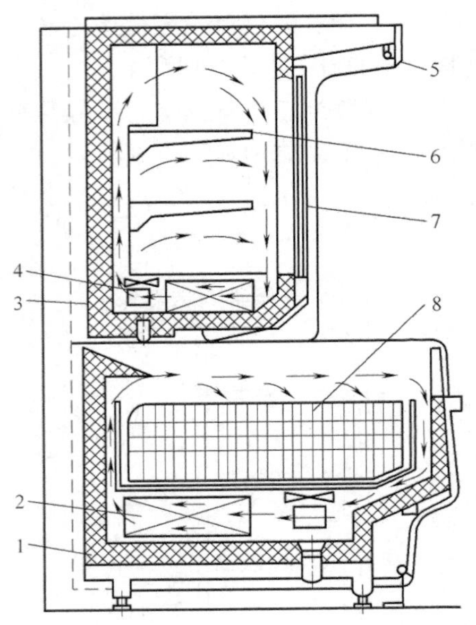

图 2-8 组合式陈列柜的结构图

1、3—绝热外壳 2、4—蒸发器 5—照明灯 6—搁架 7—玻璃门 8—网格壁

填充（主要用于小型卧式冷柜），另一种使用预制聚氨酯泡沫塑料板拼接（主要用于大型立式冷柜）。

冷柜的门一般使用隔热材料制成。门封条可采用磁性胶条，或采用普通胶条并使用定位装置。

（2）制冷系统 冷柜的制冷系统工作原理与家用电冰箱制冷系统基本一样，电冰箱的制冷系统主要包括蒸发器、冷凝器、毛细管、干燥-过滤器和压缩机。但冷柜一般为敞开式或带玻璃材料的封闭式，玻璃的隔热效果不好，和外界环境的热传递比较明显，因此冷柜的制冷量比家用电冰箱大得多，所以冷柜制冷系统比电冰箱制冷系统多电磁阀、储液器等部件，而节流装置也由家用电冰箱用的毛细管变成陈列柜用的热力膨胀阀。

图 2-9 所示为开启式压缩机组的冷柜制冷系统图。压缩机和电动机上装有带轮，两者之间用带传动。冷柜的冷凝器一般采用风冷式（也有水冷式），而蒸发器一般采用纯铜管材料，加工成蛇形盘管状，经过镀镍处理来达到防腐的目的。机组不同蒸发温度的蒸发器之间采用并联的连接方式，可以减少运行中蒸发压力的降低。为了满足不同蒸发温度的需要，安装了两个膨胀阀，可以分别控制低温室蒸发器和冷冻、冷藏室蒸发器。在制冷系统中还装有电磁阀，是为了防止停机后储液器中的高压制冷剂进入蒸发器，再次开机时会造成液击。制冷系统工作时，来自储液器的高压制冷剂分成两组向并联的三个蒸发器供液，一组通过膨胀阀节流后，进入低温室蒸发器；另一组经过膨胀阀节流后，先进入冷冻室制冷，再经过细连接管节流后进入冷藏室汽化制冷，然后三个蒸发器的制冷蒸气汇合流入回气管，再被吸入压

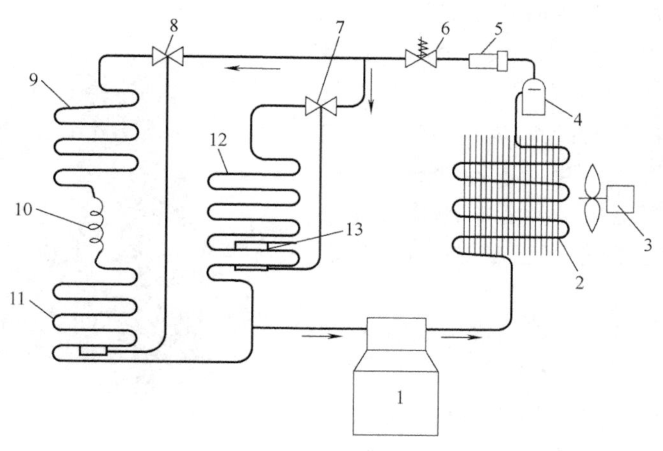

图 2-9　开启式压缩机组的冷柜制冷系统图

1—压缩机　2—冷凝器　3—风扇电动机　4—储液器　5—过滤器　6—电磁阀　7、8—膨胀阀
9—冷冻室蒸发器　10—细连接管　11—冷藏室蒸发器　12—低温室蒸发器　13—温度控制器感温管

缩机，完成制冷循环。

图 2-10 所示为全封闭式压缩机组的冷柜制冷系统图。机组采用的是全封闭式压缩机，机组设有两个蒸发器，两者采用串联的连接方式，一个为冷冻室蒸发器，另一个为冷藏室蒸发器，它们之间通过细连接管相连。

其工作原理为：制冷剂气体流经压缩机被压缩为高温高压的过热蒸气，并经压缩机的排气管进入冷凝器，过热蒸气在冷凝器中冷凝为高温高压的液体。然后，高温高压的制冷剂液体经储液器后进入热力膨胀阀，经热力膨胀阀节流降压后由高温高压变为低温低压。低温低压的制冷剂液体在蒸发器中大量吸收外界热量而汽化为饱和蒸气，实现制冷，然后在吸气管中变为低压蒸气，再被压缩机吸入，形成了完整的制冷循环。

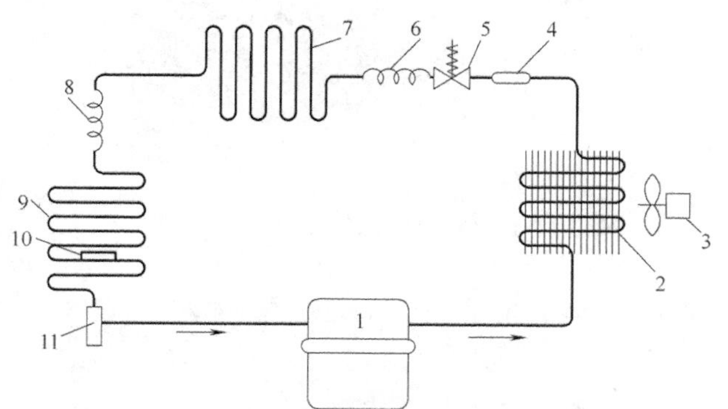

图 2-10　全封闭式压缩机组的冷柜制冷系统图

1—压缩机　2—冷凝器　3—风扇电动机　4—干燥-过滤器
5—电磁阀　6—毛细管　7—冷冻室蒸发器　8—细连接管
9—冷藏室蒸发器　10—温度控制器感温管　11—分液筒

1）压缩机。压缩机是冷柜制冷系统的主要部件之一，它的主要作用是吸入蒸发器内的制冷剂气体后将其压缩成高温高压的气体，并将制冷剂蒸气送往冷凝器。冷柜用压缩机是容积式的，其中又可分为往复式和旋转式。往复式压缩机使用的是活塞-曲柄-连杆机构或活塞-曲柄-滑块机构，旋转式压缩机使用的是转轴-曲轴机构。压缩机一般由壳体、电动机、缸体、活塞、控制设备起动器和热保护器及冷却系统组成。起动器基本上有两种，即重锤式和 PTC 式，其中后者较为先进。起动器冷却方式有油冷和自然冷却两种。压缩机外观图如图 2-11 所示。

2）冷凝器。冷凝器在冷柜制冷系统中的作用是将压缩机排出的高温高压制冷剂过热蒸气冷凝成液体，制冷剂在冷凝器中放出的热量由冷却介质（水或空气）带走。冷柜的冷凝器一般采用风冷式（也有水冷式），空气在冷凝器管外流动，冷凝器中制冷剂放出的热量被空气带走，制冷剂在管内冷凝。根据管外空气的流动起因不同，冷凝器分为丝管式冷凝器（自然对流）和管翅式冷凝器（强制对流），分别如图 2-12，图 2-13 所示。

图 2-11　压缩机外观图

3）蒸发器。蒸发器的作用是利用液态制冷剂在低压下沸腾时吸收被冷却对象的热量，达到制冷目的，因此蒸发器是冷柜制冷系统中制取制冷量和输出制冷量的设备。冷柜蒸发器一般为管板式蒸发器（图 2-14）或管翅式蒸发器（图 2-15）。

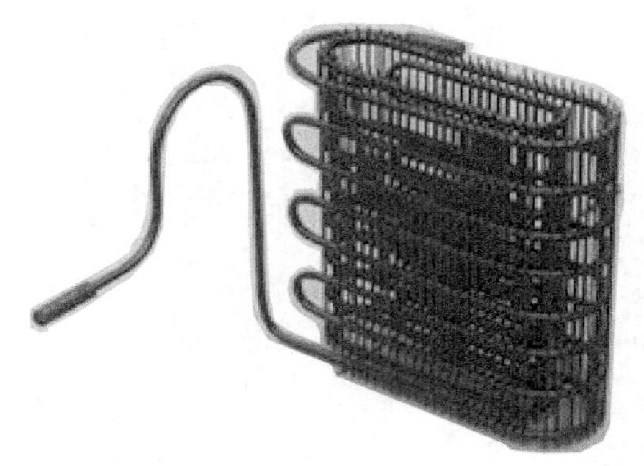

图 2-12　丝管式冷凝器（自然对流）

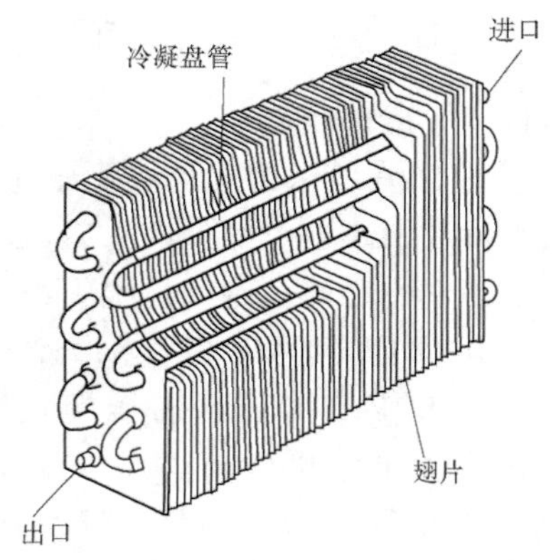

图 2-13　管翅式冷凝器（强制对流）

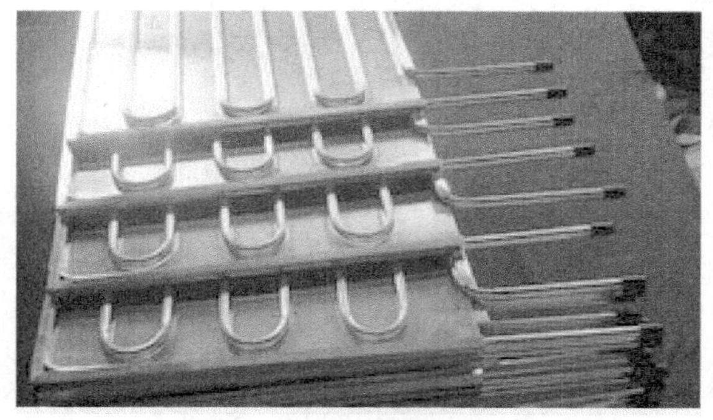

图 2-14　管板式蒸发器

图 2-15　管翅式蒸发器

4）热力膨胀阀。冷柜的制冷系统通常采用外平衡式热力膨胀阀调节流量，能保证只有压力降低到设定值时，该膨胀阀才开启，制冷剂开始流通，这样有效避免了起动超载。

外平衡式热力膨胀阀的结构如图 2-16 所示。外平衡式热力膨胀阀对来自储液器的高压液态制冷剂节流降压，即将高压液态制冷剂从其入口喷入，急剧膨胀，变成低压雾状体，以便吸热汽化。利用装在蒸发器出口处的感温包来感知制冷剂蒸气的过热度，由此来调节膨胀阀的开度，从而控制进入蒸发器的液态制冷剂流量。

5）储液器。储液器安装在冷凝器和膨胀阀之间，以防止过多的液态制冷剂储存在冷凝器里，使冷凝器的传热面积减少而使散热效率降低，还可滤除制冷剂中的杂质，吸收制冷剂中的水分，防止制冷系统管路脏堵和冰塞，保护设备部件不受侵蚀，从而保证制冷系统的正常工作。

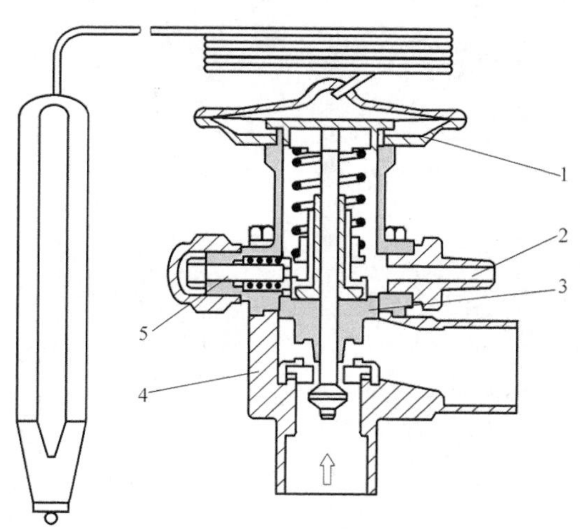

图 2-16　外平衡式热力膨胀阀的结构

1—热力元件　2—外部压力平衡管连接件

3—可互换流口组件　4—阀体　5—过热度调整杆

当含有蒸气的液态制冷剂进入储液器后，储液器使液态和气态的制冷剂分离。液态制冷剂通过膨胀阀进入蒸发器，多余制冷剂暂时储存在储液罐中。在制冷负荷变动时，及时补充和调整供给热力膨胀阀的液态制冷剂量，以保证制冷剂流动的连续和稳定性。同时，由于水分与制冷剂结合会生成酸或结冰，因此储液器中的干燥剂可用来吸收制冷剂中的水分，防止零件腐蚀或冰块堵塞膨胀阀，滤网用于过滤制冷剂中的杂质，防止膨胀阀堵塞，从而保证制冷系统的正常工作。即一方面储液器相当于汽车的油箱，为泄漏制冷剂多出的空间补充制冷剂；另一方面，它又像空气滤清器那样，过滤制冷剂中的杂质和吸收水分。

储液器的结构图如图 2-17 所示，在储液器上部装有一个视镜，用于观察制冷剂在工作时的流动状态，由此可判断制冷剂量是否合适。

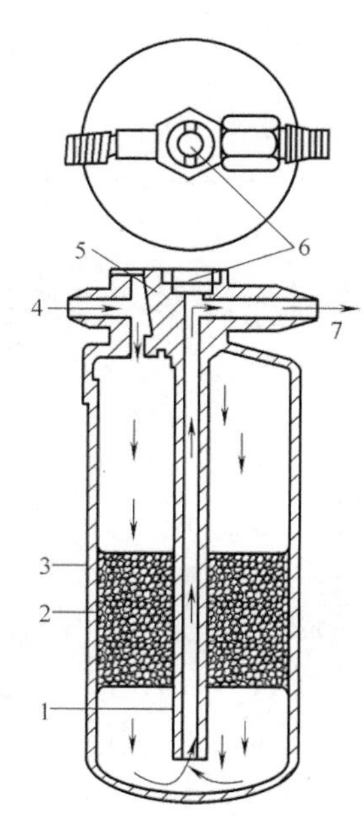

图 2-17　储液器的结构图

1—引出管　2—干燥剂　3—外壳

4—进口　5—易熔塞

6—视镜　7—出口

下面介绍陈列柜的工作原理。当把需要冷藏的物品放到陈列柜后，打开电源开关，陈列柜开始工作，由于蒸发器散出来的制冷量不能很好地扩散到需要冷藏的物品，所以在系统中要增加冷风机，冷风机把蒸发器散发出来的制冷量吹向陈列柜中的物品，使物品冷却，然后一部分新风再次进入蒸发器经冷风机排出。图 2-18 所示为常见的陈列柜断面结构和柜内冷空气循环路径。

（3）电气控制系统　为保证冷柜稳定运行，除了有可靠的制冷系统外，还需要有安全可靠的电气系统。冷柜的电气控制系统主要由以下几个部分组成：冷柜的温度控制系统、除霜控制系统、压缩机起动与过电流保护和过热保护系统、照明电路等。

电气控制系统中常用的电气元器件有：电动机、起动继电器、热保护器、运行电容、温度控制器和压力控制器、电磁阀、除霜加热器和除霜定时器。

1）电动机。电动机是把电能转换成机械能的设备，在冷

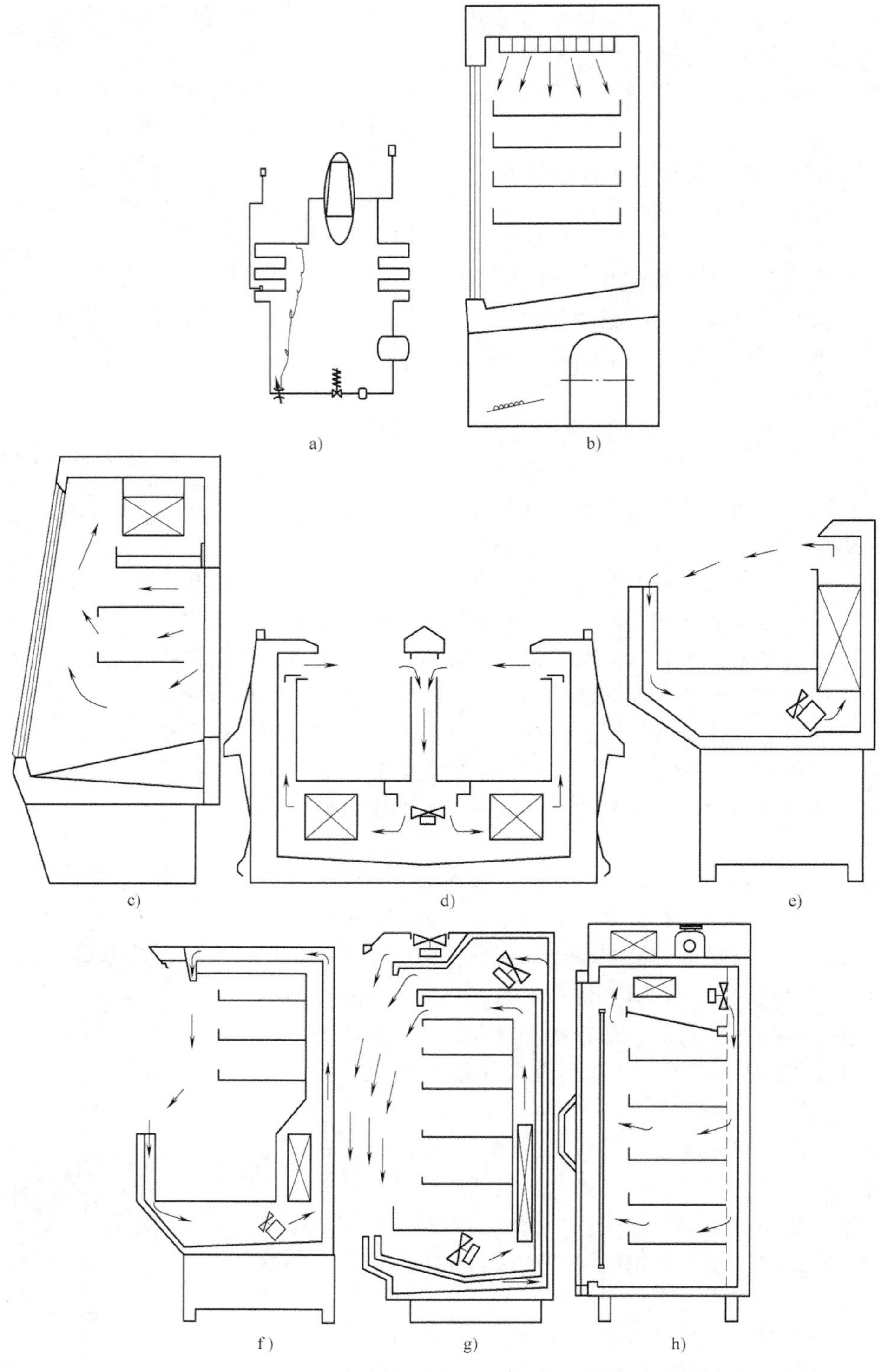

a)

b)

c)

d)

e)

f)

g)

h)

图 2-18 常见的陈列柜断面结构和柜内冷空气循环路径

a）卧式封闭式冷冻陈列柜 b）立式封闭式冷冻陈列柜 c）封闭式货架式陈列柜 d）双面敞开式陈列柜 e）卧式敞开式冷冻陈列柜 f）开式货架式冷藏陈列柜 g）开式货架式冷冻陈列柜 h）柜型陈列柜

柜的电气系统中，为压缩机或风机提供动力，它是利用通电线圈在磁场中受力转动的现象制成，分布于各个用户处。电动机按使用电源不同分为直流电动机和交流电动机。电力系统中的电动机大部分是交流电动机，其可以是同步电动机或者是异步电动机（电动机定子磁场转速与转子旋转转速不同步）。电动机为标准件，在使用时需要根据工况，选择合适功率的电动机。

2）起动继电器。起动继电器在控制电路中起到放大的作用，用低电压或弱电流通过继电器的触点去控制较大的负荷，从而减小起动按钮或者是钥匙的通过电流，保护点火开关。

3）热保护器由两片不同的合金组合在一起，通过电流后会发热，由于两种不同的合金热膨胀系数不同，两片合金势必向一个方向弯曲，触点离开即断电，进而保护用电设备（弯曲速度与通过电流的大小成正比）。

4）运行电容。运行电容的作用是移相，即把起动绕组内的电源移相成与运行绕组的电源相差 90℃ 的电源，产生旋转磁场。简单地说，就是当运行绕组通电处于正弦波正半周上升阶段时，电容充电，当正弦波下降，电容对起动绕组进行放电，这样在定子里就产生交变磁场。

5）温度控制器和压力控制器。

① 温度控制器是根据工作环境的温度变化，在开关内部发生物理形变，从而产生某些特殊效应，以导通或者断开电路。或者是利用电子元器件在不同温度下工作状态不同的原理，来给电路提供温度数据。

② 压力控制器组合了两个具有高灵敏度的压力元件，两者一旦改变即引起开关机构动作，来控制设备（如电动机驱动阀）。开关机构提供非快速作用（浮动）动作，因此共用的可移动触点，会接触两个固定触点之一，或者停留在两者之间（无接触）。

③ 当柜内的温度达到设定值时，温度控制器就会发出停机指令，首先切断供液电磁阀电源，使电磁阀关闭。这时压缩机继续转动，等压缩机把蒸发器抽至低压停机控制值时，压力控制器使压缩机停机。当柜内温度上升至开机设定值时，温度控制器又发出指令，使供液电磁阀得电开启，高压泄放、压降减小，这时机组电源接通，进入工作状态。这样既可以保证停机前将低压侧的制冷剂抽净，又避免停机后制冷剂在曲轴内凝积。

6）电磁阀。电磁阀是用电磁控制流体的元件，属于执行器，用在工业控制系统中调整介质的方向、流量、速度和其他参数。电磁阀有很多种，不同的电磁阀在控制系统的不同位置发挥作用，常用的有单向阀、安全阀、方向控制阀、速度调节阀等。

7）除霜加热器和除霜定时器。除霜加热器就是指对电热丝进行通电加热来除霜的部件。电热丝的直径尺寸是与最高使用温度相关的参数，直径越大的电热丝，越容易克服高温下的变形问题，延长使用寿命。电热丝在最高使用温度下运行，应当保持直径不低于 3mm，扁带厚度不小于 2mm（电热丝的使用寿命很大程度上也与电热丝的直径和厚度相关）。电热丝在高温环境中使用，表面会形成保护性氧化膜，氧化膜存在一段时间后又会发生老化，形成不断生成和被破坏的循环过程，这个过程也即电热丝内部元素不断消耗的过程，直径和厚度较大的电热丝元素含量就更多，使用寿命也就较长。

除霜定时器用于设定和控制除霜的时间，如设定一个时间段，当除霜时间到达后，除霜就会停止，陈列柜的制冷系统恢复正常运行。

为了保证制冷系统的稳定运行，需要在系统中设置除霜系统，除霜主要有电热除霜和热气除霜两种方式。图 2-19 和图 2-20 所示分别为电热除霜和热气除霜陈列柜的制冷系统图。电热除霜方式在存放冷冻鱼、肉的低温陈列柜中广泛使用。蒸发器采用柜内空气强制对流式，加热器可以和蒸发器组合在一起，也可在其他位置安装，加热器的功率一般等于或小于压缩机的功率，同时，加热器应有过热保护装置。电热除霜的方法简单方便、易于操作；热气除霜在内置式制冷机组的陈列柜中采用逆循环方式。在机组分置的集中组合式陈列柜系统中，可把陈列柜分成三组以上，需要除霜时，可停止部分压缩机，依次分组进行除霜。除霜后产生的制冷剂液体可供制冷循环的陈列柜使用。热气除霜具有快速、节能、柜内温度波动小等优点，但系统比较复杂。

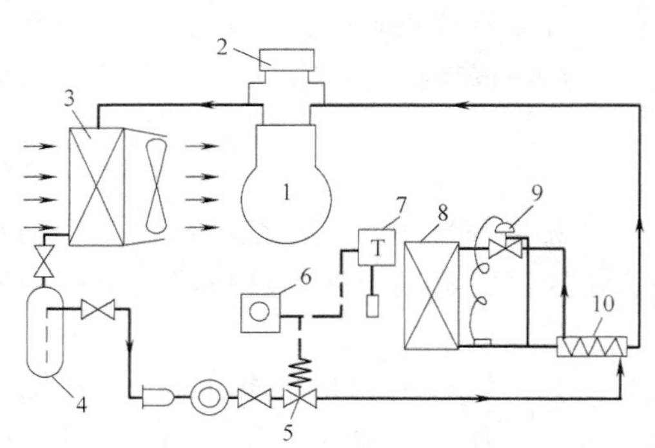

图 2-19　电热除霜陈列柜的制冷系统图

1—压缩机　2—压力控制器　3—冷凝器　4—储液器　5—电磁阀　6—除霜定时器　7—温度控制器　8—蒸发器　9—热力膨胀阀　10—热交换器

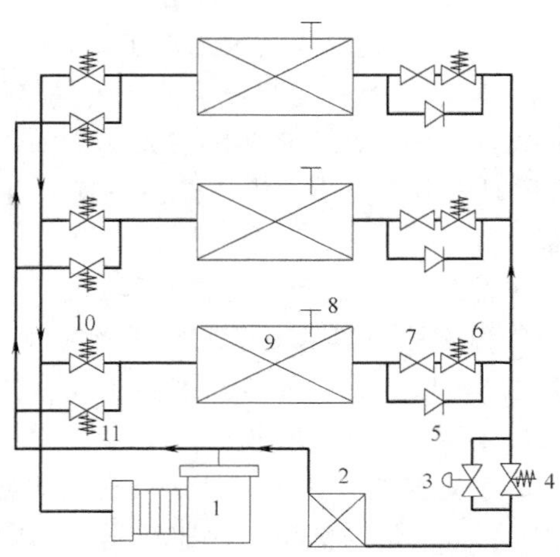

图 2-20　热气除霜陈列柜的制冷系统图

1—压缩机　2—冷凝器　3—差压调节阀　4、6—供液电磁阀　5—止回阀　7—膨胀阀　8—温度控制器　9—蒸发器　10—回气电磁阀　11—热气电磁阀

下面详细介绍冷柜电气控制系统的运行过程。

1）单相电源陈列柜的电气系统。小型冷柜常采用单相电源控制。图 2-21 所示为单相电源陈列柜电气原理图。该电路和电冰箱的电路基本相同，在该系统中，全封闭式压缩机采用运转式起动，由电压式起动继电器构成。风扇电动机和运行电容相接，红色和绿色指示灯分别为电源、压缩机故障指示灯。

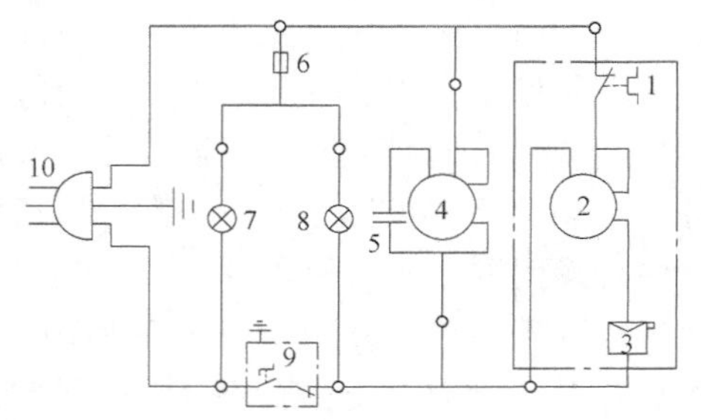

图 2-21　单相电源陈列柜电气原理图

1—热保护器　2—压缩机电动机　3—起动继电器　4—风扇电动机　5—运行电容　6—熔体　7—红色指示灯　8—绿色指示灯　9—温度控制器　10—插头

2）三相电源陈列柜的电气系统。大、中型容积的冷柜常采用三相电源控制。图 2-22 所示为三相电源陈列柜电气原理图。HL 是电源指示灯，KT 是温度控制器，KP 是压力控制器，KA 是中间继电器，KM 是交流接触器，M1 是压缩机电动机，M2 是风扇电动机，YV 是电磁阀，KR 是热继电器，HA 是报警器。

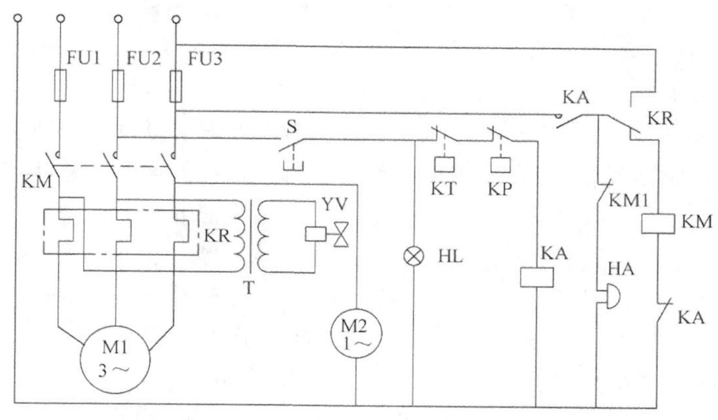

图 2-22　三相电源陈列柜电气原理图

接通电源后，电源指示灯 HL 亮，温度控制器 KT 的触点和压力控制器 KP 的触点处于吸合状态，中间继电器 KA 线圈通电，对应触点 KA 吸合。这样，交流接触器 KM 线圈得电，其对应触点 KM 吸合，压缩机电动机 M1 和风扇电动机 M2 起动运转。同时，电磁阀 YV 线圈得电，阀开启，制冷系统进入制冷循环运行状态。

在正常运行状态下，辅助触点 KM1 处于断开状态，报警器不报警。当冷藏柜内温度降到温度控制器的设定温度时，温度控制器动作，KT 触点断开，中间继电器 KA 线圈断电，触点 KA 断开，使得交流接触器 KM 线圈断电，触点 KM 断开，从而迫使压缩机电动机 M1 和风扇电动机 M2 断电、停转。进而，相应的变压器 T 断电，电磁阀断电，电磁阀 YV 线圈断电，阀关闭，制冷系统停止运行。此时，触点 KM1 吸合，但触点 KA 处于断开状态，报警器不报警。当制冷系统因故超载时，大的电流导致热继电器 KR 的动断触点断开，使得交流接触器 KM、压缩机电动机 M1、风扇电动机 M2 断电和电磁阀 YV 电路断开。同时，触点 KM1 吸合，报警器 HA 接通报警。当制冷系统压力异常时，压力继电器触点 KP 断开，切断压缩机电路，使压缩机和风扇停转。电路中其他控制器如果发生短路，造成熔体熔断，报警器及时报警。

图 2-23 所示为货架式陈列柜电气原理图。其中，M1～M3 是柜内风机，M4 是机组冷凝

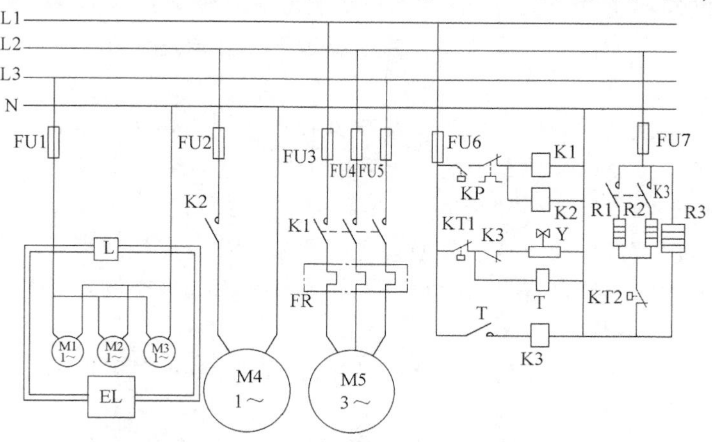

图 2-23　货架式陈列柜电气原理图

风机，M5 是压缩机电动机，KT1 是温度控制器，KT2 是除霜温度控制器，KP 是压力控制器，K1~K3 是交流接触器，Y 是电磁阀，T 是除霜定时器，R1、R2 是除霜加热器，R3 是防露电热丝，L 是快速起动整流器，EL 是柜内荧光灯。

接通电源后，首先交流接触器 K1、K2 主动合触点闭合，接着风扇电动机 M4 和压缩机电动机 M5 起动，除霜定时器 T 开始计时。当柜内达到制冷温度要求的温度时，制冷温度控制器 T1 断开从而使 Y、T 都断电，这时 F 关闭，T 计时停止。F 断电后，M4、M5 继续工作，当压缩机低压侧压力降到设定值时，压力控制器 KP 断开，使 K1、K2 线圈断电，从而 K1、K2 动合触点恢复断开状态，M4、M5 断电停转。当柜内的温度增加至开机设定值时，KT1 接通，Y、T 接通电源，Y 开启，高压降低，低压开始回升，T 又开始计时。当高低压力值减小到设定值时，KP 又闭合，K1、K2 线圈又接通电源，K1、K2 常开触点闭合。M4、M5 又得电运转，制冷循环开始重复上述过程，实现自动控制制冷过程。

T 对压缩机的运转时间进行累计，累计时间达设定值（12h 或 24h），T 的动合触点闭合，交流接触器 K3 线圈接通电源，K3 动合触点闭合，接通除霜电热丝 R1、R2 开始加热除霜，同时，K3 动断触点断开，Y 断电。因此，在除霜开始时，M4、M5 继续工作，当低压侧压力降到设定值时，KP 断开，M4、M5 停转，除霜继续进行。除霜由 T 与除霜温度控制器 T2 共同控制，当除霜时间到达设定时间值时，T 动作，使 T 动合触点恢复断开状态，K3 线圈、R1、R2 断电，停止加热。如果除霜时间没有达到设定值，而柜内温度上升较高，T2 会断开，同样可停止除霜，但 K3 线圈仍有电，T 继续累积除霜时间，当到达设定值时，K3 线圈才断电。K3 线圈断电后，Y 得电，高低压降降低，KP 闭合，M4、M5 起动运转，恢复制冷循环。在制冷与除霜整个过程中，柜内风机 M1~M3 一直运转，从而促进换热，形成空气幕。

二、冷柜制造及装配

冷柜的制造工艺和电冰箱的制造工艺类似，包括钣金成型、脱脂磷化、干燥喷粉、内胆预装、箱/门体发泡、焊接、抽真空灌注、检测、包装等过程。

1. 外壳成型

冰柜外壳材料多选用 0.5~0.8mm 的优质冷轧钢板，经箱体成型生产线加工成型。冰柜的箱体内胆，多采用工程塑料 ABS 板或 PS 板制造。ABS 板呈白色、奶黄色等，在光泽、强度、耐久性和耐蚀性都比 PS 板好些。采用吸塑成型，具有无毒、无味、耐蚀、重量轻等优点；缺点是硬度、强度较低，耐热性差，使用温度不允许超过 70℃。

2. 喷粉

冷柜除必须具有优良的制冷性能外，还要具有装饰性的外观。因此，冷柜的外壳涂装就成为冷柜生产中极其重要的工序。冷柜一般采用粉末喷涂，粉末涂料是 20 世纪 60 年代发展起来的，具有装饰性好、附着力和耐蚀性强、公害小、成本低、耗电少、省工时、便于大批量施工和流水线自动化操作等优点。其原理是：粉末经过高压处理后带负电，工件与大地连为一体形成电位差，粉末通过静电吸附原理附在工件表面，高温固化后与工件紧紧地结合在一起。

喷粉工艺流程为：脱脂—水洗—磷化—纯水洗—水干燥—喷粉—粉干燥。

涂装过程中应满足如下工艺要求：

1）静电粉末涂装是一次性涂装，不采用底漆工艺，所以工件表面必须无油、无锈蚀

物、磷化膜必须均匀、致密，以免涂层产生气泡、脱落、龟裂等缺陷。

2）工作电压应在进行试涂装后确定合理的数据，高工作电压适用于大平面和圆形工件。

3）喷粉枪与工件的距离应为0.1～0.25m，过近易产生放电，过远则不利于粉末的附着。

4）涂层的烘烤时间与温度受工件材质、大小、厚度及烘烤热效率等因素的影响。

5）喷粉室的容积应满足工件形状及其旋转直径的要求，同时保证生产量和喷涂质量。

3. 预装发泡

预装基本流程为：密封箱体—安装内冷—固定内冷—密封内冷—安装内胆—安装柜口—安装板凳—发泡—清料—安装脚轮—清修。其操作和电冰箱基本相同。

在蒸发器的安装过程中，需要满足如下工艺条件：

1）感温包尽可能安装在鲜肉展示柜蒸发器的出口水平回气管上，一般应远离压缩机吸气口1.5m以上。

2）感温包绝不能置于有积液的管路上。

3）若冷冻冷藏柜蒸发器出口带有气液交换器时，一般将感温包装在蒸发器的出口处，即热交换器之前。

4）感温包通常安置于蒸发器回气管上，并紧贴管壁包扎紧密，接触处应将氧化皮清除干净，露出金属本色。

5）当回气管直径小于25mm时，感温包可扎在回气管的顶部；当直径大于25mm时，可扎在回气管的下侧45°处，以防管子底部积油等因素，影响感温包的正确感温。

安装完成后需要对其进行调试，调试的方法如下：

1）过热度调节法。在冷冻冷藏陈列柜蒸发器出口安装温度计，然后根据过热度大小进行调节；过热度过小，调节杆按顺时针方向转动半圈或一圈（即增大弹簧力，减小阀的开度），使制冷剂流量减少；若过热度过大，逆时针转动调节杆；一次转动调节杆螺纹的圈数不宜过多（调节杆螺纹转动一圈，过热度改变1～2℃），经多次调整，直至满足要求为止。

2）经验调节法。转动调节杆螺纹以改变阀的开度，使蒸发器回气管外刚好能结霜或结露。对蒸发温度低于0℃的冷冻冷藏陈列柜制冷装置，若结霜后用手摸，有一种将手黏住的、阴冷的感觉，则此时开度适宜；对蒸发温度在0℃以上的，则可以视结露情况判断。

4. 冷柜总装配

冷柜总装配是将各种冷柜材料及半成品用螺钉固定及焊接等方式连接在一起，成为一个完整的冷柜。总装配中的焊接、抽真空、充注制冷剂三道工序是冷柜制造中的三个重要质量控制点，主要控制焊接质量（防止焊漏焊堵）和制冷剂灌注量。

冷柜总装配工艺流程为：装电源线—放门体—安装压缩机—装蒸发器—电器安装—焊接—安装门体—抽真空—灌注—电检—检漏—中间外观及电装检查—终检—外观及电装检查—包装。其操作和电冰箱基本相同。

三、技能训练

1. 训练项目

（1）冷柜的装配

（2）冷柜性能的检测

2. 训练场地及使用工具

(1) 训练场地　冷柜拆装实验室。

(2) 使用工具　割管器、倒角器、胀管扩口器、弯管器、便携式焊炬、修理阀、连接软管、真空泵等。

3. 训练注意事项

严格遵守安全操作规程。

4. 考核方式

1) 训练项目考核以小组 (每组 4 人) 形式进行，在教师的指导下进行操作。

2) 各项目所占分值见下表。

项目	冷柜的装配(60分)	冷柜性能的检测(40分)
资讯及方案制订	10分	5分
小组实际操作	25分	20分
针对方案和操作,小组自评和整改	10分	5分
组间观摩评价	10分	5分
安全操作	5分	5分
教师评价(综合得分)		

工作任务二　冷柜安装

学习目标

掌握冷柜安装基本操作方法及技能。

教学方法与教具

1）现场操作演示、学生操作、教师指导相结合。

2）所需教具：冷柜、冷柜安装工具。

学习评价方式

1）小组进行冷柜安装操作。

2）根据小组表现进行自评、互评和教师整体评价。

一、冷柜的安装

分体式冷柜运到使用现场，还需要进行安装才能使用，下面简单介绍冷柜的安装流程。

1. 确定安装场所

冷柜必须安装在能承受其重量的地方。若地基强度不够或安装不妥，会引起振动，产生噪声，甚至造成倾倒和人身伤害事故。冷柜也必须在设计所允许的环境条件下使用，否则会由于冷却不良、过度结霜等原因造成食品很快变质。环境条件差（温度过高、过低、湿度过大等）也是造成冷柜发生故障的一个重要原因。因此，冷柜安装需要满足一定的环境条件。

1）冷柜一般不在户外使用，须安装在有空调的店内使用。

2）冷柜应安放在湿度小的地方，不能安装在漏水、漏雨或非常潮湿的地方。这些地方湿度大，会造成冷柜表面凝露，影响电气性能。由于冷柜外壳、冷凝器和压缩机等均是金属材料，如果空气湿度太大，会缩短冷柜的使用寿命。

3）冷柜应安放在远离热源、不受阳光直射的地方，因冷柜工作时需要与外界进行热交换，即通过冷凝器向外界散热，外界环境温度越高，散热越慢，会使冷柜工作时间长，增大耗电量，制冷效果差。

4）应安放在通风良好的地方，如果冷柜周围堆满杂物，或者靠墙太近、不利于散热会影响制冷效果。冷柜顶面应留有至少 300mm 高度尺寸，外置机冷柜背部与墙面间隔必须在 100mm 以上，以防冷柜表面凝露，内置机冷柜背面与墙壁间隔必须保证 300mm，这样才能有利于冷凝器热量的散出。同时，也不能把冷柜安装在冷、暖空调器的出风口或回风口、近风道、窗户或有电风扇等影响风幕的地方。

5）不应安放在温度过低的地方。因为温度过低，压缩机起动困难，使冷柜冷冻室制冷差。

6）保鲜柜的上部不要放置重物，以防因门的开关而使物体跌落。

7）应安放在平坦坚实的地面上，并使压缩机保持水平。这不仅可以保证安全，而且可使压缩机平稳工作，减少振动和噪声，也便于废水的排出。

2. 柜体安装

柜体的安装包括冷柜的水平调整、柜体之间的连接和冷柜附件的安装三部分。为避免影响冷柜的冷却性能和排水功能，并为了方便连接，务必注意冷柜前后左右的水平度。在调整水平度的同时，必须从一端处开始排列，以确保冷柜的紧密连接。冷柜的附件包括货架、价目栏条、网架、回风口、非冷货架等。安装货架时，应仔细调整并正确固定，以防因货架脱落而造成人身伤害事故。在将货架柜的货架拆除后进行使用的场合，应在背面的货架照明插座上安装防水盖，以免因插座受潮而引起发热和火灾事故。

3. 机组安装

（1）机房布置及要求　为了给机组的维护和保养提供足够的空间，整个机组周围的间隙要求如下：

1）垂直间隙换气机组顶上不允许有障碍物，从冷凝器排出的竖直空气绝不能遇到障碍而再循环回到机组进气侧。

2）侧面间隙换气机组的摆放应使空气可以自由循环而不能再循环。为使空气能恰当流动及进出，机组四周距墙壁或障碍物至少0.6m。若有可能，最好尽量增大该距离。

3）多台机组（机组间间隙）并排放置时，机组间最小间隙是2.4m，以防止空气再循环。

对分体式冷冻机组的机房还有以下要求：

1）机房必须要有一定的换气量。由于压缩机内充入制冷剂，一旦制冷剂泄漏，会造成人缺氧。

2）为防止压缩机组过热，保持机房温度在40℃以下，需要安装排气扇。

3）机房必须防雨及悬挂禁止闲人入内的标示牌。

4）机房设置必须考虑噪声问题，以免影响附近居民。

5）机房内必须有照明。

6）机房内压缩机设置要考虑维修空间及搬运和安装方便。

（2）冷凝器设置及要求

1）冷凝器必须安装在通风良好的场所，要有良好的换气空间，即进风和出风必须畅通。

2）冷凝器位置应放在冷冻机水平以上。

3）冷凝器的位置应便于清扫及维修。

4）面对公用道路安装时，必须安装在离地面2m以上高度。

5）必须防止空冷式冷凝器排出的暖空气再次被空冷式冷凝器吸入。

6）冷凝器后背距墙面间距为50cm以上，便于通风冷却及清扫方便。

7）必须考虑冷凝器运转时噪声对附近居民的影响。

4. 冷媒配管施工

（1）注意事项

1）为防止瞬间大量的润滑油吸入压缩机中，要采用回油弯管，但这种回油弯管的水平、竖直长度应尽可能小。

2）横向管在制冷剂流动的方向坡度为0.004~0.005。

3）液管上要安装干燥-过滤器、电磁阀等元件，和其他管道相比其压力损失较大，液管尽量短些，另外管径要留一些余量。

（2）焊接

1）焊接过程中，当温度达到200℃以上时，空气中的氧气会与铜发生氧化反应，生成氧化铜鳞片，从而使冷却管路中的阀和自控装置等在工作中发生故障。因此，焊接时必须一边向管内通入氮气或二氧化碳气体，一边进行焊接。而且，焊接结束还应继续通以上气体，直到温度降到200℃以下。

2）接头时要使焊接材料充分流入并有一定余量。

3）焊接时，焊枪的火焰不可直接接触侧板的树脂部件，而且也不可靠得太近，因为树脂部件在高温下会融化。

4）用焊枪在制冷剂配管附近进行焊接时，由于配管套堵塞物采用的是发泡苯乙烯材料，如被引燃，会产生焊接烟尘，因此操作时必须注意。例如，应预先做好配管套，焊接好以后再进行安装；并应在尽可能远离制冷剂配管孔的位置处进行焊接作业。

5. 配管保温制作

绝热处理有助于节省能源并能使压缩机的吸入气体保持适当的温度，故柜子外部的吸气管必须进行绝热处理，配管绝热作业应在泄漏检查结束后进行。

配管保温材料一般为符合国家标准、具备消防检验合格证的聚乙烯泡沫、发泡橡塑绝缘材料。中温时保温管厚度大于1.1in，低温时保温管厚度应大于2in，有特殊要求时根据设计条件确定精度。

配管保温制作流程如下：

1）选择相应直径的保温管，首先用刀具在工艺接缝处刨开套管，固定在管道上。

2）接缝处涂上粘结剂或者用热风加热粘结。

3）粘结剂欲干未干时，适当用力把套管接缝处捻合。

4）当须两层保温时，错开接缝和接头。

5）在接头处放入切好的直角弯管。

6）顶棚内及外漏部分用带缠上。

7）穿墙部分要有保护层，可在铁套管内穿过墙壁、套管通过的部位充分回填好，外墙面要设挡水板进行防水保护。

8）如管道通过防火区时还应采用防火保护措施。

9）吸入管和排放管要分开施工。

6. 排水配管

为了便于打扫柜子，以及为装有洒水装置或加湿器的蔬果柜提供水源，有必要设置排水管。排水管是每个柜子都必须设置的。排水管布置的一些要求如下：

1）每台冷柜排水口上必须安装小弯管。

2）排水管要求与排水口方向倾斜度约为1/50以上。

3）每台冷柜至少要设一个排水管落水口。

4）排水管绝对不能碰到冷媒配管，否则容易结冰。

5）在室外10℃以下使用冷柜时，下水道口要加上防冻电热丝。

6）排放管在垂直方向上较长时，考虑回油问题，需每米设一个弯管。

7）在每两台柜子中，应至少设置一个排水口。每台冷冻柜都必须设置一个排水口。

8）在管线装配完、待粘结剂充分干燥后，注入水并进行流通水和水密试验。

7. 电气施工

电气施工包括配电箱安装、电气配线和电气接线三部分。

（1）配电箱安装

1）每一台冷冻机组均要安装冷冻机/冷凝器开关、除霜开关、防露/照明开关。

2）冷冻机/冷凝器开关不配漏电脱扣器，其他开关均配漏电脱扣器（30mA）。

3）每一配电箱必须安装一只电压/断相保护器。

4）箱面装有三相电源指示灯。

5）配电箱制作后必须用2500V（或500V）绝缘电阻表测试绝缘电阻，使用2500V绝缘电阻表测试绝缘电阻不小于50MΩ，使用500V绝缘电阻表测试绝缘电阻不小于100MΩ。

6）敷设电线时必须按电气施工要求规范，电线颜色要分清。

7）箱内电线布置及走向均用行线槽，要求美观。

（2）电气配线

1）电气配线的材料均要符合国家标准，得到3C管理部门的认证。

2）电线采用BVR铜芯聚氯乙烯绝缘软电线。电线颜色：

① 零线。淡蓝色（N）。

② 地线。黄绿色双色线。

3）电线的布置。

① 采用PVC电线管布置（仅限于内含式安装或顶棚上安装）。

② 镀锌铁管（仅限于外露部分）。

③ 镀锌铁板制作的线槽（根据电线规定和适当特殊要求的地方）。

④ 在售货区和仓库区使用金属结构的线槽，并做好保护接地。

⑤ 对穿过墙壁、顶棚、地面等处，均要进行过墙保护。

（3）电气接线　电气接线必须要具有电工操作证的专业人员来进行。

1）导线与接线端子排连接导线两端采用带塑料套的O形或Y形端子，使用专用压线钳压紧，不能有松动。对于股线，应使用Y形端子、圆端子等。接线不良或固定不当会引起电线发热乃至火灾事故。

2）一个冷冻机组均要安装机组运行开关、除霜开关、冷凝器风机开关、控制回路开关等，且均配漏电保护器。

3）主线断路器采用NFB（无熔体电流断路器，配用过电流断路器），分支断路器采用ELB（漏电保护器）型。

4）导线与导线采用塑料接线端子连接，而且要使用与端子帽孔径相适合的专用压着工具进行压着操作，压紧后在端子帽中注入电气密封膏，帽口朝下固定，防止受潮漏电。

5）控制箱至压缩机的接线必须穿管线或做线槽保护；长度小于100m的电线中途不允许有接头，长度大于100m的电线若需要做接头，必须采用接线桩，避免接触不良，造成发热烧坏事故。

6）电线在行线槽内敷设不得过长，接上后用手试拉，确认是否正确牢固。

7）电气箱体材料选用冷轧钢板。厚度大于1.5mm，需进行防锈处理，然后再刷漆或喷塑。

8）室外型的电气箱必须具备防水功能。

9）冷冻机及其他机械周围的配线、敷设的配线，要使用电线保护管，电线保护管内或地沟内的电缆不能有电线。

10）端子板以外的电线连接全部使用接线盒。

11）剥线要使用剥线钳，不要用尖嘴钳等，以免造成电线内铜丝的损伤。

12）使用与电线尺寸相符合的端子帽，接线端向上，避免水进入。

13）所有压缩机、冷凝器、冷柜必须可靠接地。接地施工是对设备（冷柜、冷冻机等）的金属壳体或对电线保护管进行接地，以使漏电电流接地。接地电阻小时，因人体电阻值较大，触电危险性较小。触电的程度与机器带电部分和大地间的电位差有关。注意地线不能连接在煤气管、自来水管、避雷针和电话的地线上，接地不良会引起触电事故。连接后，必须进行绝缘测试，使用2500V绝缘电阻表测试绝缘电阻应不小于50MΩ，使用500V绝缘电阻表测试绝缘电阻应不小于100MΩ。

14）要调节好压力控制器的数值，在低于90%跳开，达到95%时复位。若多台冷冻机，则并联使用。

15）为了让多台冷冻机能不在同一时间起动而造成起动电流过大，时间继电器应设定在0.5~1min，使各压缩机依次起动。

8. 调试

（1）气密性试验　在所有冷媒管道连接完成之后、隔热保温之前，要对整个系统进行气密性试验。

1）为保护低压部分的压力开关和压力表，低压处的气体保压不得超过15kgf/cm^2。

2）在充入氮气做气密性试验前，应打开所有的系统内截止阀；对电磁阀等进行通电。

3）若焊接后立即保压，在管道恢复常温后会产生少许压降，昼夜温差也会引起系统的少许压降。

4）在用压力计进行保压试验检漏时，应用肥皂水对焊接点、法兰盘等部分进行涂抹，若发现泄漏，需进行修补。

5）当管道需敷设或在地沟内较隐蔽不易发现泄漏时，可先对其部分进行保压试验，当确认不漏后再进行配管，在整个系统连接好后，再进行整体保压。

6）在发现微漏或难以确认保压压力是否下降时，可充入一些氟代烃制冷剂，再用氢气加压，用检漏器检测。

（2）抽真空试验　气密性试验完成后，放光所有气体和水分后进行抽真空。

1）绝对不允许用压缩机代替真空泵，要用极限真空度高的真空泵。

2）打开全部阀门，用高低压表连接到机组的高低压侧，进行抽真空。若有水分（以液体指示计内的水为标准），停止抽真空，充入冷媒，放置12h后（系统水被冷媒吸收），再进行第二次抽真空。

3）抽真空时，使压缩机的高低压侧的备用阀处于中间位置。

4）每一次抽真空后，应向系统内充注制冷剂以打破真空，使压力提升到0表压。

5）在雨天或很潮湿的天气进行管线施工时，由于管内会进入较多水分，故在抽真空过程中，可以充入少量干燥氮气或少许制冷剂再抽真空。

6）真空度要通过压缩机高低压两侧的压力表来判断。

7）抽真空时，要使冷柜内风机边工作边抽真空。

8）真空度达不到要求时，进行气密性试验，查出泄漏处后进行修补。

9）抽真空结束后确认视镜中央的指示颜色为干燥色。

（3）制冷剂的充注

1）抽真空结束之后，应立即进行冷媒的填充。

2）在压缩机停机状态，从高压侧充入液体冷媒并封好。

3）关上储液器的高压出口阀，运转压缩机，从低压侧充入气态冷媒。

4）打开高压阀，进行正常运转，观察视镜内是否有蒸气。若有则再充入制冷剂。在蒸气消除后，再充入1~2kg的冷媒即可。

5）制冷剂填充量应根据管道的长度确定。

制冷剂不足会产生以下影响：在视镜（液体指示计）中可以看到蒸气；低压压力变低；吸入管不冷、不结霜；只有蒸发器进液前面部分有霜；电流偏小、制冷量不足。

制冷剂过多时有下列影响：高压压力高；冷却不良；运转电流增大；吸入管结霜过多。

（4）调试试运转的总体检查

1）冷媒充入量的检查。

① 确认机组在充入冷媒后处于稳定状态，能连续在制冷状态运转。

② 从压力表看高低压力是否合适。

③ 确定在停泵时，高压是否不上升，如上升是因为冷媒过多，放掉少许。

④ 确认低压压力、吸入温度及蒸发器的结霜情况等。

2）电气检查。确定运转电流；确认绝缘电阻值；确认接触器、灯、仪表、报警等是否能正常动作；确认除霜定时器是否工作正常；确认各类保护器是否工作正常；确认各接线柱、帽、端子等是否紧固。

3）其他检查。确认系统无泄漏现象；确认排水管是否正常排水；确认排水管是否影响漏水；确认柜体在制冷状态下是否凝露；确认管路系统支承有无振动；确认保温部分是否有结霜现象；确认冷凝器和蒸发器风机的排风方向；确认机房温度是否过高。

（5）起动　起动以前应把柜内遗留物清洁干净，确认柜内管路固定无松动、机房打扫干净。起动步骤如下：

1）按照手册推荐设定所有压力开关，再次检查所有阀是否开启。

2）检查电源电压是否正常，相位是否正确（相位保护器应是绿灯）。对所有控制回路进行测试。确认绝缘电阻、断路器、灯、仪表、报警等是否可以正常动作。

3）调整除霜定时器，确认是否可以正常进行除霜。

4）开机后，在起动所有压缩机前每次只起动一台压缩机并进行检查，确认冷凝器风扇运转方向是否正确。

5）起动期间检查储油器，如有必要可添加润滑油。油位应处于储油器的视镜底部，压缩机油平衡器中部。

6）检查冷柜拼接、隔热处是否凝露，是否有结霜现象出现。

（6）冷冻机油的管理与检查　压缩机试运转 2~3h 或运转 2~3 天，要检查运转中油的液面。冷冻机油的油量用压缩机视镜的油面适当位置来指示。油面低于适当值时，需补入规定的冷冻机油。冷冻机油的补充方法是：

1）使压力开关的低压设定值接近 0，关闭储液器的出液阀，让压缩机继续运转直至低压切断。

2）关闭压缩机的高压侧和低压侧的备用阀，关断压缩机的电源开关。

3）在上述状态下，将分流器、真空泵连接好，运转真空泵，便可从压缩机低压侧备用阀的备用口抽真空。

4）利用大气压和压缩机内的压差将补充油吸入，进行补充。

5）当补充到合适的油量时，关闭阀并去掉配管。

6）为去除在补充冷冻机油时吸入的空气、水分，要继续抽取真空。当达到要求的真空度后，打开两面的备用阀，开起运转。

（7）试车及制冷性能检查　冷柜的制冷性能试验包括：储藏温度检验、冷却速度检验、耗电量检验、负载温度回升检验和冷冻能力检验。试车前应先检查压缩机曲轴箱内的冷冻机油油位（油位应该在视镜中线），对于没有视镜的压缩机，应该抽真空充灌制冷剂，用探针通过加油孔测其油面（应在主轴中心以上 10mm 左右）。然后，用手扳动带轮，正反转动应自如且无撞击。对于水冷机组，要先开冷却水系统，水流应畅通，对冷风机组，用手扳动风机叶轮应无障碍。最后，检查各截止阀是否符合超市冷柜操作归程规定的开闭状态，特别要注意超市冷柜的压缩机的排气阀应处于关闭状态。检查无误即可对压缩机进行试车，要观察压缩机冷凝器风机的旋转方向，检查无噪声，若旋转方向相反，或有异常噪声，则应立即停机检查。

在运转过程中，应该随时监视压力表的读数变化和压缩机的各部位温度。若压力和温度在允许的范围内有规律地逐渐升高或者降低，则表明冷柜运行正常。发生异常现象应该立即关闭冷柜。日常使用的冷柜应该具有自动开停的功能，在温度控制器上面设定对应的温度值，当温度达到最低值后冷柜正常停机；温度上升到最高值时，自动开机。应正确使用制冷系统中安装的安全保护装置，如高低压控制器、冷水和冷却水膨胀阀、安全阀等，如有损坏应及时更换。

二、技能训练

1. 训练项目

冷柜的安装。

2. 训练场地及使用工具

（1）训练场地　冷柜安装实验室。

（2）使用工具　冷柜、扳手、螺钉旋具、锤子、膨胀螺钉、水平仪、空心钻、扩口器、弯管器、真空泵、制冷剂钢瓶、内六角扳手、肥皂水、修理阀等。

3. 训练注意事项

遵守实验安全操作规程。

4. 考核方式

1）以小组（每组 4 人）形式进行。

2）各项目所占分值见下表。

项目	冷柜的安装(100分)
资讯及方案制订	20分
小组实际操作	40分
针对方案和操作,小组自评和整改	10分
组间观摩评价	10分
安全操作	20分
教师评价(综合得分)	

工作任务三　冷柜故障诊断及排除

学习目标

1）掌握开启式压缩机冷柜维修的基本技能操作（管路清洗、制冷系统检漏、制冷系统抽真空、制冷剂的充注、制冷剂的回收、冷冻机油的充注、制冷系统空气排除）方法及技能。

2）能够进行冷柜故障诊断及排除。

教学方法与教具

1）教师实际操作讲授。

2）多媒体、板书、视频、实际操作相结合。

3）所需教具：冷柜实物、多媒体、冷柜维修工具。

学习评价方式

1）小组进行相关技能实际操作。

2）根据小组表现进行自评、互评和教师整体评价。

冷柜故障的诊断与排除离不开管路清洗、制冷系统检漏、抽真空和制冷剂充注等操作，因此首先介绍制冷系统相关操作技能。

一、相关技能

冷柜维修基本技能主要包括制冷系统清理、压力检测、抽真空、制冷剂的充注与回收、冷冻机油的充注、排除空气等。采用全封闭式压缩机的冷柜，其维修的基本技能和电冰箱基本相同。下面介绍开启式压缩机冷柜维修的基本技能操作。

1. 制冷系统管路清理

制冷设备在安装或大修后，制冷系统会不可避免地残留有焊渣、铁锈、水分等杂质，如果不加以清理，就会造成制冷系统堵塞、冷冻机油变质腐蚀等问题。因此，制冷系统在完成维修后应进行管路清理，一般采用吹扫的方式。

在吹扫前，应将制冷系统中的电磁阀、上回阀的阀芯和过滤器的滤网拆除，将仪表和安全阀加以保护，等抽真空试验合格后重新安装复位。

冷柜制冷系统管路的吹扫应按照设备和管道分段或分系统进行，先高压系统后低压系统，排污口选择在各段的最低点。吹扫时，先将所有与大气相通的阀关紧，其他全部开启。注意吹扫不能使用氧气等助燃气体，排污口不能面对操作人员。具体操作技能如下：

（1）吹扫高压侧　制冷系统高压侧吹扫如图 2-24 所示，先将压缩机高压截止阀备用检修口与氮气瓶用耐压管道连好，关闭低压吸气截止阀，拆下干燥-过滤器，关闭储液器截止阀。然后打开氮气瓶用表压为 0.6MPa 的氮气吹扫高压侧，待充压到 0.6MPa，停止充气。

这时迅速打开储液器截止阀，利用高速气流将系统中的污物排出。将一张白纸放在储液器截止阀出口处检测清洁程度。若白纸上污物较多，可反复吹扫几次；若白纸污物较少，则停止吹扫。

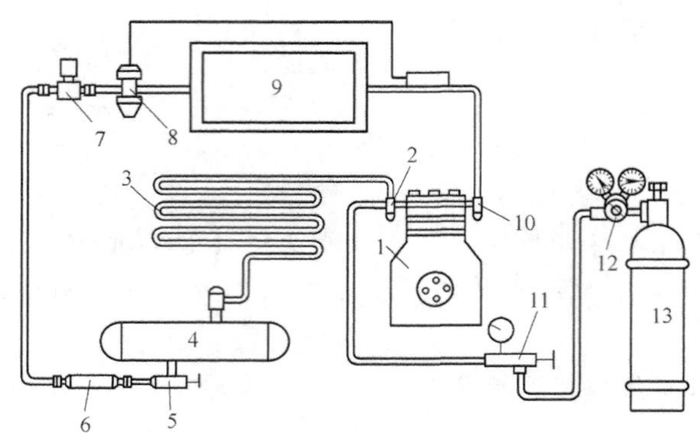

图 2-24　制冷系统高压侧吹扫

1—压缩机　2—排气截止阀　3—冷凝器　4—储液器　5—储液器截止阀　6—干燥-过滤器　7—电磁阀　8—热力膨胀阀　9—蒸发器　10—吸气截止阀　11—修理阀　12—氮气减压器　13—氮气瓶

（2）吹扫低压侧　制冷系统低压侧吹扫如图 2-25 所示，先将压缩机低压吸气截止阀备用检修口与氮气瓶用耐压管道连好，关闭高压排气截止阀，拆下干燥-过滤器，短接电磁阀电源，使其处于开启状态。然后打开氮气瓶，用表压为 0.6MPa 的氮气吹扫低压侧，待充压到 0.6MPa 停止充气。其他和吹扫高压侧相同。

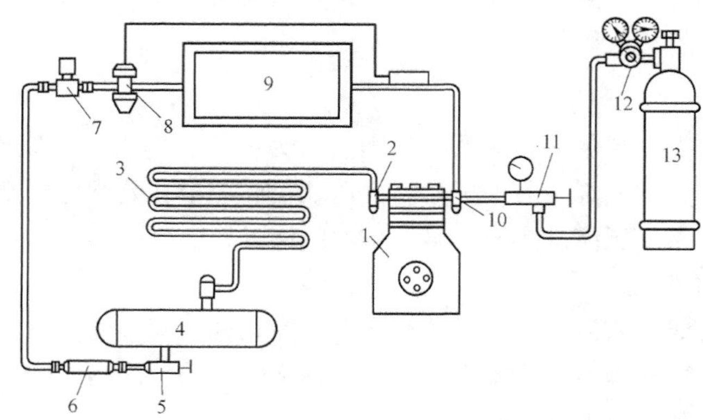

图 2-25　制冷系统低压侧吹扫

1—压缩机　2—排气截止阀　3—冷凝器　4—储液器　5—储液器截止阀　6—干燥-过滤器　7—电磁阀　8—热力膨胀阀　9—蒸发器　10—吸气截止阀　11—修理阀　12—氮气减压器　13—氮气瓶

2. 制冷系统检漏

为了防止制冷系统中制冷剂泄漏，在管路清理后，需要检查系统的装配质量，采用压力检测法，看系统在压力状态下是否密封良好。

因为氮气不燃、无毒、无腐蚀性，干燥的氮气还具有很好的稀释空气中水分的能力，而且价格便宜，所以检测介质一般选用工业氮气。若无氮气，也可选用干燥空气作为检测介

质，但严禁选用可燃性或助燃性气体作为检测介质。检测压力应按照设备的相关技术文件的规定选取，若没有规定时，对 R717、R22、R502，高压侧选 2.0MPa，低压侧选 1.6MPa。制冷系统检漏如图 2-26 所示，具体的操作如下：

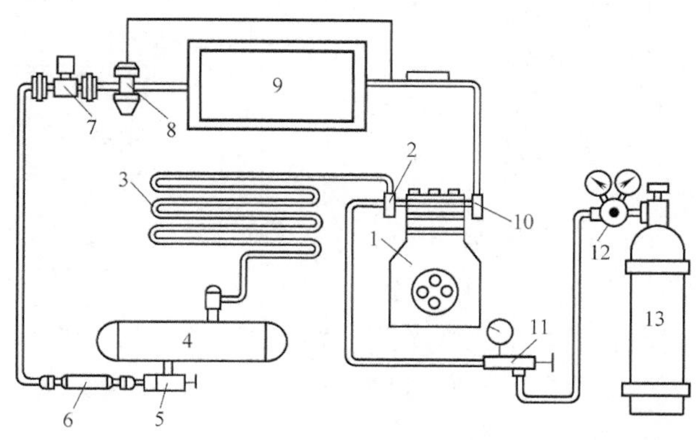

图 2-26　制冷系统检漏

1—压缩机　2—排气截止阀　3—冷凝器　4—储液器　5—储液器截止阀　6—干燥-过滤器　7—电磁阀　8—热力膨胀阀　9—蒸发器　10—吸气截止阀　11—修理阀　12—氮气减压器　13—氮气瓶

1）将系统中的所有阀都打开。如果系统中有电磁阀，可将电磁阀拆下单独供电，使电磁阀处于开启状态。

2）将高压氮气瓶与压缩机排气阀的旁通孔用耐压胶管连接，并使排气截止阀处于三通状态。

3）开启氮气瓶，并打开减压阀，先向系统注入 0.3~0.5MPa 的氮气，若没有明显的泄漏则继续升压。待系统压力升到低压侧的检测压力时，若没有泄漏则关闭电磁阀，再继续加压到高压侧检测压力值，关闭氮气瓶阀。

4）充氮气后，应保压 24h，看是否有泄漏。由于系统内气体的冷却效应，前 6h 允许压力下降 0.25MPa 左右，但不能超过 2%；后 18h，当室温稳定时，压力应保持稳定，否则为不合格。若室温有变化，检测结束时系统压力应不小于下式所计算的压力值，即

$$p_2=p_1\left(\frac{273.15+t_2}{273.15+t_1}\right)$$

式中　p_1——开始压力（MPa）；

p_2——结束压力（MPa）；

t_1——开始温度（℃）；

t_2——结束温度（℃）。

若结束时压力小于计算压力，则说明系统不严密，应进行全面检查，查找出泄漏点进行修补，然后重新试压，直到合格为止。

5）用肥皂水涂抹各接头、焊接接口等容易泄漏处，如果出现气泡，则表明有泄漏，应对泄漏点进行处理。裂纹处或有气孔处用气焊补焊好，接口处用扳手拧紧，或者更换密封填料，然后重新试压，直到合格为止。

3. 制冷系统抽真空

当制冷系统压力检测合格后即可抽真空，抽真空有两种方法，一种是真空泵抽真空，一种是自身抽真空。

（1）真空泵抽真空　真空泵抽真空的操作方法与电冰箱抽真空基本相同，不同之处在于：从吸气阀的旁通口抽气。抽真空时将各阀打开，如果系统中有电磁阀，将其单独通电，达到真空后，关闭吸气阀和真空泵。

（2）自身抽真空　因真空泵抽真空时间长，所以在维修时常采用自身抽真空法，其操作简单、速度快、效果好。自身抽真空如图 2-27 所示。抽真空时将吸气阀调至三通位置，在其旁通口上连接真空压力表，将排气阀顺时针旋到底，关闭排气通道，打开旁通口；将系统中的阀都开启，使蒸发器和冷凝器连通。起动压缩机，冷凝器和蒸发器中的空气就会被压缩机吸入，从排气阀旁通口排出。观察真空压力表，当压力为绝对真空，和排气阀旁通口用软管连接的油杯中无气泡时，停止压缩机，并用螺塞堵住旁通口，抽真空结束。

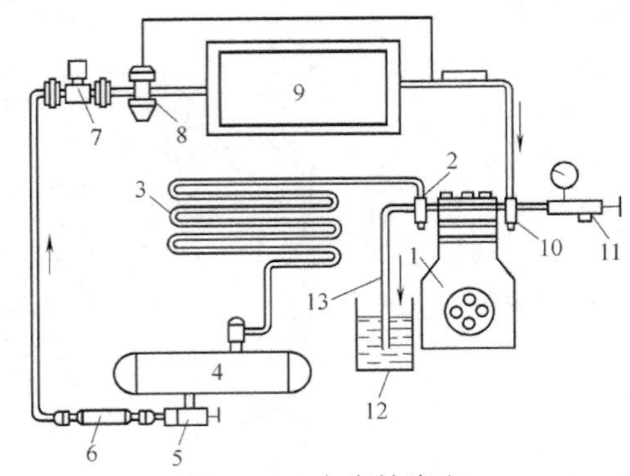

图 2-27　自身抽真空

1—压缩机　2—排气截止阀　3—冷凝器　4—储液器　5—储液器截止阀　6—干燥-过滤器　7—电磁阀　8—热力膨胀阀　9—蒸发器　10—吸气截止阀　11—修理阀　12—油杯　13—排气软管

4. 制冷剂的充注

在制冷系统检漏合格后，充注制冷剂之前，必须进行抽真空的处理，排除系统中的不凝性气体和水分。制冷剂充注方法有两种：一种是低压侧气态充注制冷剂，一种是高压侧液态充注制冷剂。采用开启式机组的商用冷藏柜制冷系统常采用低压侧气态充注制冷剂。下面介绍两种充注方法的具体操作。

（1）低压侧气态充注法　图 2-28 所示为低压侧气态充注制冷剂的管系图，具体操作步骤如下：

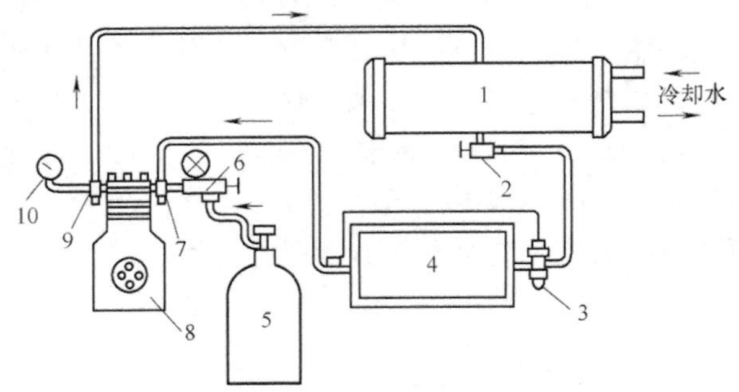

图 2-28　低压侧气态充注制冷剂

1—冷凝器　2—截止阀　3—热力膨胀阀　4—蒸发器　5—制冷剂钢瓶　6—修理阀　7—吸气截止阀　8—压缩机　9—排气截止阀　10—高压压力表

1）将吸气截止阀拧至全开状态，关闭旁通孔通道，取下吸气截止阀旁通孔通道螺塞，拧上多用接头，用充制冷剂的专用软管接上一个带有压力表的修理阀，然后将修理阀用软管和制冷剂钢瓶相接，这时连接多用接头端的软管不要拧紧。

2）打开修理阀，将制冷剂钢瓶阀稍微开启，放出少量制冷剂，排除软管中的空气后将多用接头端的软管拧紧。

3）将吸、排气截止阀调至开启位置，将整个制冷系统连通。

4）将制冷剂钢瓶阀完全打开，起动压缩机，按规定量充入制冷剂。

5）将制冷剂钢瓶阀关闭，吸气截止阀拧至全开状态，关闭旁通孔通道。

6）压缩机停机。

7）拆除修理阀、多用接头和连接软管，装上旁通孔通道螺塞。制冷剂充注结束。

（2）高压侧液态充注法 高压侧液态充注法具有充注速度快的优点。其充注制冷剂的管系图如图2-29所示，具体操作步骤如下：

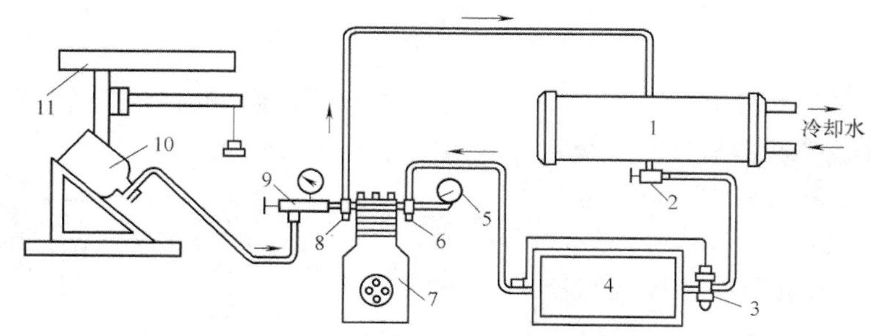

图2-29 高压侧液态充注制冷剂

1—冷凝器 2—截止阀 3—热力膨胀阀 4—蒸发器 5—低压压力表 6—吸气截止阀 7—压缩机 8—排气截止阀 9—修理阀 10—制冷剂钢瓶 11—磅秤

1）将吸气截止阀拧至全开状态，关闭旁通孔通道，取下吸气截止阀旁通孔通道螺塞，拧上多用接头，用充制冷剂的专用软管接上一个带有压力表的修理阀。将修理阀用软管和制冷剂钢瓶相接时，钢瓶应倒置吊高，这样能保证液态制冷剂靠制冷剂钢瓶与系统内的压差和液位差进入制冷系统。这时不要拧紧连接多用接头端的软管。

2）打开修理阀，将制冷剂钢瓶阀稍微开启，放出少量制冷剂，排除软管中的空气后将多用接头端的软管拧紧。

3）顺时针旋转排气截止阀2~3圈，将其调至开启位置，将整个制冷系统连通。

4）将制冷剂钢瓶阀打开，按规定量充入制冷剂。

5）将制冷剂钢瓶阀关闭，吸气截止阀拧至全开状态，关闭旁通孔通道。

6）拆除修理阀、多用接头和连接软管，装上旁通孔通道螺塞。制冷剂充注结束。

5. 制冷剂的回收

当制冷系统出现故障或制冷剂有泄漏，对冷柜进行维修时需要打开制冷系统。而开启式制冷系统的制冷剂量较多，将其直接排入大气不仅会造成污染，也是一种浪费，因此应对制冷剂进行回收。制冷剂的回收有两种方法，一种是将制冷剂回收到储液器，另一种是将制冷剂回收到制冷剂钢瓶。

（1）将制冷剂回收到储液器（图2-30） 具体操作如下：

1）将压力表连接到吸气阀旁通口，打开制冷系统所有阀。

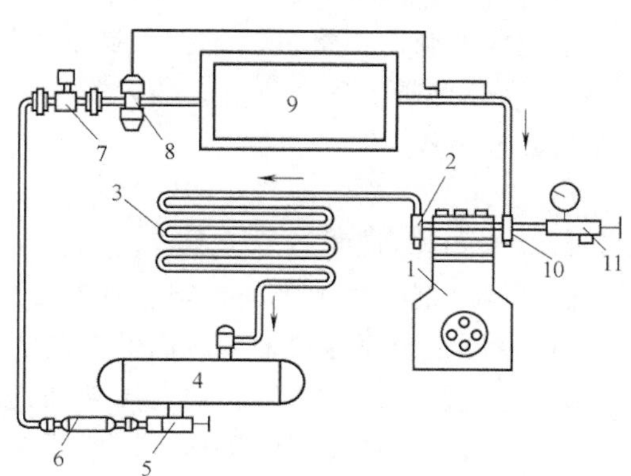

图2-30 将制冷剂回收到储液器

1—压缩机 2—排气截止阀 3—冷凝器 4—储液器 5—储液器截止阀 6—干燥-过滤器 7—电磁阀 8—热力膨胀阀 9—蒸发器 10—吸气截止阀 11—修理阀

2）将吸气截止阀拧至全开状态，将修理阀和吸气截止阀用多用接头相连，关闭修理阀，将截止阀调至开启位置。

3）顺时针旋转关闭储液器出口截止阀。

4）起动压缩机，蒸发器中的制冷剂被吸入冷凝器和储液器内。

5）待吸气端压力表表压为 0.01MPa 时，压缩机停机。观察压力表读数，若压力无回升，则表明回收干净，可关闭排气截止阀，若压力回升，则表明未抽干净，需再抽，直至回收干净为止。

需要注意的是：对装有高、低压压力控制器的制冷设备，操作前应确保压力控制器触点处于常闭状态或使其线路短接，以免回收制冷剂时因压力原因停机。

（2）将制冷剂回收到制冷剂钢瓶（图 2-31）具体操作如下：

1）将带有压力真空表的修理阀接入吸气截止阀的旁通孔通道，并将吸气截止阀调至开启位置。

2）将排气截止阀拧至全开状态，关闭旁通孔通道，取下排气截止阀旁通孔螺塞，拧上多用接头，将真空的制冷剂钢瓶用软管连接在排气截止阀多用接头上，这时不要拧紧连接制冷剂钢瓶一端的接头。

3）将排气截止阀稍微开启，排除软管中的空气后将接头拧紧。

4）将制冷剂钢瓶阀打开，并用冷却水冲淋制冷剂钢瓶。

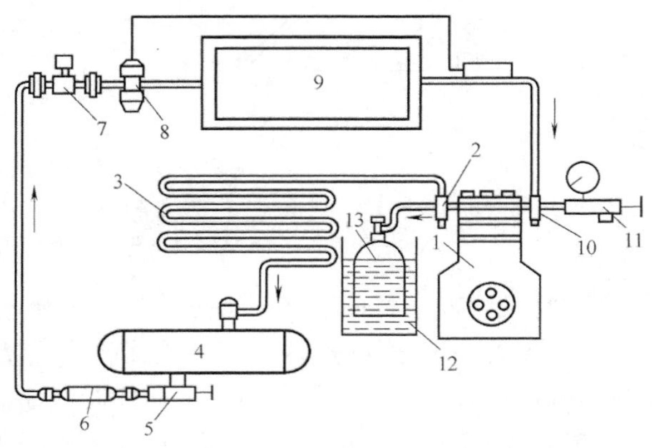

图 2-31　将制冷剂回收到制冷剂钢瓶

1—压缩机　2—排气截止阀　3—冷凝器　4—储液器　5—储液器截止阀　6—干燥-过滤器　7—电磁阀　8—热力膨胀阀　9—蒸发器　10—吸气截止阀　11—修理阀　12—冷却水　13—制冷剂钢瓶

5）起动压缩机，缓慢关闭排气截止阀，系统内的制冷剂将被逐渐压入制冷剂钢瓶中。

6）当修理阀上压力真空表的表压为 0.01MPa 时，压缩机停机。若压力无回升，则表明制冷剂回收完毕。

7）关闭制冷剂钢瓶，关闭冷却水阀。

8）拆除制冷剂钢瓶、多用接头和连接管，用螺塞塞住排气截止阀旁通孔通道。

在将制冷剂回收到制冷剂钢瓶时需要注意的是：

1）在使用前要尽量抽尽瓶内的空气。

2）若无法用冷水冲淋，可将制冷剂钢瓶整个浸入冷水中。

3）关闭排气截止阀时动作一定要缓慢，以使制冷剂得到充分冷却。同时注意观察压力表的读数，如果关闭太快，连接管内制冷剂因温度太高、压力太大，而容易发生管道爆裂。

6. 冷冻机油的充注

冷冻机油能润滑压缩机的各运动部件，对机器能起减振消声的作用；还能带走摩擦热、冷却摩擦件和压缩气体；还能防锈和冲洗，带走摩擦面上的磨屑；另外还有密封作用，能阻止制冷剂的泄漏等。但制冷系统运行较长周期后，冷冻机油会因过脏或泄漏而导致冷冻机油

不足，这时就需要添加或更换冷冻机油。商用冷藏柜充注冷冻机油的方法主要有两种：另一种是从吸气截止阀吸入，另一种是从加油孔加注冷冻机油。加注冷冻机油前，需先检查待加冷冻机油的牌号和原机组所用的冷冻机油是否一致。

（1）从吸气截止阀吸入　图 2-32 所示为从压缩机吸气截止阀加注冷冻机油，其操作如下：

1）将吸气截止阀拧至全开状态，关闭旁通孔通道，取下吸气截止阀旁通孔螺塞，连上加油管。

2）将吸气截止阀稍关，放出一些制冷剂气体，将油管中空气排除，然后关闭吸气截止阀，用手指堵住加油管。

3）起动压缩机，将曲轴箱抽真空。当曲轴箱处于真空状态，此时堵住加油管的手指感到一股较强的吸力，这时停机并立即关闭排气截止阀。

4）将用手指堵住的加油管浸入油中，借曲轴箱内的真空将油吸入曲轴箱。

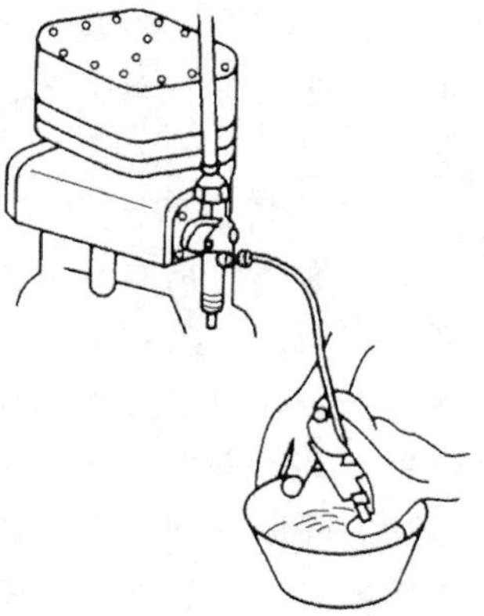

图 2-32　从压缩机吸气截止阀加注冷冻机油

5）观察曲轴箱内油面高度是否达到要求。若油面没有达到要求，而加油管已无吸油能力时，用手指堵住管口，起动压缩机对曲轴箱再抽真空，继续加油，直至达到要求的油面为止。然后拆下加油管，拧紧吸气截止阀旁通螺塞，拆下排气截止阀上的旁通螺塞，起动压缩机，将曲轴箱内的空气排出。无气体排出时，将排气阀旁通螺塞迅速拧紧，同时停机，加油结束。

6）手指堵住加油管一端时，如能保证空气不进入，可关闭吸气截止阀，起动压缩机，利用真空一直加油到曲轴箱内油面高度达到要求。然后开足吸气截止阀，拆下加油管，拧紧旁通螺塞，使压缩机恢复运行。

（2）从加油孔加注冷冻机油　若从曲轴箱上部的加油孔加注冷冻机油，先关闭压缩机的吸气截止阀，起动压缩机将曲轴箱抽真空，当曲轴箱压力低于大气压力时停机，并关闭排气截止阀。拧下加油孔的螺塞，将油管或漏斗插入加油孔内加油，加油后拧紧螺塞。注意将曲轴箱内空气排除后才能开启吸、排气截止阀而投入运行。

7. 制冷系统空气排除

制冷系统如果混入空气，不仅会导致压缩机温升异常，引起轴承发热、电动机过热，烧毁电动机，还会导致冷凝压力上升，使得冷凝温度升高、制冷量下降，压缩机负荷变大、浪费电力，整个机组性能系数降低。而空气中含有水分可能导致冰堵，影响制冷效果，而且水分还可与制冷剂发生化学反应，产生各种恶劣的影响，严重时可能烧毁压缩机。所以有必要排除制冷系统中的空气，商用冷柜制冷系统排除空气的方法根据系统采用压缩机形式的不同而不同。

（1）全封闭式压缩机制冷系统排除空气　充注制冷剂后，起动压缩机运转一段时间后停机，开启高压排气截止阀，拧下排气截止阀旁通孔通道螺塞，将排气截止阀调至开启位置，从而排出空气。开始时可能会有少量的制冷剂液体喷出，然后是空气。当用手感觉有冷气喷出时，关闭排气截止阀。然后再起动压缩机，同时补足制冷剂。也可将制冷系统中所有的制冷剂放掉，重新抽真空。

（2）开启式压缩机制冷系统排除空气　开启式压缩机制冷系统排除空气的操作如下：

1）关闭储液器或冷凝器的排液阀。

2）起动压缩机，将低压段内的制冷剂排至冷凝器或储液器中，当低压段达到稳定真空后压缩机停机。

3）将排气截止阀完全开启，拧下排气截止阀旁通孔通道螺塞，将排气截止阀调至开启位置，高压气体从旁通孔通道排出，当手感觉有冷气喷出或有油滴时，关闭排气截止阀旁通孔通道，拧上排气截止阀旁通孔通道螺塞，将排气截止阀调至开启位置。至此排除空气结束。

8. 热力膨胀阀流量调节

热力膨胀阀是制冷系统中四个重要部件之一，它通过感受蒸发器出口处气态制冷剂的过热度来控制进入蒸发器的制冷剂流量。制冷设备运行一段时间后，由于阀芯的磨损、系统有杂质、弹簧弹力减弱和阀孔堵塞等原因，会影响热力膨胀阀的开度，使得膨胀阀偏离它的工作位置，其开度偏大或偏小。

热力膨胀阀的开度过大会造成部分制冷剂来不及在蒸发器内蒸发，就同气态制冷剂一起进入压缩机，出现液击，损坏压缩机。另外热力膨胀阀开度过大，还会使蒸发温度升高、制冷量下降、压缩机功耗增加，降低系统的能效比。而热力膨胀阀的开度过小，会造成供液不足，使得蒸发器的效能不能充分发挥，造成制冷量不足，降低系统的制冷效果。当确定了制冷系统异常是由于热力膨胀阀偏离了工作位置，就需要进行流量调节。

（1）热力膨胀阀开度过大的调整

1）起动压缩机运行一段时间后，如果发现低压压力表数值偏低，且蒸发器的前半部分不结霜或结霜不实，而后半部分结霜至压缩机的吸气端，甚至结霜到压缩机的气缸盖上，表明制冷剂流量过大；若发现热力膨胀阀出口接头处结霜，也表明其开度过大，需要进行调节。

2）拧开阀帽，将热力膨胀阀的调节阀杆顺时针旋转 1/4 圈，然后观察低压压力表及蒸发器、热力膨胀阀结霜情况。

3）若流量仍然过大，则继续顺时针旋转调节阀杆 1/4 圈，再观察低压压力表及蒸发器、热力膨胀阀结霜情况。

4）当压力正常，蒸发器和热力膨胀阀结霜符合标准后，拧上阀帽。

（2）热力膨胀阀开度过小的调整

1）起动压缩机运行一段时间后，如果发现蒸发器的前半部分结霜，而后半部分不结霜或结霜不实，表明制冷剂流量过小；此时，热力膨胀阀阀体大部分结霜，表明其开度过小，需要进行调节。

2）拧开阀帽，将热力膨胀阀的调节阀杆逆时针旋转 1/4 圈，然后观察低压压力表及蒸发器、热力膨胀阀结霜情况。

3）若流量仍然过小，则继续逆时针旋转调节阀杆 1/4 圈，再观察低压压力表及蒸发器、热力膨胀阀结霜情况。

4）当压力正常，蒸发器和热力膨胀阀结霜符合标准后，拧上阀帽。

二、冷柜故障诊断及排除

冷柜常见故障有压缩机不起动、压缩机运转但不制冷、制冷效果差、压缩机不停机、压缩机正常运行时突然停转等故障。下面分别介绍每种故障的诊断及排除方法。

冷柜故障诊断需要的教学设备与材料有实训台、氮气瓶、氮气减压阀、多用接头、耐压软管、连接软管、复式修理阀、真空泵、压力真空表、真空泵、水箱、制冷剂钢瓶（空的和含制冷剂的）、活扳手、套筒扳手、磅秤、钳形电流表、油杯、ϕ6mm 铜管、冷冻机油、肥皂水、白纸、万用表、绝缘电阻表、热继电器、温度控制器、压力继电器、交流接触器等。

冷柜的主要故障有制冷系统故障和电气系统故障。制冷系统故障常为冰堵、脏堵和制冷剂泄漏，电气系统故障常发生在电动机和温度控制器中。当冷柜发生故障时，应对故障现象进行检查。下面针对一些典型故障具体说明。

1. 压缩机不起动

（1）观察故障现象　接通电源，压缩机不起动、不制冷。

（2）制订故障诊断及排除方案　压缩机不起动，一般是电动机和电气系统出现故障，检修时应检查电气控制元件和电源及连接线路。压缩机不起动故障诊断流程图如图 2-33 所示。

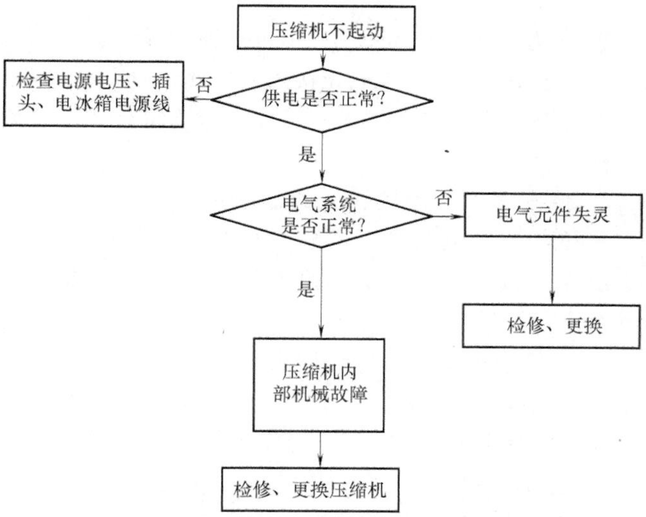

图 2-33　压缩机不起动故障诊断流程图

（3）分析故障原因、确定故障部位及排除故障

1）电源线路故障。

故障分析：压缩机不起动时，先看电源开关是否断开、电压是否过低，然后查看线路，查看线路插头是否松脱或断线，或者是电源熔断器熔断。

排除方法：检查电源、配线，查找接触不良处，连接好。用万用表检测熔断器是否熔断，若熔断则更换熔断器。

2）交流接触器或中间继电器故障。

故障分析：交流接触器或中间继电器易出现触点过热、烧毁、磨损等现象，导致触点接触不良。

排除方法：更换新的交流接触器或中间继电器。

3）热继电器故障。

故障分析：热继电器触点跳开，或者熔体熔断。

排除方法：检测电流是否合适，并按下人工复位按钮，若起动压缩机后不跳开，则需检查电流过高原因，修复后重新复位运行。若熔体熔断则更换热继电器。

4）电磁阀通电后有嗒嗒声。

故障分析：

① 电源电压低于额定值的 80%。

② 分磁环断裂、开路。

③ 流向颠倒。

排除方法：

① 更换电源稳压器。

② 更换分磁环。

③ 按流向标记重新安装。

5）断路器接通后又自动跳闸。

故障分析：

① 接线柱或电动机绕组的绝缘电阻下降或与机壳接通。

② 电气绝缘不良。

③ 压缩机内发生“抱轴”现象。当压力控制器失灵时，油压过低，压缩机长时间在缺油情况下运转，进而因过热而发生“抱轴”事故，导致电动机的电流增大，使电动机过载而停机。

排除方法：

① 用万用表检查接线柱与机壳间的绝缘电阻，是否下降到 0.5MΩ 以下或与机壳接通，如果在 0.5MΩ 以下或与机壳接通，要用干燥的棉纱擦拭接线柱，擦后再测试。若绝缘电阻仍不能上升，则是接线柱内侧污秽或电动机定子绕线槽绝缘击穿与机壳接通，此时，应更换接线柱或电动机。

② 将压缩机三个接线柱的连线拔出来，用绝缘电阻表逐段检查开关触点前后线路对金属箱体的绝缘电阻是否下降到 0.5MΩ 以下，或与金属箱体接通，如果绝缘电阻下降或与金属箱体接通，应找出其原因并排除制冷装置上的电器和线路，要做好绝缘保护并保持干燥。

③ 用钳形电流表可以检测出电动机的电流值。压缩机发生“抱轴”的原因，一是曲轴与轴承的装配间隙太小，二是曲轴轴承部位缺少润滑油。排除这两点因素就能防止事故的发生，对已损坏的曲轴和轴承应进行检修。

6）压力故障。

故障分析：压力控制器触点常跳开的原因如下。

① 压力继电器失灵，如压缩机在正常工作压力范围内停机，即常闭触点分开。

② 油压过低，压力继电器动作，使压缩机停止运转。

③ 压缩机排气阀未打开或开度过小，使排气压力升高，造成压力继电器动作。

④ 低压系统压力过低，使压力继电器动作，造成压缩机停止运转。

排除方法：全面检查制冷系统，重新调整高、低压力控制范围，要求在压缩运转中，对照高、低压压力表指示值进行调整。

7）温度控制器故障。

故障分析：

① 温度继电器失灵，如未达到预定温度停机。

② 温度控制器感温包内的制冷剂泄漏。

排除方法：转动温度控制器旋钮，看其在最低温度档是否能使压缩机起动，如果不能起动应检查感温包内制冷剂是否泄漏、触点是否失灵，对相应的触点进行修复或更换同一型号的温度控制器。

8）压缩机内部机械故障或电动机烧毁。

故障分析：

① 压缩机内部运动部件发生故障，如卡住不动等。

② 电动机烧毁，电动机的单相运行是电动机经常出现的故障之一，只要三相电源中有一相断路，就会产生单相运行，其原因是熔体熔断，或开关触点、电线接头不良等。单相运行，造成电动机不起动，并发出“嗡嗡”声，如果这种情况发生在运行中，会使绕组过热，若载荷过重时，会使电动机绕组烧毁。

排除方法：

① 如果是压缩机内部机械故障，则应进行修理、更换。

② 用万用表检测接线间的直流电阻，即电动机两相绕组的直流电阻值，正常值应为10Ω，且三个接线柱间的数值基本相等，若电阻值较高或较低，则电动机绕组可能已烧损或线间短路，此时应打开机壳，进行电动机绕组的检修；若电动机烧毁，则应检查原因，更换电动机。

2. 压缩机运转但不制冷

（1）观察故障现象　压缩机能起动并且运转正常，但经过较长时间后蒸发器仍然不结霜，冷柜内的温度也降不下来，也就是机组不制冷。

（2）制订故障诊断及排除方案　冷柜不制冷的原因多且复杂，所以检修时要务必注意。压缩机运转但不制冷故障诊断流程图如图 2-34 所示。

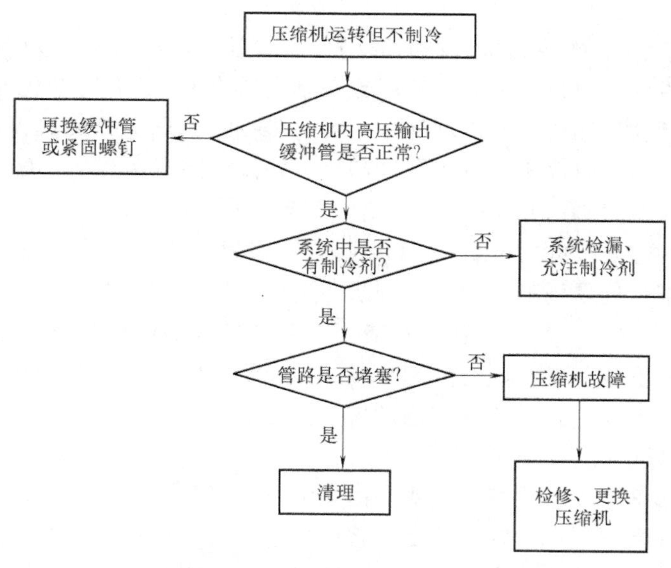

图 2-34　压缩机运转但不制冷故障诊断流程图

1）压缩机内高压输出缓冲管故障

故障分析：压缩机内高压输出缓冲管断裂或固定此管的螺钉松动，造成高压管不排气，低压管不吸气，所以压缩机虽运转，但不制冷。

排除方法：切开机壳，更换缓冲管，或将螺钉紧固。

2）制冷剂泄漏

故障分析：当系统出现严重泄漏点时，系统中无制冷剂，此时吸气压力呈真空，排气压力极低，蒸发器内没有液体喷流声，排气管很凉。

排除方法：停机检查泄漏点，充压试漏。具体操作为：在排气阀工艺口上装上一只2.5MPa压力表并关闭，调整排气阀至工作位置。把进口阀顺时针旋到底（把进口管道关死），出液阀开大。开启进口工艺口上的压力表阀，让空气（如有条件可加氮气）从进口阀工艺口吸入。起动机器后，查看出口压力是否上升以及进口吸力的情况，判断故障部位。最严重的泄漏是起动机器后，进口有吸力（用手指堵一下可感觉出来）、出口压力升不起来，这就有可能是从压缩机出口管道到压缩机进口管道之间有大的泄漏点，这种泄漏点较易查出处理。较轻的情况是起动机器后，进口有吸力，出口压力也逐渐升起来，可将压力升至1.5MPa左右时停机，关闭进口压力表阀，再把压缩机进气阀逆时针旋至工作位置（这时进口压力会升起来，出口压力略有下降、达到平衡）。此时，用肥皂水全面检查泄漏处，并逐一进行处理。如不能发现泄漏点，可保压12~24h后，观察压力是否下降（据下降的快慢）来判断是否有泄漏处（或泄漏点的大小）。处理泄漏点或确保无泄漏后再抽真空、充注制冷剂。

3）系统严重堵塞。

故障分析：制冷系统严重堵塞后，制冷剂不能正常循环，导致不制冷。一般是膨胀阀打不开或过滤器和管路严重堵塞引起的。当膨胀阀有一定的过液量，吸气压力呈真空，根据阀前后结霜情况可判断膨胀阀感温包内感温剂泄漏，引起膨胀阀堵塞。

排除方法：

① 冰堵的排除方法本着先易后难的原则，先看系统内是否存在残余空气（系统内有空气，不但制冷效果差，出口及冷凝器温度比平常高得多），若有则应先排除。方法是，关闭储液器出液阀，起动压缩机对制冷剂进行回收（把制冷剂收集到冷凝器和储液器中），当压缩机进口压力接近负压时停机。待机器冷却后，将排气阀螺塞卸下，缓慢地把排气阀打开少许（用手指感觉出口气体排出情况），若有热气排出则为空气，若有冷气（或油气）排出则为制冷剂。用这种方法排除空气2~3次再试机。如制冷效果还不理想，可在回收制冷剂后卸下过滤器，检查过滤器内的硅胶是否变质，进行清洗烘干或更换。

② 脏堵的排除方法。若系统发生脏堵，一般是过滤器内污物过多造成堵塞，或者膨胀阀进口的过滤网处发生堵塞。此时可卸下过滤器或膨胀阀进行清洗或更换。不论是冰堵还是脏堵，处理装好后，要进行抽空后才能试机。

③ 压缩机无吸排气。

故障分析：压缩机无吸排气，主要是由于吸、排气阀片被击碎或气缸垫片中肋被击穿造成的。压缩机失去吸排气能力的表现是：起动压缩机后，进口压力不下降，有时还有向外喷气的感觉。例如，气压停机时为0.3MPa，开机后约0.3MPa。

排除方法：当压缩机无吸排气，可把压缩机进、排气阀顺时针关死，卸下机头上部的固定螺栓（螺栓不可全部拆卸，要剩1~2个），螺栓旋松一些后。敲动缸盖，将残余压力排放后再取下剩余螺栓。

检查卸下的缸盖和压缩机阀板组件，检查密封垫中间隔离部分是否损坏，如有损坏可更换新的组件。检查进、排气阀片是否有卡住或磨损情况，如不能修复可整体更换阀板组件。配件修复或更换后，按原位置装好，把螺栓按对角顺序依次上紧。卸下排气阀螺塞，起动压缩机，排出机内空气后，再把排气阀螺塞装上，将排气阀与进气阀打开，

试机运行即可。

3. 制冷效果差

（1）观察故障现象　冷柜能正常运行并制冷，但在规定的工作条件下，其箱内的温度降不到规定值。

（2）制订故障诊断及排除方案　当冷柜制冷效果差时，排除由于冷藏箱内放入的高热量食品太多或冷藏陈列柜内的物品堆放不当的原因（例如，放入冷冻冷藏箱内的食品，要先自然冷却后再放入，一次不要放入太多，要保证食品间有缝隙，有气体流过为其冷却；重新合理摆放冷藏陈列柜内的物品），以及冷冻冷藏箱箱体隔热保温层太薄的原因（更换失效的门封条，箱体保温层太薄，影响制冷降温很显著，待制冷机大修时，更换热导率小的隔热材料）。冷柜制冷效果差故障诊断流程图如图 2-35 所示。

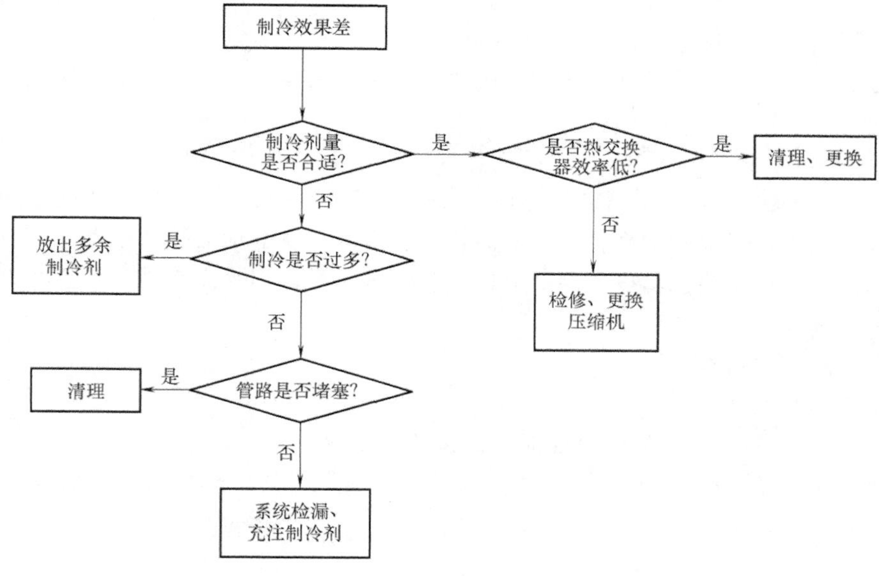

图 2-35　冷柜制冷效果差故障诊断流程图

（3）分析故障原因、确定故障部位及排除故障

1）制冷剂泄漏。

故障分析：制冷系统制冷剂泄漏，制冷剂循环量不足导致制冷效果差。现象为：压缩机的吸、排气压力低而排气温度高，排气管路烫手。膨胀阀有比正常运行时大得多的断续的“吱吱”气流声，蒸发器不结霜或挂少量浮霜，而开大膨胀阀流量，吸气压力无明显变化。停机后，系统内平衡压力一般低于相同环境温度所对应的饱和压力。

排除方法：对制冷系统进行检漏、焊补、抽真空，然后加入适当的制冷剂。

2）制冷剂过多。

故障分析：制冷系统制冷剂充注过多时，也会使制冷效果差。现象为：压缩机吸、排气压力偏高，冷凝器上下全热，而蒸发器盘管不结霜或结一层虚霜。

排除方法：停机几分钟后从压缩机排气截止阀处放出多余的制冷剂，使吸气压力达到要求。

3）制冷系统堵塞。

故障分析：制冷系统堵塞后，制冷剂循环不畅，导致制冷效果差。系统中的干燥-过滤器、热力膨胀阀、储液器的供液阀是容易堵塞的部位。其中干燥-过滤器容易产生脏堵，其原因为：

① 干燥剂吸收大量水分后，失去吸附作用。

② 过滤器内被油污，容易黏附污物而产生堵塞。现象为：排气压力偏低，排气温度下降，被堵塞部位的温度比正常运行时低，严重堵塞时会出现凝露和结霜现象。

排除方法：将系统中的制冷剂回收至储液器中，然后将堵塞部件拆下清洗、干燥后再装上。干燥-过滤器还需更换干燥剂。

4）制冷系统中空气含量过多。

故障分析：制冷系统中空气含量多，会导致制冷效果差。现象为：冷凝压力高，高压压力表指针剧烈摆动，制冷量下降。

排除方法：停机几分钟后从高压截止阀放出系统中的空气，可根据实际情况充注适当的制冷剂。

5）压缩机效率低。

故障分析：当压缩机使用较长时间后，压缩机的运动件有较大程度的磨损，各部件间配合间隙增大，气阀密封性能下降，导致实际排气量下降，从而使制冷效果差。

排除方法：检查压缩机制冷效能低的原因，如进、排活门片是否破损。若有则修理或更换相应压缩机部件。

6）蒸发器效率低。

故障分析：蒸发器效率低的原因主要如下。

① 霜层太厚，使蒸发器的传热性能降低，造成制冷效果差。

② 蒸发器内润滑油太多或污物太多，也会影响蒸发器的传热效果，使蒸发器表面结浮霜或局部结霜。

排除方法：

① 停机除霜，并打开箱门。严禁用木棒或铁器敲击霜层，以防损坏蒸发器管路。

② 先找出润滑油进入蒸发器的原因，并加以排除。然后彻底清洗蒸发器，抽真空、充注制冷剂。

7）冷凝器效率低。

故障分析：冷凝器效率低的原因主要如下。

① 冷凝器的冷却水流量不足或者水垢太多。

② 风冷式冷凝器上污垢太多、风机风量不足，都会使冷凝器散热效果差，导致制冷效果差。

排除方法：加大风量、水量，清除水垢，以提高冷凝器的散热效果。

4. 压缩机不停机

（1）观察故障现象　压缩机出现连续运转不停机的现象有两种情况：一种制冷系统正常运行，控制系统出现故障，另一种是控制系统正常，制冷系统出现故障或其他方面有问题。

（2）制订故障诊断及排除方案　压缩机不停机故障诊断流程图如图 2-36 所示。

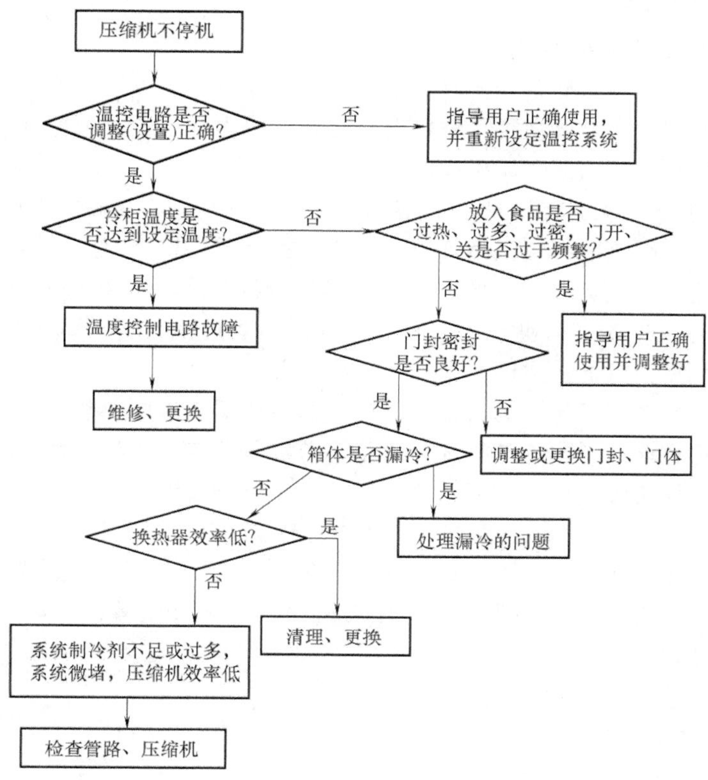

图 2-36　压缩机不停机故障诊断流程图

（3）分析故障原因、确定故障部位及排除故障

1）制冷系统正常，控制系统出现故障。

故障分析：温度控制器设定的温度过低或触点粘连，使得箱内温度很低，温度控制器触点也不能断开，导致压缩机不停机。

排除方法：若温度控制器设定的温度过低，则将温度控制器温度设定到保证箱内温度达到要求的值；若温度控制器控制失灵，则拆开温度控制器，检查触点的通断情况，进行修复或更换。

2）控制系统正常，制冷系统出现故障。

故障分析：若控制系统正常，则有可能是因为压缩机效率低、制冷剂泄漏、系统堵塞或蒸发温度过高等原因，造成制冷量减少，箱内温度达不到设定值，温度控制器不动作，导致压缩机不停机。

排除方法：控制系统正常，制冷系统出现故障的排除方法同制冷效果差的类似，若蒸发温度过高，可适当调整制冷剂的量。

3）其他原因。

故障分析：当箱体保温层绝热保温效果降低或门封条密封不严时，会使箱内制冷量损失、温度降不下来，导致压缩机不停机。

排除方法：更换失效的门封条，改善绝热保温条件，待制冷机大修时，更换热导率小的隔热材料，重新制作保温层。

5. 压缩机正常运行时突然停转

压缩机正常运行时突然停转，排除供电部门突然停电、熔体熔断或冷藏箱内温度已经达到，温度控制器上的触点分开使得压缩机停止运转的原因外，主要是压缩机的吸排气压力异常导致压力控制器作用，切断电源引起停机。

1）压缩机的吸气压力过低，使压力继电器的触点分开，压缩机停止运转。

故障分析：当压缩机的吸气压力低于低压压力控制器的设定值时，压力继电器的触点就会分开，从而压缩机停止运转。将低压压力控制器的触点暂时闭合成短接，在吸、排气截止阀处安装压力表后，起动压缩机，观察吸、排气压力表的变化，若低于压力控制器的设定值，则说明是吸气压力过低造成的。

排除方法：检查低压系统压力过低的原因，如冷凝器出液阀、热力膨胀阀未打开或开启不足；制冷系统中有泄漏、制冷剂循环量不足；感温包泄漏；过滤器堵塞；蒸发器上结霜太厚等，都会引起压缩机吸气压力过低，要一一检查、分别排除。

2）压缩机的排气压力过高，使压力继电器的触点分开，压缩机停止运转。

故障分析：高压系统压力过高的原因较多，如系统中有空气、冷凝器散热效果差、高压管路中有阻塞、高压管路中的阀未开足、压缩机排气阀未开足等，都可能引起高压压力上升。具体有以下原因：

① 压缩机的排气管中有局部阻塞。

② 冷凝器中水垢过多。

③ 风冷式冷凝器的风量不足。

④ 风冷式冷凝器上的外侧污垢太多。

⑤ 冷凝器的进气阀、出液阀未全部打开。

⑥ 水冷式冷凝器的冷却水量不足或者水温过高。

⑦ 压缩机气缸中缺少润滑油润滑。

⑧ 冷凝器内润滑油积存太多。

⑨ 热力膨胀阀开度过小。

排除方法：

① 检查排气管上的阻塞部位。

② 清除冷凝器中的水垢。

③ 检查风量不足的原因，并排除。

④ 清除冷凝器上的污垢。

⑤ 将冷凝器上的进气阀与出液阀开足。

⑥ 检查冷却水流量不足、水温过高的原因，并分别排除。

⑦ 检查气缸内缺油的原因。

⑧ 将冷凝器内的油放出来。

⑨ 将热力膨胀阀的开度适当开大。

3）其他原因引起压缩机突然停止运转。

故障分析：操作不当或电动机超负荷也会导致压缩机正常运行时突然停转。在使用和维修时若因疏忽未将系统中截止阀打开，则会使排气压力骤升，导致压缩机停机；或者当冷柜内热负荷超过了制冷机组的制冷量，也会使得电动机超负荷而停机。

排除方法：若未将系统中截止阀打开，则应立即停机，检查后按正常步骤开机。若是由于热负荷过大造成的电动机停机，应减少热负荷。

6. 运行中出现异常声音

若冷柜在运行中出现异常声音，应及时找出故障原因，进行相应的处理。

故障分析：

1）制冷剂在管路中流动时，管路发生振动。

2）压缩机运转时，内部噪声较大，可能是电动机的磁噪声、连杆膜受损、轴承受损、排气阀吸气阀破损或有杂质进入压缩机内。

3）箱体框架受压缩机运转的影响而振动。

4）水蒸发器皿松动。

5）压缩机在高压力时振动。

6）制冷剂充注量过多或是膨胀阀开度过大而造成液击。

排除方法：

1）检查管路是否振动，若是，则要固定管路。

2）检修压缩机或者予以更换。

3）调整箱体框架，使其平稳放置。

4）固定水蒸发器皿。

5）减少或排除空气流过冷凝器时的流动阻力。

6）放出多余制冷剂或调节膨胀阀的开度。

7. 其他故障

（1）压缩机的吸气压力过高

故障分析：

1）冷藏箱内存放的食品过多，热负荷太大。

2）热力膨胀阀的开度可能过大，或热力膨胀阀上的感温包，在蒸发器的回气管上未固定紧。

3）压缩机的制冷能力小于蒸发器的热交换能力。

4）压缩机的吸气阀片破裂，或关闭不严。

5）压缩机内阀板上下垫片被击穿，使高低压间气体串通。

6）制冷系统中加入的制冷剂过多。

7）油分离器的自动回油阀失灵，使高压气体串回低压部分。

8）制冷剂中水分较多，沸点升高。

排除方法：

1）查看冷藏箱内存放食品的数量，是否按定额标准放入。

2）检查热力膨胀阀的开度是否过大，如果过大，将热力膨胀阀上的螺塞打开，用螺钉旋具将调节杆按逆时针转动，使开度关小一点。若是感温包松动，需将感温包紧定在蒸发器的回气管上。

3）将热力膨胀阀的开度适当关小一点。

4）打开压缩机，检查阀片是否完好，若损坏，则更换阀片或损坏的零件。

5）更换阀板上被击穿的垫片。

6）检查是否是制冷剂过多，若制冷剂量过多，则将制冷系统中过多的制冷剂放出。

7）拆卸自动回油阀或更换浮球。

8）将制冷系统中的制冷剂全部放出，对系统进行抽真空、干燥，然后加入符合质量标准的制冷剂。

（2）压缩机气缸盖温度过高

故障分析：

1）压缩机排气压力过高，使排气温度也高，致使气缸盖温度上升。

2）压缩机的吸、排气阀片破损，或阀板垫片被击穿，使高、低压气体串通，造成气缸盖吸气腔温度升高。

排除方法：

1）查出压缩机排气压力过高的原因，然后采取相应措施排除。

2）打开气缸盖，将破损的阀片或阀板垫片给予更换，并按技术要求装配好。

（3）压缩机气缸盖上结霜

故障分析：

1）冷柜内热负荷太小，压缩机自动能量调节装置失效，使制冷剂在蒸发器内不能吸热汽化，而流进压缩机内吸热汽化，造成气缸盖凝水结霜。

2）热力膨胀阀开度过大，过多的制冷剂液体流进蒸发器内，造成蒸发不完，致使回气过潮，使气缸盖凝水结霜。

排除方法：

1）有能量调节装置的压缩机，要检查其工作可靠性；无能量调节装置的压缩机，在运转时，冷柜内食品储藏量减少时，应适当调小膨胀阀的开度。

2）适当调小膨胀阀的开度。

（4）压缩机曲轴箱内温度过高

故障分析：

1）制冷系统中制冷剂不足，冷凝器的散热效果不好，造成吸气温度过高，使曲轴箱内温度过高。

2）压缩机内活塞环磨损，造成高压高温气体流入曲轴箱内。

3）排气阀上的阀片漏。

4）吸气腔与曲轴箱的恒压孔堵塞。

5）油分离器的自动回油阀不能正常工作。

6）压缩机内的润滑油少而脏，加剧了各运动部件之间的摩擦，使热量增大、温度升高。

7）压缩机内各运动部件的装配间隙太小，使摩擦热量增大。

排除方法：

1）应增加系统中的制冷剂量，或增加冷凝器的冷却水量或风量。

2）将压缩机内磨损的活塞环更换掉。

3）检查漏气原因，对阀片进行研磨或更换。

4）将吸气腔与曲轴箱恒压孔中的污物排除，使其通畅运行。

5）检修油分离器的自动回油阀，使其恢复正常工作。

6）清洗油分离器和曲轴箱，并更换新的冷冻机油。

7）连杆大端瓦和曲轴之间的间隙过小时，可通过垫片来调整，如果没有垫片，可将大端瓦适当刮研；连杆小端衬套和活塞销的间隙过小时，可用铰刀来铰孔，使其达到装配要求；曲轴和主轴承的间隙过小时，可刮研或车削轴承内圈。

（5）压缩机曲轴箱内温度过低

故障分析：

1）热力膨胀阀开度过大、供液过多，致使回气温度过低，造成曲轴箱内温度低。

2）制冷系统中加入的制冷剂过多。

3）冷藏陈列柜里一次放入较多的热食品。

排除方法：

1）将热力膨胀阀的开度适当调小。

2）将制冷系统中的制冷剂放出一些。

3）冷藏陈列柜内不得一次放入较多的热食品，要待其冷却到常温后，方可进入冷柜内冷藏。

（6）压缩机泵压力过高

故障分析：

1）压力表失灵，造成指针移动显示出的压力高。

2）油压调节阀开度过小。

3）压力调节阀失灵。

4）曲轴箱中油内有较多制冷剂，使油的黏度增大，致使输油压力升高。

排除方法：

1）检查压力表是否失灵，更换新的压力表。

2）检查压力调节阀的开度，打开螺塞，用螺钉旋具旋动调节螺杆，顺时针旋动，增加压力；逆时针旋动，降低压力。

3）检修压力调节阀或更换。

4）将曲轴箱内的制冷剂进行蒸发，并抽至真空状态。

（7）压缩机泵压力过低

故障分析：

1）油路管道中有局部阻塞。

2）滤网阻塞。

3）齿轮泵进油口阻塞。

4）齿轮泵传动件失灵。

5）压力表上的阀未打开。

6）压力表已经损坏。

7）油泵发生错位，逆时针旋转。

8）吸入管和齿轮泵内有气体。

排除方法：

1）将油管拆下来清洗。

2）打开曲轴箱盖，更换滤网，并换去曲轴箱内的脏油。

3）清除进口处的污物。

4）拆下油泵，进行部件的检修或更换。

5）将压力表上的阀打开。

6）更换新的压力表。

7）将油泵打开，重新装配。

8）拆卸齿轮泵，将泵浸没在盛有冷冻机油的容器内，正、反向旋转齿轮泵驱动轴，直到从齿轮泵排油孔不再排出气体为止；在泵中灌满油后，再安装在压缩机上。注意曲轴和齿轮泵传动轴的位置是否正确，以及吸入管连接的密封性。

（8）压缩机停机后高低压很快平衡

故障分析：

1）压缩机内吸气与排气活门片破损，或关闭不严密，或阀板垫片被击穿，造成气体流通。

2）气缸套和气缸体之间的垫片破损、不平或密封不严等，使高压气体流向低压处。

排除方法：

1）打开压缩机，更换破损的活门片，如发现阀座有损伤，应进行研磨，击穿的垫片要更换。

2）打开气缸盖，取出吸、排气阀和气缸套，更换密封垫（更换密封垫时，要将气缸套和缸体的接合面清理干净）。

（9）压缩机轴封部位渗漏

故障分析：压缩机的轴封由摩擦环、密封橡胶环、紧圈、弹簧等部件组合成。这些部件经长时间运转后，其中动、静摩擦环的磨损度是不均匀的，摩擦面的不平，导致轴封间隙的出现。当间隙微小时，它会被冷冻机油的油膜填充密封，如果间隙较大，摩擦面上的油膜起不到密封作用，则制冷剂气体就会渗漏出来。因此，在压缩机运转中，要经常注意轴封处有无滴油现象，如果有漏油，说明有渗漏。

排除方法：对于长期停用的压缩机，如果轴封有微小渗漏，不要急于拆下，可以让压缩机运转一段时间后再行检漏，在一般情况下，这种微漏会消失，其原因是轴封经长期不运转，摩擦面上的油膜蒸发干了而不再密封，就会出现微漏，但是经过一段时间运转后，冷冻机油渗入磨损面，会形成一定的油膜将极小的间隙密封起来，使其不会渗漏。经一定时间运转后，若仍不能密封，则要拆下轴封进行检查，更换摩擦环或密封橡胶环。在装配轴封时，不要过度压紧，以免损伤摩擦环和密封橡胶环。

（10）压缩机能量调节失灵

故障分析：

1）油压过低，推不动油活塞，使压缩机的吸气阀不能自由启闭和工作。

2）圆形密封环或油管接头处漏油，使油压降低。

3）油活塞被污垢卡住，动作不灵活。

4）拉杆过长或转动环装配位置不正确，使拉杆不能拉到最低位置，吸气阀片始终处于顶开状态，气缸不能投入工作。

排除方法：

1）调高油泵压力，一般要求比低压高 0.2MPa。

2）更换圆形密封环或用扳手将油管接头旋紧，防止漏油。

3）将油活塞拆下来，清洗干净。

4）检查拉杆的长度是否符合标准，不符合标准的，要按标准进行调整设计；重新装配转动环，装配时要注意转动环的位置。

（11）柜内不除霜

故障分析：

1）除霜加热器不通电。

2）除霜加热器线路接错。

3）除霜时间设定有误。

4）多段冷柜风机不运转。

排除方法：

1）检查除霜加热器是否完好，必要时更换加热管。

2）重新接线。

3）重新设定除霜时间。

4）检查冷柜风机的接线。

（12）冷柜漏水

故障分析：

1）柜内滤网脏堵。

2）下水道堵塞。

3）除霜水管粘接不牢。

4）防露加热丝坏或环境湿度大。

排除方法：

1）定期清扫冷柜。

2）疏通下水道。

3）重新粘接牢固。

4）调换防露加热丝，或增加通风、装除湿机。

三、技能训练

1. 训练项目

1）冷柜“压缩机运转但不制冷”故障诊断及排除。

2）冷柜“制冷效果差”故障诊断及排除。

3）冷柜“压缩机不停机”故障诊断及排除。

2. 训练场地、使用工具

（1）训练场地　冷柜维修实验室。

（2）使用工具　氮气瓶、氮气减压阀、多用接头、耐压软管、连接软管、复式修理阀、压力真空表、真空泵、水箱、制冷剂钢瓶（空的和含制冷剂的）、活扳手、套筒扳手、磅秤、钳形电流表、油杯、冷冻机油、肥皂水、白纸、万用表、绝缘电阻表、热继电器、温度控制器、压力继电器、交流接触器等。

3. 注意事项

严格遵守安全操作规程。

4. 考核方式

1） 由教师设定冷柜故障，学生以小组（4 人）形式进行故障诊断及排除。

2） 各项目所占分值见下表。

项目	压缩机运转但不制冷(30 分)	制冷效果差(30 分)	压缩机不停机(40 分)
资讯及方案制订	6 分	6 分	8 分
小组实际操作	15 分	15 分	20 分
针对方案和操作,小组自评和整改	3 分	3 分	4 分
组间观摩评价	3 分	3 分	4 分
安全操作	3 分	3 分	4 分
教师评价(综合得分)			

学习情境三　房间空调器制造、安装与维修

工作任务

工作任务一　房间空调器制造及装配

工作任务二　房间空调器安装

工作任务三　房间空调器故障诊断及排除

学习目标

房间空调器是一种向密闭空间、房间或区域直接提供经过处理的空气的设备。它可以调节室内温度、湿度和洁净度，使人们在舒适的环境中工作和生活。近年来，房间空调器已广泛应用于家庭及办公场所。通过学习房间空调器的相关知识、相关技能和各工作任务，应达到如下学习目标：

1）掌握房间空调器的组成及工作原理。

2）能够进行房间空调器的制造及装配作业。

3）能够进行房间空调器的安装作业。

4）能够进行房间空调器的故障诊断与排除。

5）能够在教师的指导下进行工作任务的资讯、方案制订、方案实施和检查评价。

学习内容

1）房间空调器的分类。

2）房间空调器的组成及工作原理。

3）房间空调器的制造及装配工艺。

4）房间空调器的安装。

5）房间空调器的故障诊断与排除。

教学方法与组织形式

1）主要采用任务驱动教学法。

2）知识的学习可采用网络课程与讲解、讨论相结合的模式。

3）技能的学习可采用演示、实际操作、参观生产线、小组讨论等模式进行。

学生应具备的基本知识及技能

1）应具备制冷设备及电气控制的相关知识。

2）应掌握电工常用仪表和工具的使用方法。

3）应具备管道切割、扩口、胀口、焊接等基本操作技能。

4）应具备高空作业安全操作技能。

学习评价方式

1）以小组（3~4人）的形式对房间空调器进行装配、安装、故障诊断与排除操作，并进行自评整改。

2）小组之间进行观摩互评。

3）教师综合评价。

4）本情境综合考核，按百分制，取每个工作任务考核结果的平均值。

工作任务一　房间空调器制造及装配

学习目标

1）了解常用房间空调器的分类。

2）掌握房间空调器的组成及工作原理。

3）掌握房间空调器的制造及装配工艺。

教学方法与教具

1）可采用网络课程和教师讲解相结合的模式。

2）观看生产线录像，参观房间空调器生产线。

3）所需教具：房间空调器实物或模型、房间空调器拆解工具、视频资料。

房间空调器的制造及装配工艺包括热交换器制造、室外机组装和室内机组装等。在学习房间空调器制造及装配工艺前，应首先了解房间空调器的分类，掌握房间空调器的组成及工作原理等相关知识。

一、相关知识

1. 房间空调器的分类

（1）按制冷、制热功能分类　房间空调器按制冷、制热功能可以分为冷风型房间空调器、热泵型房间空调器和电热型房间空调器三类。

冷风型房间空调器只能用于夏季室内制冷降温，同时兼有一定的除湿功能，不能用于冬季室内制热。

热泵型房间空调器夏季能实现制冷降温，冬季能制热取暖。冬季制热时，可通过四通阀转换制冷系统制冷剂流向，从室外低温空气吸热并向室内放热，使室内空气升温。

电热型房间空调器也可以实现夏季制冷，冬季采暖。其制冷运行模式和冷风型房间空调器完全一样；只是冬季采暖时，压缩机停止运转，加热器通电制热，由于加热器与风扇电动机设有连锁开关，当加热器通电制热时风机同时运行，向室内吹送暖风。

（2）按结构形式分类　房间空调器按结构形式可分为整体式和分体式两类。

整体式空调器又分为窗式空调器和穿墙式空调器。窗式空调器是将压缩机、通风机电动机、热交换器、节流阀、过滤器和消声装置等安装在一个机壳内，主要是利用窗框进行安装。窗式空调器是一种小型空调器，结构紧凑、体积小、重量轻、噪声低、安装方便、使用可靠，装有新风调节装置，能长期保持室内空气新鲜。但是，窗式空调器会影响室内的采光，且噪声较大，目前在家庭中已很少使用。穿墙式空调器一般做成立柜式，外形美观，便于室内陈设，制冷量比窗式大。

分体式房间空调器是将整体式空调器分为两部分，分别装在室内和室外，分别称为室内

机和室外机。室内机包括：蒸发器、毛细管、离心风机、温度控制器和电气控制件等。室外机包括：压缩机、冷凝器、轴流风机等。这种空调器的噪声低，冷凝温度低，安装维修方便，在室内占地小。室内机按结构不同可分吊顶式、壁挂式、嵌入式、落地式等。

吊顶式分体机的室内机安装在室内顶棚下，所以又称吸顶式或悬吊式。它由机组底下后面进风，正前面出风（两侧面也可辅助出风），风压高，送风远，但安装维修比较麻烦。

壁挂式分体机室内机的热交换器安装在机组内的上半部分，而离心风机安装在下半部分。风从上面进，从下面出。壁挂式分体机也可做成“一拖二”或“一拖三”的形式，即一台室外机拖动两台或三台室内机。壁挂机风压低，送风距离短，室内存在送风死角，室温分布不够均匀。

嵌入式分体机的室内机嵌埋在顶棚里，从外观上只能看到进出风口，因此又称埋入式机组。

落地式分体机的室内机为一台立式柜或卧式柜，因此又称柜式机组。

（3）按使用气候环境分类　房间空调器按使用气候环境分类见表 3-1。

表 3-1　房间空调器按使用气候环境分类

类型	T1	T2	T3
气候环境	温带气候	低温气候	高温气候
最高温度/℃	43	35	52

（4）按压缩机控制方式分类　房间空调器按压缩机控制方式，可分为定频空调器和变频空调器。

我国的电网电压为 220V、50Hz，在这种条件下工作的空调称为定频空调。由于供电频率不能改变，传统定频空调的压缩机转速基本不变，依靠不断地起停压缩机来调整室内温度，这样的工作模式容易造成室温忽高忽低，并且能耗较高。

变频空调是在普通空调的基础上选用了变频专用压缩机，增加了变频控制系统。变频空调的主机是自动进行无级变速的，它可以根据房间情况自动提供所需的冷（热）量；当室内温度达到期望值后，空调主机则以能够准确保持这一温度的恒定速度运转，实现“不停机运转”，从而保证环境温度的稳定。

2. 房间空调器的组成及工作原理

房间空调器由制冷系统、空气循环系统、电气系统构成。目前，国内房间空调器主要采用分体式空调器，由室内机和室外机构成，两者之间通过管道连接，构成一个完整的空调机组，其系统如图 3-1 所示。其特点：分体式空调器压缩机设在室外，因此室内噪声很小；只有制冷剂配管和电线穿过外墙或外窗，外墙或外窗开口面积小；室外机体积相对室内机大一些，机组通常采用微型计算机自动控制，若空调器为热泵式空调器，其制热效果较好。

分体式空调器分为壁挂式和柜式两种。壁挂式空调器和柜式空调器的室内机都由热交换器、送风风机、过滤网、百叶窗及面板、控制部分等组成。图 3-2 所示为壁挂式空调器室内机外形图。图 3-3 所示为壁挂式空调器室内机轴测分解图。

壁挂式空调器和柜式空调器的室外机都由压缩机、室外机热交换器、风扇及风扇电动机等组成，这些部件安装在一个箱壳内。图 3-4 所示为壁挂式空调器室外机外形图。图 3-5 所示为壁挂式空调器室外机轴测分解图。

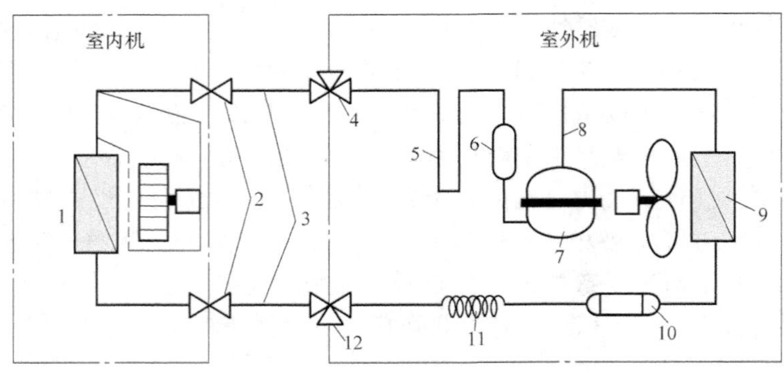

图 3-1　分体式空调器系统

1—室内热交换器　2—管接头　3—中间连管　4—低压阀　5—进气管　6—气液分离器　7—压缩机　8—排气管　9—室外热交换器　10—干燥-过滤器　11—毛细管　12—高压阀

图 3-2　壁挂式空调器室内机外形图

1—空调外罩　2—过滤网　3—散热片

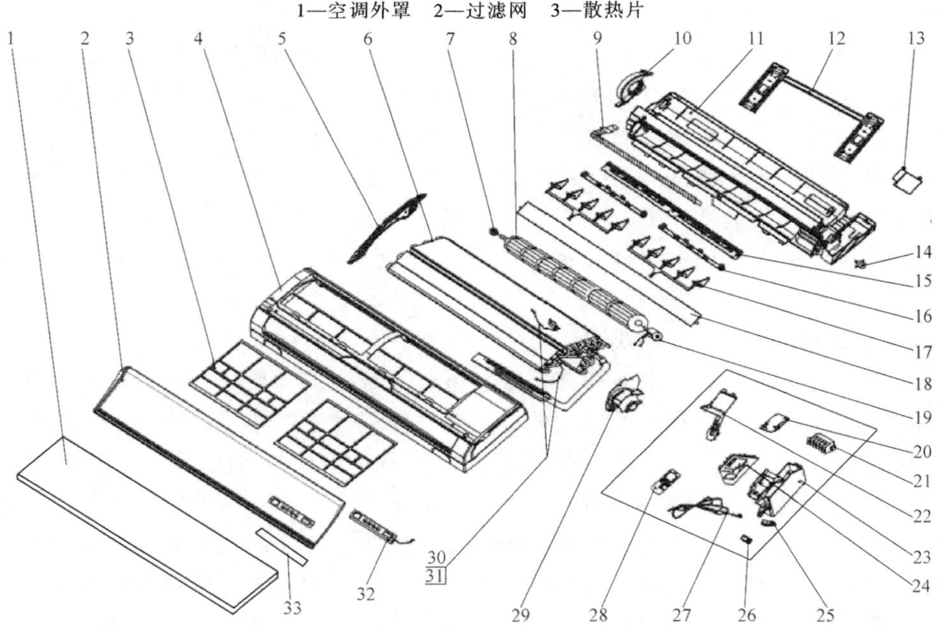

图 3-3　壁挂式空调器室内机轴测分解图

1—装饰板　2—面板　3—过滤网　4—外罩　5—蒸发器支架　6—蒸发器组件　7—轴承组件　8—贯流风机　9—排水管　10—橡胶圈盖　11—底座　12—挂板　13—固定板　14—步进电动机　15—导流板　16—卡板　17—叶片　18—横向风板　19—风扇电动机　20—接线盖　21—端子板　22—电器盒部件　23—电器盒　24—控制器组件　25、26—线夹　27—电源线　28—遥控器　29—电动机护罩　30—热敏电阻器　31—温度传感器　32—显示组件　33—显示面板

图 3-4　壁挂式空调器室外机外形图

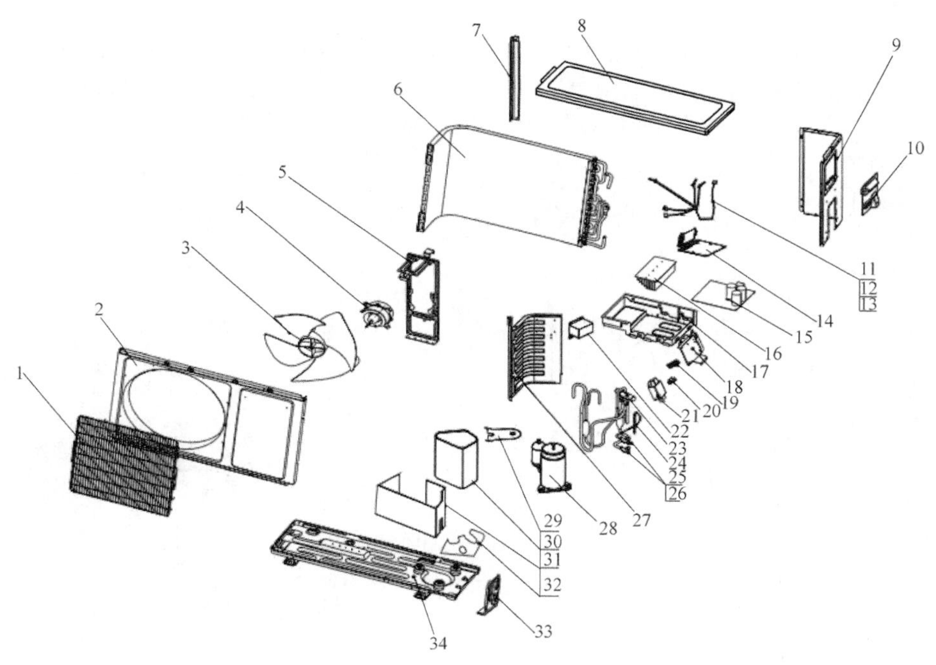

图 3-5　壁挂式空调器室外机轴测分解图

1—风扇护罩　2—前面板　3—风扇　4—风扇电动机　5—风扇支架　6—冷凝器组件　7—立柱　8—顶板　9—侧板　10—接线盖　11、12、13—温度传感器组件　14—驱动板　15—控制板　16—散热器　17—电器盒　18—接线板　19—端子板　20—线夹　21—滤波器　22—电抗器　23—四通阀组件　24—节流阀　25、26—截止阀　27—隔板部件　28—压缩机部件　29、30、31、32—隔音棉组件　33—阀安装板　34—底座部件

（1）制冷系统　房间空调器分为冷风型和热泵型两种，目前热泵型空调系统居多。热泵型房间空调器制冷系统主要由压缩机、冷凝器、节流阀和蒸发器组成。另外，还包括一些辅助性元器件，如干燥-过滤器、气液分离器、四通阀等。热泵型房间空调器制冷系统如图 3-6、图 3-7 所示（图注同图 3-6）。

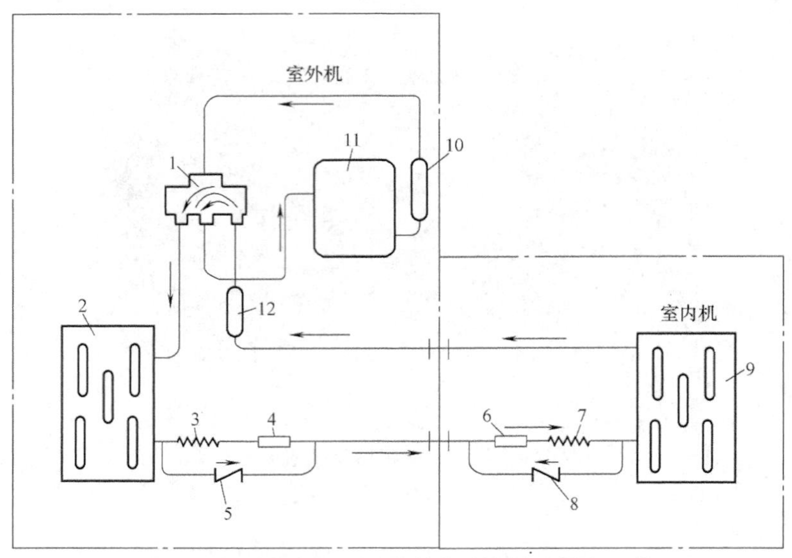

图 3-6　热泵型房间空调器制冷系统图（制冷工况）

1—四通阀　2—室外机热交换器　3、7—毛细管　4、6—干燥-过滤器　5、8—止回阀
9—室内机热交换器　10—消声器　11—压缩机　12—缓冲器

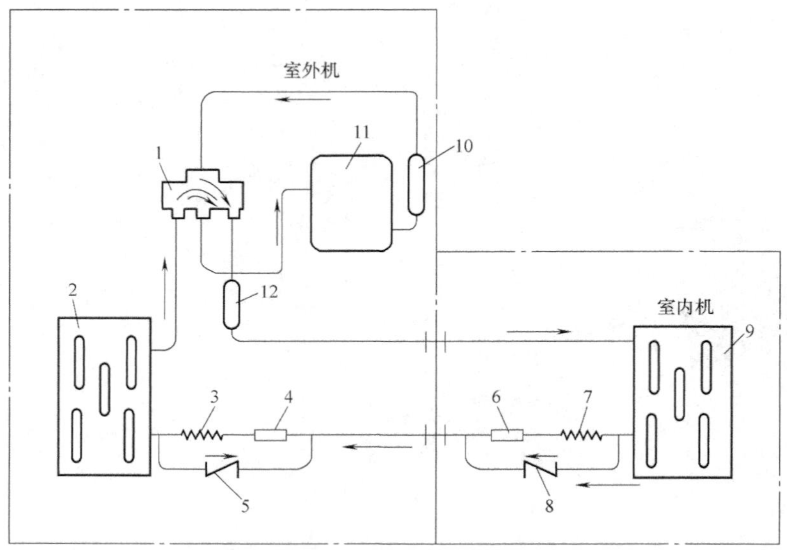

图 3-7　热泵型房间空调器制冷系统图（制热工况）

夏季运行工况（制冷工况）制冷剂流向：压缩机 11—消声器 10—四通阀 1—室外机热交换器（冷凝器）2—止回阀 5—干燥-过滤器 6—毛细管 7—室内机热交换器（蒸发器）9—缓冲器 12—四通阀 1—压缩机 11。

此循环中低温低压制冷剂在蒸发器吸热蒸发，流经回气管进入压缩机，经压缩变成高温高压的过热蒸气，进入冷凝器放热冷凝，凝结成高压液体，经干燥-过滤器过滤后进入节流阀，经节流降压后，变为低温低压制冷剂，然后重新进入蒸发器。

冬季运行工况（制热工况）制冷剂流向：压缩机 11—消声器 10—四通阀 1—缓冲器 12—室内机热交换器（冷凝器）9—止回阀 8—干燥-过滤器 4—毛细管 3—室外机热交换器

（蒸发器）2—四通阀1—压缩机11。

另外电动机带动风机和叶轮转动，使室内和室外的空气强制对流，来增强热交换器的换热效率。机组内设有凝结水盘，夏季运行时，室内侧蒸发盘管产生的凝结水通过水盘、接水管流至室外。

当热泵型空调器在冬季运行时，可将四通阀换向，使制冷剂进行逆向循环，把原作为蒸发器的室内侧盘管作为冷凝器，而室外侧的冷凝器盘管变为蒸发器，即从压缩机出来的高压气态制冷剂进入室内侧盘管冷凝放热，与室内空气进行热交换，放出热量、加热空气而使室温提高。

热泵型空调器冬季运行时的制热系数随着室外温度的下降而下降，当室外温度低于-5℃时，蒸发器上结满霜，必须对蒸发器进行除霜。除霜时，切断电磁线圈电源，蒸发器放热除霜，同时切断风机电路；除霜结束，电磁线圈重新通电，换向阀换向，恢复制热运行。因此，带有除霜器的热泵型空调器使用环境温度在-5℃以上。

1）压缩机。空调器所用压缩机与电冰箱所用压缩机原理相同，但是压缩机结构参数和工况条件不同。电冰箱所用的压缩机是低背压压缩机，而空调器所用的压缩机是高背压压缩机。

压缩机有开启式、半封闭式和全封闭式三种。由于全封闭式压缩机结构紧凑、体积小、重量轻、噪声低、密封性能好、允许转速高，因此房间空调器通常采用全封闭式压缩机。全封闭式压缩机主要有活塞式和滚动转子式两种。空调器压缩机目前仍广泛采用效率高、重量轻、体积小的滚动转子式压缩机，活塞式压缩机已很少使用。

2）热交换器。热交换器是房间空调器实现制冷和制热的重要部件。制冷剂在热交换器中通过状态变化来吸收或放出热量，从而实现热量的转移。房间空调器用热交换器包括蒸发器和冷凝器。制冷剂经节流阀进入蒸发器，吸热蒸发，与外界空气进行热交换，降低空气温度；而冷凝器是将压缩机排出的高温高压制冷剂气体冷凝成液态，同时向外界空气放热。房间空调器用蒸发器和冷凝器都采用翅片管式热交换器。制冷剂在管内蒸发或冷凝，而管外空气通过风机强制对流换热。

3）节流阀。节流阀在制冷系统中起到节流降压的作用。从冷凝器出来的高温高压制冷剂液体流经节流阀后，压力和温度均降低，然后流入蒸发器，从而使蒸发器获得所需要的蒸发温度和蒸发压力。

图3-8　电子膨胀阀

目前，一般定频空调器采用毛细管节流，而变频空调器采用电子膨胀阀（图3-8）进行节流。房间空调器用毛细管和电冰箱用毛细管基本一样。毛细管具有结构简单、运行可靠等优点，并且压缩机停机后，高低压区的压力通过毛细管很快会达到平衡，因此压缩机可使用转矩较小的电动机轻载起动。但是毛细管调节制冷剂流量能力较弱，几乎不能根据房间空调器负荷变化调节制冷剂流量。电子膨胀阀可以利用微型计算机控制，根据不同的工况，控制制冷系统制冷剂流量，从而精确、快速地调节室内温度（图3-9）。

4）辅助器件。辅助器件包括干燥-过滤器、气液分离器、止回阀、四通阀和截止阀等。

由于空调器制冷剂系统中含有微量的空气和水分，若总含水量超过系统极限含水量，当制冷剂流经毛细管（或电子膨胀阀）进行节流降压时，制冷系统中的水分就会在毛细管进口（或电子膨胀阀）处结冰，造成冰堵，使制冷系统不能正常工作。另外，空调器制冷系统中还可能含有污物或其他杂质，若不去除，就会堵塞管路，发生脏堵。因此，空调器一般需要安装干燥-过滤器。

为了防止液态制冷剂进入压缩机，引起液击，蒸发器和压缩机之间需安装气液分离器。气液分离器如图 3-10 所示。从蒸发器出来的制冷剂进入气液分离器后，制冷剂中的液态成分因重力作用落至筒底，只有气态制冷剂才能由蒸气导管进入压缩机。此类气液分离器常用在热泵型空调器中，接在压缩机回气管路上，以防止制冷运行与制热运行切换时，把原冷凝器中的液态制冷剂带入压缩机。

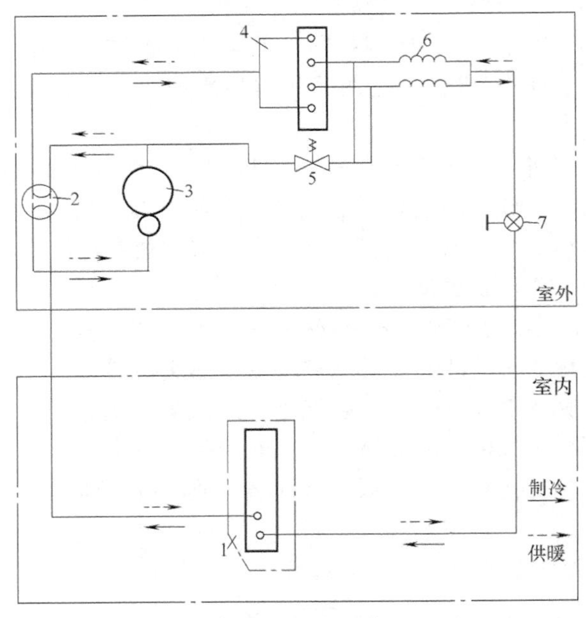

图 3-9　电子膨胀阀工作原理图

1—室内热交换器　2—四通阀　3—压缩机　4—室外热交换器　5—除霜阀　6—毛细管　7—电子膨胀阀

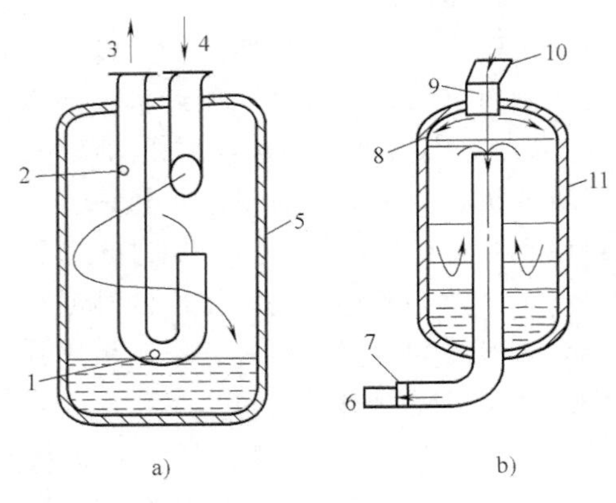

图 3-10　气液分离器

a）普通气液分离器　b）旋转式压缩机气液分离器

1—吸油孔　2—压力平衡孔　3—出气管　4—进气管　5—筒体　6—至压缩机接口　7—出气管　8—过滤网　9—进气管　10—蒸发器接口　11—筒体

滚动转子压缩机的气液分离器与压缩机组装在一起，其结构很简单，即在一个封闭的筒形壳体中有一根从蒸发器来的进气管和一根通到压缩机吸入口的出气管，两管互不相连，筒形壳体内设有过滤网。这种气液分离器还兼有过滤和消声两种功能。

制冷系统中止回阀的作用是只允许制冷剂沿单一方向流动。止回阀的阀体外表面标有制冷剂流向的箭头。图 3-11 所示为球形止回阀结构，图 3-12 所示为针形止回阀结构。由于热泵型空调器夏天制冷、冬天制热，若仅靠四通阀来切换制冷剂流向，往往不可靠。为了使热泵型空调器在制冷工况和制热工况下都能安全、有效地运行，常常在制冷管道中增设止回阀。另外，为了防止空调器停机时制冷剂由冷凝器回流进入压缩机，从而引起液击，分体式

单冷型空调器也会在靠近压缩机的排气管上装设止回阀。

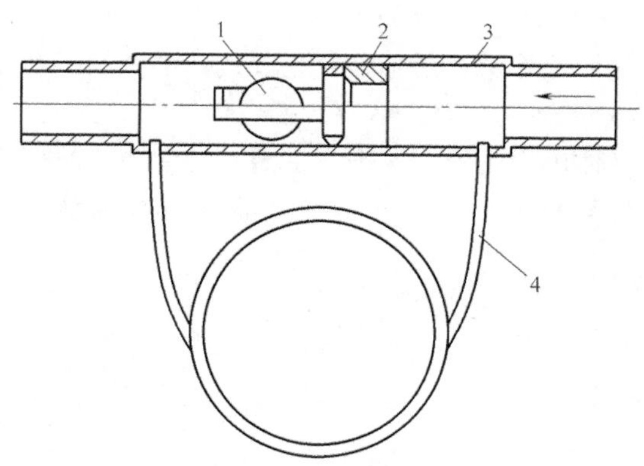

图 3-11　球形止回阀结构

1—钢珠　2—阀座　3—铜管　4—毛细管

四通阀常用在热泵型空调器上，利用通电线圈所产生的电磁力来切换制冷剂通路，以实现夏季工况和冬季工况的转换。

四通阀主要由四通气动换向阀（主阀）、电磁换向阀（控制阀）及毛细管组成。主阀内由滑块、活塞组成活动阀芯。主阀阀体两端有通孔，可使两端的毛细管与阀体内腔相连通。滑块两端分别固定活塞，活塞腔可通过活塞上的排气孔相通。控制阀由阀体和电磁线圈组成，阀体内有针阀。主阀与控制阀之间由三根（或四根）毛细管相连，形成四通阀的整体。

图 3-13 所示为四通阀，主阀的管口 5 连接于压缩机高压排气口，管口 7 连接于压缩机低压吸气口。管口 6 和 8 分别连接蒸发器的出气口和冷凝器的进气口。

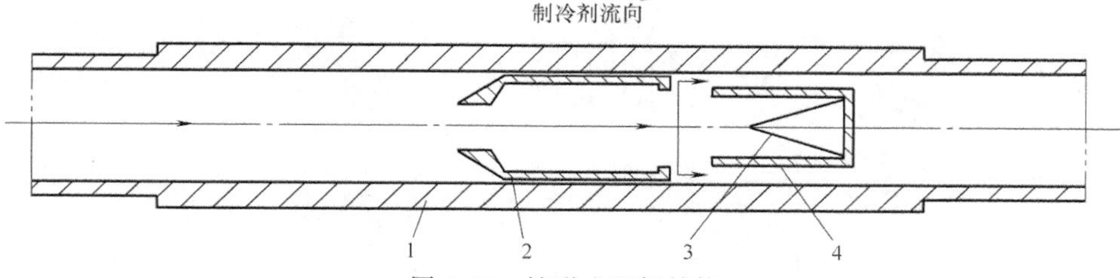

图 3-12　针形止回阀结构

1—外壳　2—阀座　3—尼龙阀针　4—限位环

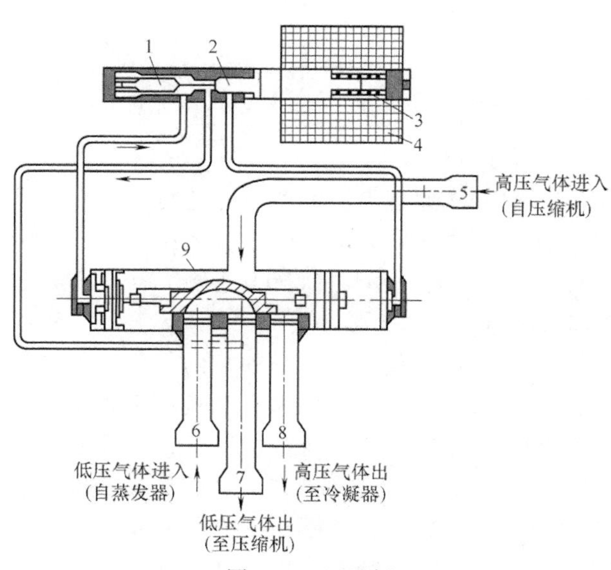

图 3-13　四通阀

1、2—阀芯　3—弹簧　4—电磁线圈　5～8—管口　9—缸体

图 3-14 所示为四通阀制冷工作原理。当电磁阀不通电时，系统工作于制冷状态，控制阀因弹簧的作用，阀芯移至左端，处于释放状态，阀芯 1 把 C 管关闭，此时毛细管 B 与 A 连通，A 和 11 连通。因为活塞 5 接在低压吸气管上，所以毛细管 A 及主阀内左端空间均为低压，高压气体由主阀管口 4 进入主阀，经活塞 5 的排气孔使主阀内的右端空间成为高压，推动主阀阀芯移至左端，管口 11 与管口 10 连通，而管口 4 与管口 12 连通，系统形成制冷循环状态。

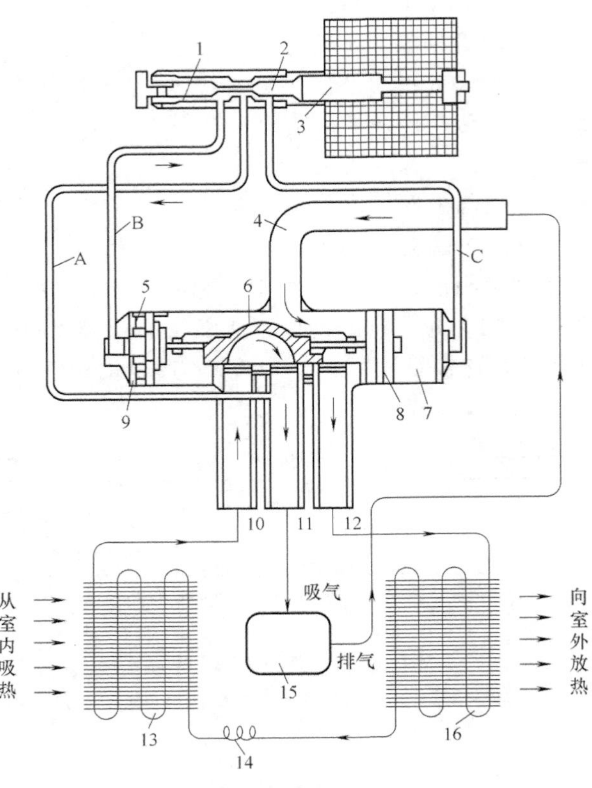

图 3-14　四通阀制冷工作原理

1、2—阀芯　3—衔铁　4、10、11、12—管口　5、8—活塞　6—滑块　7—四通换向阀　9—排气孔　13—蒸发器（室内机热交换器）　14—毛细管　15—压缩机　16—冷凝器（室外机热交换器）

图 3-15 所示为四通阀制热工作原理。当电磁阀通电时，电磁力吸动控制阀阀芯向右移动，毛细管 C 与 A 相连。主阀内右端空间成为低压，高压气体经活塞的排气孔进入主阀内左端空间，推动阀芯 2 移向右端，管口 9 与管口 11 连通，而管口 4 与管口 8 连通，蒸发器、冷凝器的功能对换，系统转换成制热循环状态。

分体式空调器为了安装和维修方便，在其室外机的气管和液管的连接口上各装一个截止阀。此类阀是一种管路关闭阀，结构形式较多：从配接管路看，有三通式（带旁通管）和两通式；从外形看，有直角形和 Y 形等。通常情况下，气阀多用三通式，而液阀既可用两通阀，也可用三通阀。

（2）空气循环系统组成　空调器的空气循环系统主要包括室内空气循环系统和室外空气循环系统两部分。室内空气循环系统主要由进风格栅、过滤网、出风格栅和风机等部分组成；室外空气循环系统主要由百叶窗进气口和风机等组成。室内空气循环系统中空气由机组

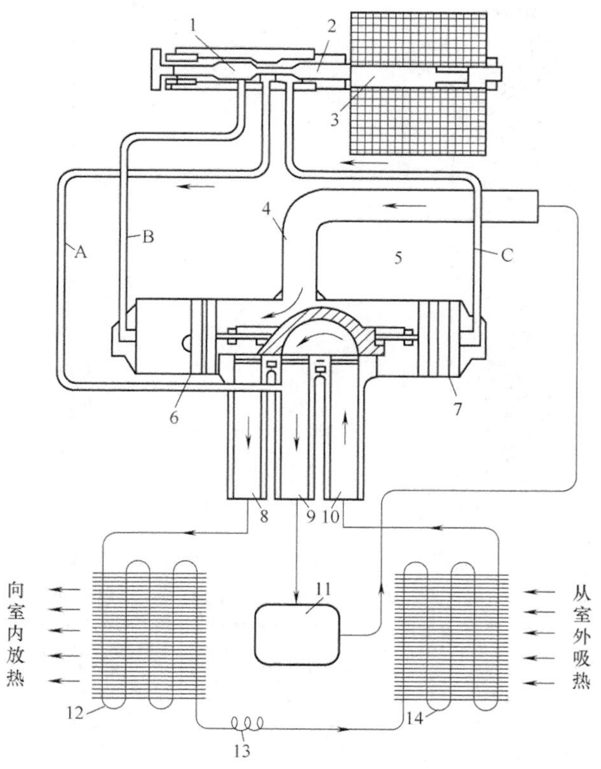

图 3-15　四通阀制热工作原理

1、2—阀芯　3—衔铁　4、8、9、10—管口　5—四通阀　6、7—活塞　11—压缩机　12—冷凝器（室内机热交换器）　13、A、B、C—毛细管　14—蒸发器（室外机热交换器）

面板进风格栅的回风口吸入机内，经过空气过滤器净化后，进入室内热交换器进行热交换，经冷却/加热后吸入风机，最后由出风格栅的出风口再吹入室内。通过强制对流，促使空调器制冷/制热后的空气在房间内流动，以达到房间均匀降温/升温的目的。壁挂式空调器室内机空气循环系统组成示意图如图 3-16 所示。柜式空调器室内机空气循环系统组成示意图如图 3-17 所示。室外机空气循环系统组成示意图如图 3-18 所示。

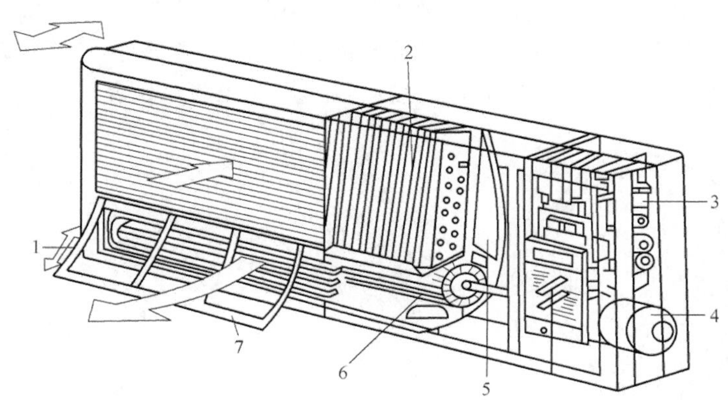

图 3-16　壁挂式空调器室内机空气循环系统组成示意图

1—过滤网　2—热交换器　3—电控系统　4—贯流风机电动机　5—温度及定时显示装置　6—贯流风机　7—送风格栅

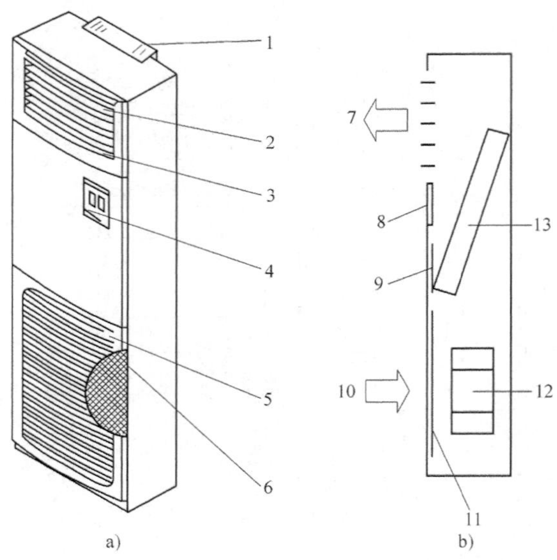

图 3-17　柜式空调器室内机空气循环系统组成示意图

1—安装板　2—上下送风叶片　3—左右送风叶片　4、8—操作面板　5—进风格栅　6、11—过滤网　7—出风口　9—控制电路　10—进风口　12—离心风机　13—室内机热交换器

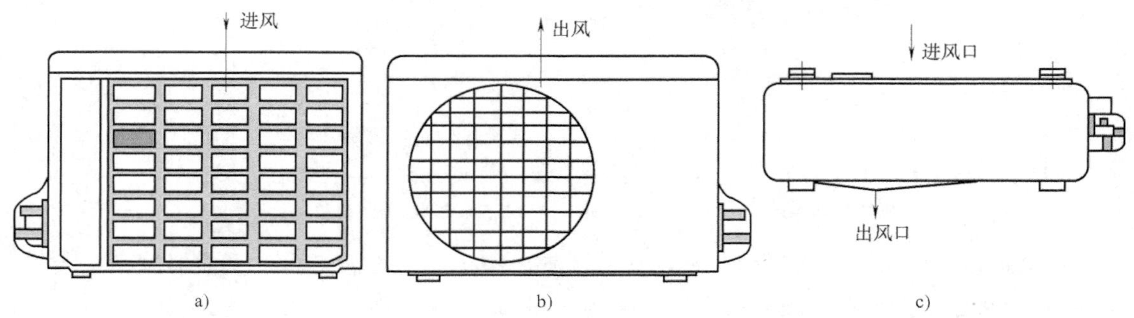

图 3-18　室外机空气循环系统组成示意图

a）室外机进风口　b）室外机出风口　c）室外机空气走向

1）风机。房间空调器用风机一般有三种，即轴流风机（图 3-19）、离心风机（图 3-20）和贯流风机（图 3-21）。轴流风机气流是轴向进、轴向出，常用于窗式空调器的室外机和分体式空调器的室外机中。离心风机气流由轴向进、径向出，常用于窗式空调器的室内机和柜式空调器的室内机中。贯流风机气流径向进、径向出，主要用于壁挂式空调器的室内机中。

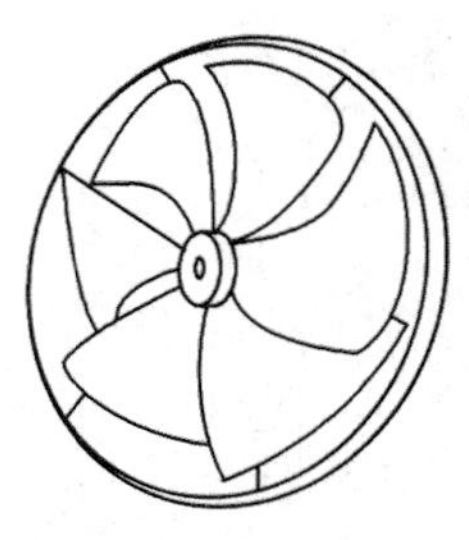

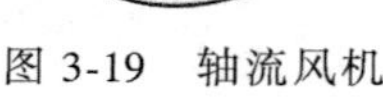

图 3-19　轴流风机

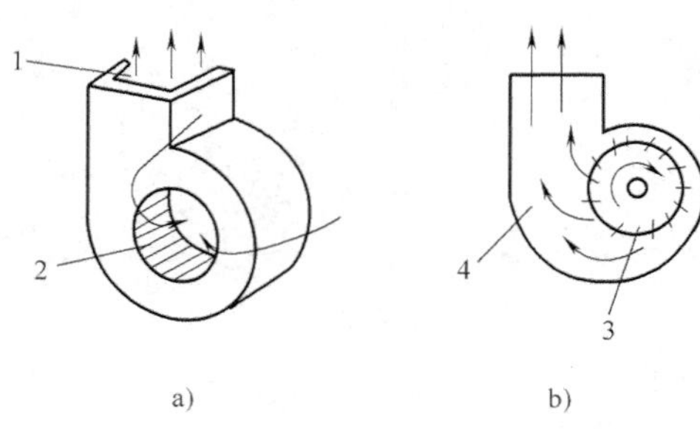

图 3-20　离心风机

1—出风口　2—进风口　3—多叶片叶轮　4—外壳

2）过滤网。过滤网（图 3-22）是由各种纤维材料制成的、细密的滤网，室内空气首先通过过滤网滤除空气中的尘埃，再进入室内机热交换器进行热交换。有的还能滤除 0.01μm 的烟尘，并有灭除细菌、吸附有害气体等功能。

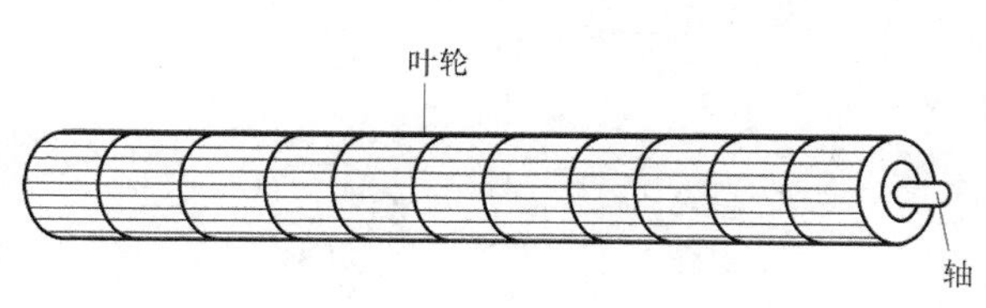

图 3-21　贯流风机

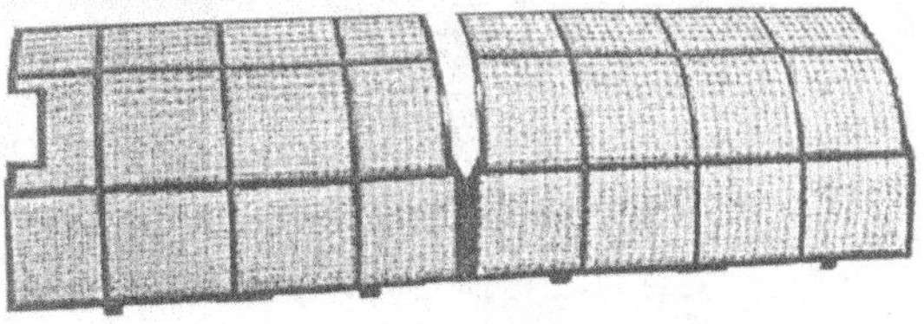

图 3-22　过滤网

3）出风格栅。房间空调器出风格栅（图 3-23）是由水平（外层）和垂直（内层）的导风叶片组成的。普通空调器采用手动调节导风叶片，以调节出风方向。高档空调器设有摇风装置，可自动调节出风方向。摇风装置利用微型自起动永磁同步电动机带动连杆机构，推动导风叶片往复摆动，调节出风方向。

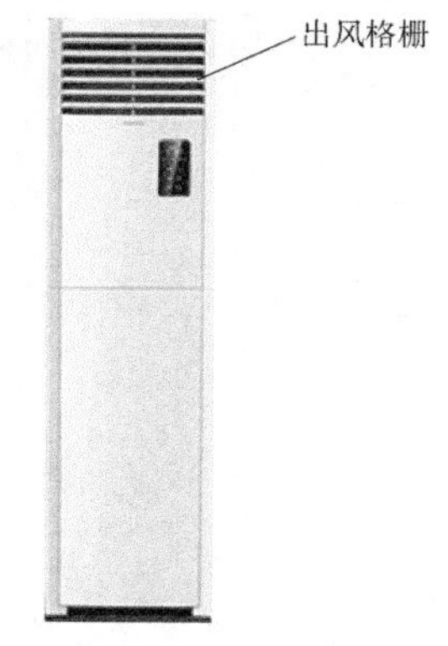

图 3-23　出风格栅

4）风道。风道的结构、形状对循环空气的动力性能有很大影响。轴流风机的风道用金属薄板加工而成，离心风机的风道常采用泡沫塑料加工而成。

（3）电气系统　房间空调器电气系统由压缩机电动机、风机电动机、电容器过载保护器、薄膜开关、红外遥控器、自动温度控制器、除霜控制器、压力控制器、基本单元电路组成，用来控制、调节空调器的运行状态，保护空调器的安全运行。

1）压缩机电动机。压缩机电动机（图 3-24）用来驱动压缩机工作，使制冷系统中的制冷剂得以循环。目前房间空调器多采用双极电动机来驱动压缩机。

2）风机电动机。风机电动机是为风机提供动力的设备。分体式空调器室内机和室外机多用单出轴电动机，即风机电动机轴端安装风机叶片。分体壁挂式空调器的贯流风机和轴流风机各由一台电动机带动，分别安装于室内机和室外机。其中室内机多采用单相多级电动机，而室外机一般采用单相单级电动机。分体柜式空调器和壁挂式空调器一样，只是室内机采用离心风机。风机电动机（图 3-25）目前多采用低载轻型的电动机。

3）电容器。房间空调器中使用的电容器有金属化电容器和纸（介质）电容器两种，用于压缩机和风机电动机的运行和起动，其中金属化电容器最为常用。

4）过载保护器。过载保护器用来防止空调器过载运行时间过长烧毁压缩机电动机。

5）薄膜按键开关。薄膜按键开关简称薄膜开关，用作空调器的电子控制开关，如图 3-26 所示。薄膜开关体积小、密封性好、性能稳定、寿命长、外形美观、安装简便、无自锁。

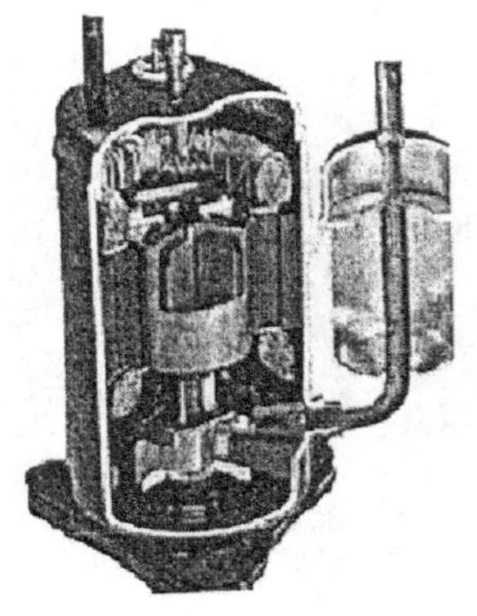

图 3-24　压缩机电动机

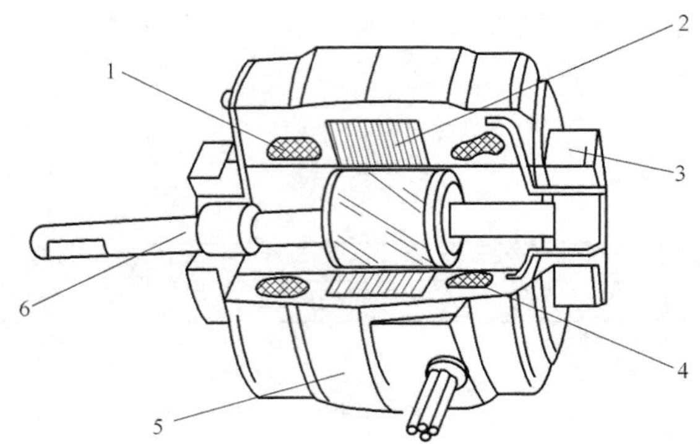

图 3-25　风机电动机

1—定子线圈　2—定子铁心　3—防振装置
4—转子　5—树脂壳体　6—转轴

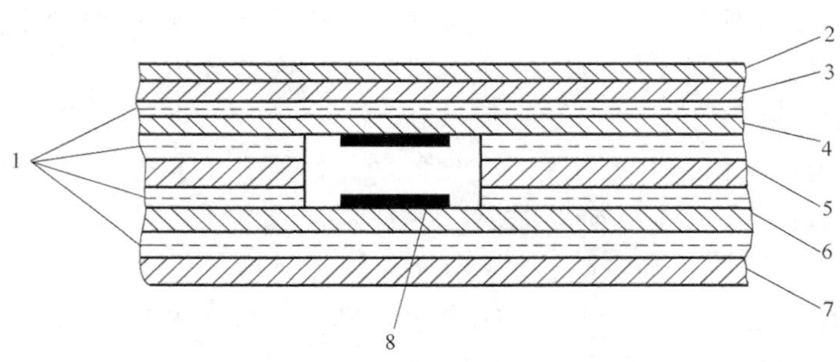

图 3-26　薄膜开关结构

1—不干胶　2—面板　3—面板图案色彩油　4—顶层电路
5—隔离层　6—底层电路　7—防粘纸　8—触点

6）红外遥控器。红外遥控器由红外发射器和红外接收器组成。红外发射器结构框图如图 3-27 所示。红外接收器结构框图如图 3-28 所示。

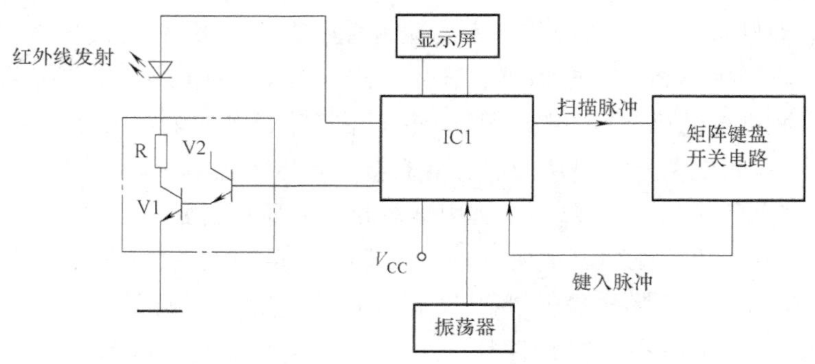

图 3-27　红外发射器结构框图

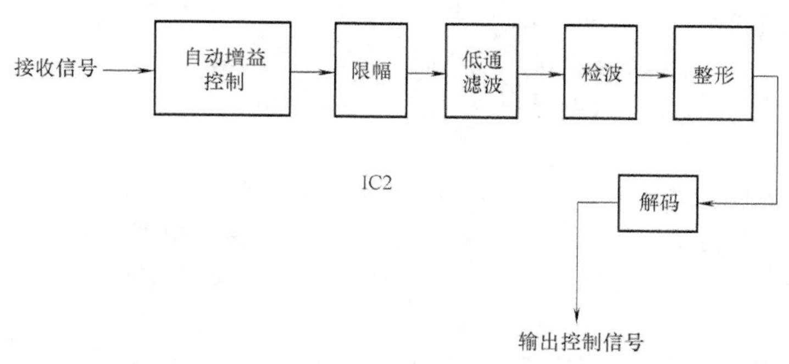

图 3-28　红外接收器结构框图

7）自动温度控制器。为保证室内温度维持在所需要的水平上，自动控制压缩机的起停，必须设置温度控制器。房间空调器中常用的温度控制器有压力式温度控制器和电子式温度控制器两种。

① 压力式温度控制器有波纹管式和膜盒式两种。当室内温度发生变化时，波纹管伸长或缩短，通过杠杆结构控制微动开关的通断，进而控制压缩机的起停，使室温保持在一定范围内；膜盒式温度控制器在室内温度发生变化时，膜盒伸长或缩短，通过杠杆结构控制微动开关通断，进而控制压缩机的起停，使室温保持在一定范围内。

② 电子式温度控制器是一种非压力式温度控制器。常以具有负温度系数的热敏电阻作为感温元件，并与集成电路配合使用。目前空调器中使用的电子式温度控制器一般采用全密封的热敏电阻，当温度升高时，热敏电阻的阻值降低；当温度降低时，其阻值升高。图 3-29 所示为电子式温控电路，其采用集成电路及发光管，结构紧凑、灵敏度较高。

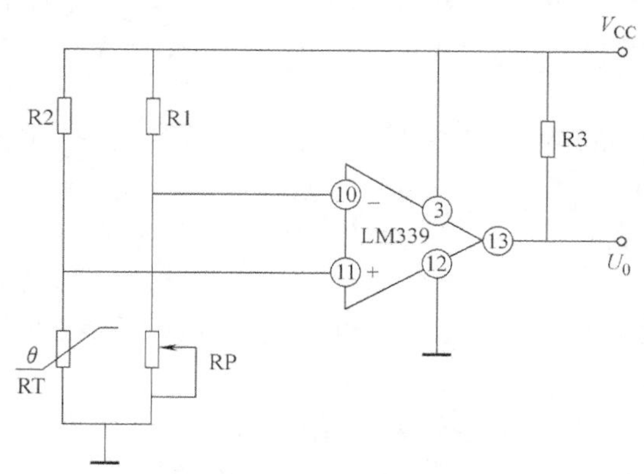

图 3-29　电子式温控电路

8）除霜控制器。热泵型空调器冬季制热时，室外侧热交换器盘管表面的温度可能在0℃以下，且低于空气的露点温度，此时室外侧热交换器上就会结霜，时间越长，霜层越厚，这种情况下室外空气流过室外侧热交换器表面时严重受阻，使得空调器制热效率严重下降，甚至损坏空调器，因此需要对空调器进行除霜。

热泵型空调器除霜方式有停机除霜和不停机除霜两种。停机除霜是指除霜时利用除霜控制器四通阀转换制冷剂流向，将压缩机产生的高温气体排入室外机热交换器中进行除霜，此时空调器停止向室内提供热量，并且室外机风扇也会停止工作。不停机除霜就是制热系统中从压缩机出来的高温高压制冷剂气体一部分流向室外机热交换器，使得室外机热交换器温度上升、霜层融化；另一部分高温高压制冷剂气体继续流向室内机热交换器，向室内放热。除霜完成后，电磁阀关闭，压缩机按控制要求频率运转。

常用除霜控制器有波纹管式除霜控制器、微差压计除霜控制器和电子式除霜控制器三种。

① 波纹管式除霜控制器，将感温包贴在蒸发器表面，当感受温度达到0℃时，换向阀的线圈电路切断，将空调器改成室外制热运行。经除霜后，室外蒸发器表面温度逐渐上升，当感温包达到6℃时，接通换向阀线圈电路，恢复室内的制热循环。在除霜期间，室内风机停止运转。

② 微差压计除霜控制器利用微差压计感受室外机热交换器结霜前后的压差来进行控制。高压端接在室外热交换器的进风侧，低压端接出风侧。热交换器盘管结霜后，气流阻力增加，前后压差发生变化，从而接通除霜线路，使电磁换向阀换向除霜。这种除霜方式仅与热交换器结霜的程度有关，因而除霜性能好。

③ 电子式除霜控制器是通过温度和时间两个参量来控制除霜的。首先通过热敏电阻感受室外机热交换器盘管表面的温度，并以此来控制电磁换向阀的换向；同时，通过集成电路来控制除霜的时间。

9）压力控制器。用来监测制冷系统中的冷凝高压和蒸发低压，当压力高于或低于额定值时，压力控制器的动触点切断电源，使压缩机停止工作，从而起到保护和控制的作用。空调器中的高压控制器安装在压缩机的排气口，低压控制器安装在压缩机的进气口。常用压力控制器有波纹管式压力控制器和薄壳式压力控制器两种。

① 波纹管式压力控制器中，高压气态制冷剂和低压气态制冷剂通过连接管道，分别进入压力控制器的高、低压气室，使波纹管对传动机构产生一定的作用力，这个作用力与传动机构弹簧弹力相平衡。当压缩机排气侧的压力过高或吸气侧压力过低时，上述平衡状态被打破，使开关触点动作，切断压缩机电源。

② 薄壳式压力控制器中，当进入压力控制器压力室的气态制冷剂压力超过限值时，薄壳状膜片就会产生一定的位移，从而推动传动杆，使开关触点闭合或断开。

10）基本单元电路。空调器基本单元电路有3min延时电路、电网电压过电压/欠电压检测保护电路和控制电路等。

压缩机停转后，制冷系统内高低压力的平衡需要2~3min，为避免系统压力的不平衡造成过载，使压缩机电动机无法起动而烧毁，空调器采用3min延时电路（图3-30）。

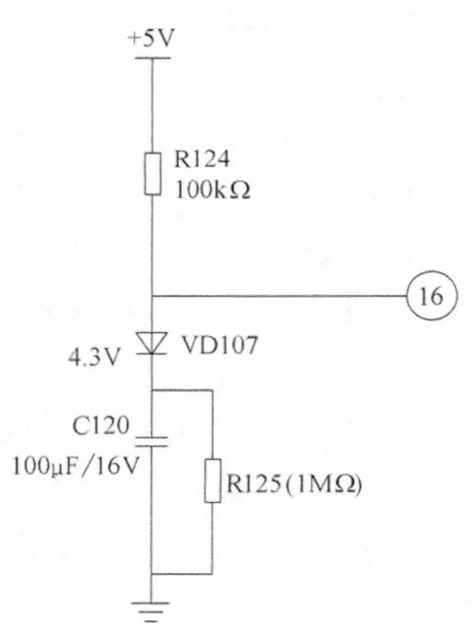

图3-30　3min延时电路

空调器对电气控制一般要求如下：

① 压缩机应与风机连锁，只有风机运转后压缩机才能起动。

② 通风机应可单独起停。

③ 应设温度控制器来控制压缩机的起停，以维持室内温度。

④ 电动机应设热保护器，对电动机进行过载或断相保护。

⑤ 压缩机应设高低压自动保护装置。

⑥ 电路中应设有指示灯，反映空调器工作状态。

图3-31所示为空调器主要部件和控制电路图。壁挂式空调器通常采用红外遥控，具有温度显示、自动保护、定时开关机、时钟显示、故障显示等多种功能。图3-32所示为分体式空调器室内机电路图。图3-33所示为分体式空调器室外机电路图。

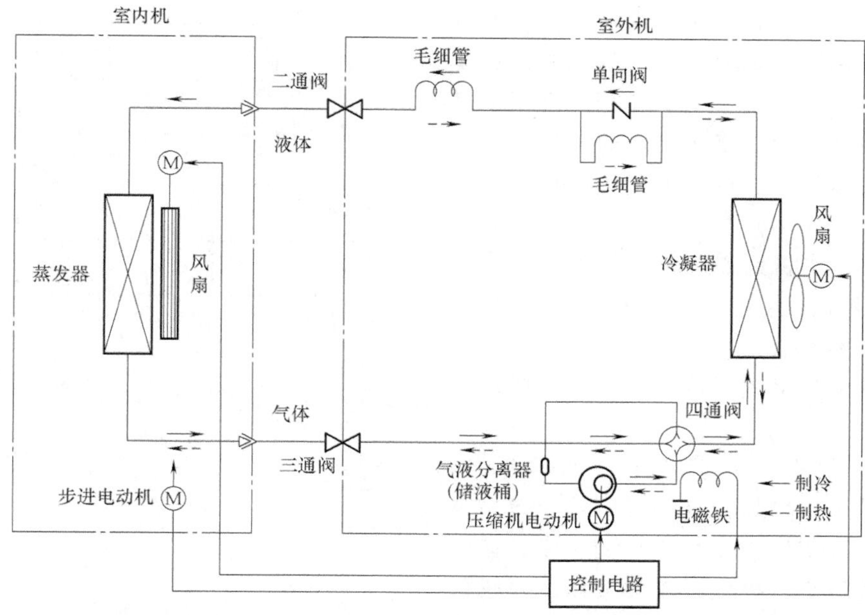

图 3-31　空调器主要部件和控制电路图

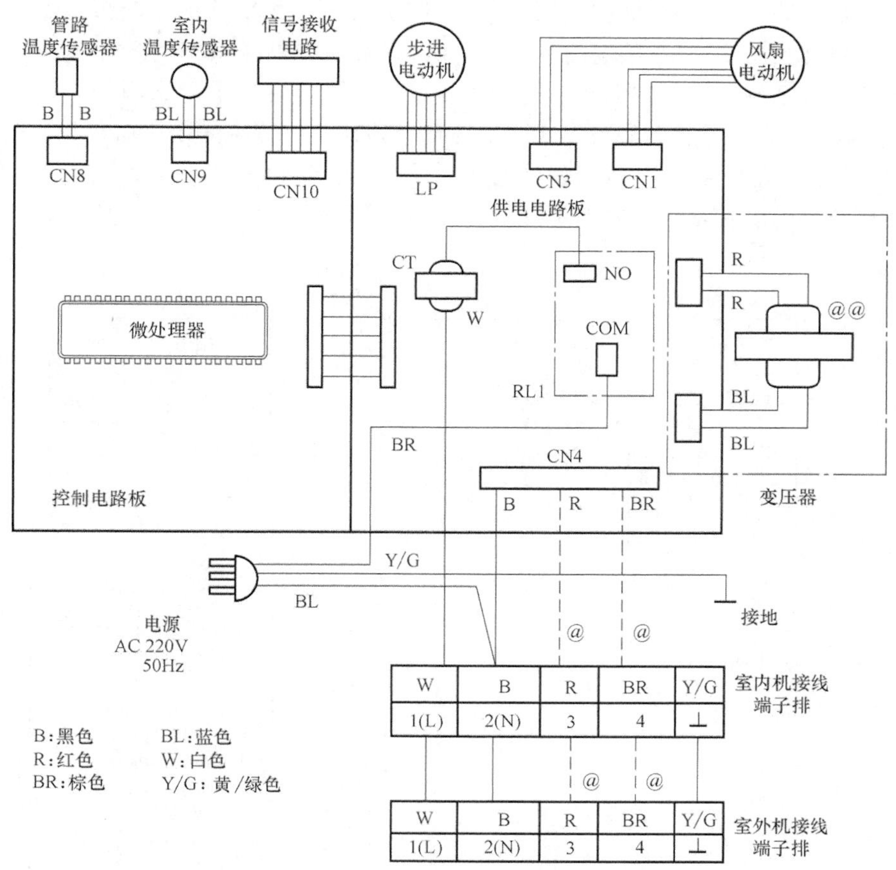

图 3-32　分体式空调器室内机电路图

近些年来，随着变频技术的发展，变频空调也渐渐走进千家万户。变频空调是在普通空调的基础上选用了变频专用压缩机，增加了变频控制系统。变频空调的主机是自动进行无级变速的，它可以根据房间情况自动提供所需的冷（热）量；当室内温度达到期望值后，空调主机则以能够保持这一温度的恒定速度运转，实现“不停机运转”，从而保证环境温度的稳定。

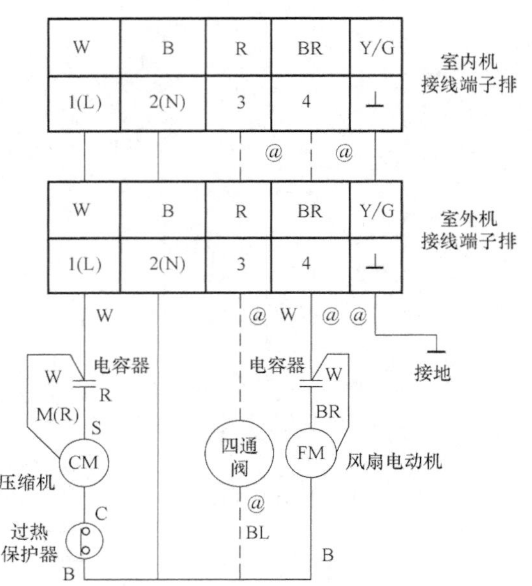

图 3-33　分体式空调器室外机电路图

变频空调与定频空调相比，不同的地方在于：

1）控制器不同。变频空调在原有的印制电路板基础上，增加了变频控制器系统，变频控制器接收空调微型计算机的指令，向变频压缩机提供交变电流，控制变频压缩机的转速和输出功率。

2）压缩机不同。变频空调将传统的定频压缩机换为变频压缩机，变频压缩机由变频电动机和压缩主机构成，可以在额定的范围内无级调速，根据需要输出制冷热功率。

3）节流装置不同。变频空调将毛细管换为电子膨胀阀（电子膨胀阀是一个可以自动控制制冷剂流量的调节阀，能实现制冷剂流量的自动调节，以适应变频压缩机不断变化的排气量，同时对制冷剂进行截流降压，使液态制冷剂变成气液混合的制冷剂，便于制冷剂蒸发），从而使空调系统在最佳的状态下运行，以达到制冷的目的。图 3-34 所示为某变频空调

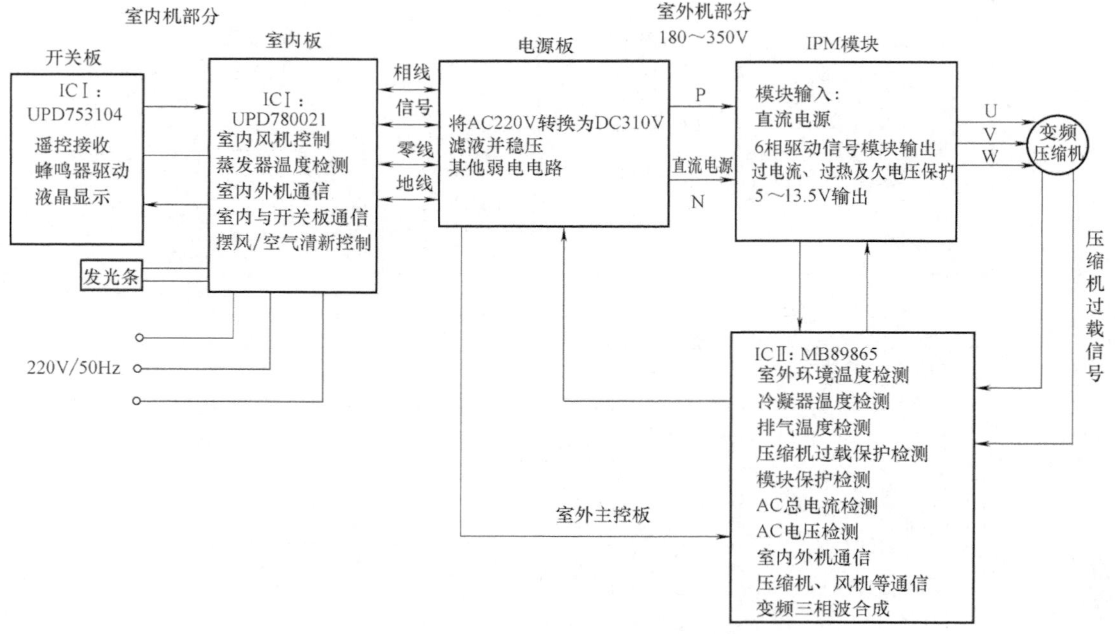

图 3-34　某变频空调控制电路框图

控制电路框图。

二、房间空调器的制造及装配工艺

1. 热交换器（蒸发器和冷凝器）制造工艺

房间空调器用蒸发器和冷凝器通常采用翅片管式热交换器。翅片管式热交换器的原材料主要是铜管和铝箔，其加工工艺流程图如图 3-35 所示。

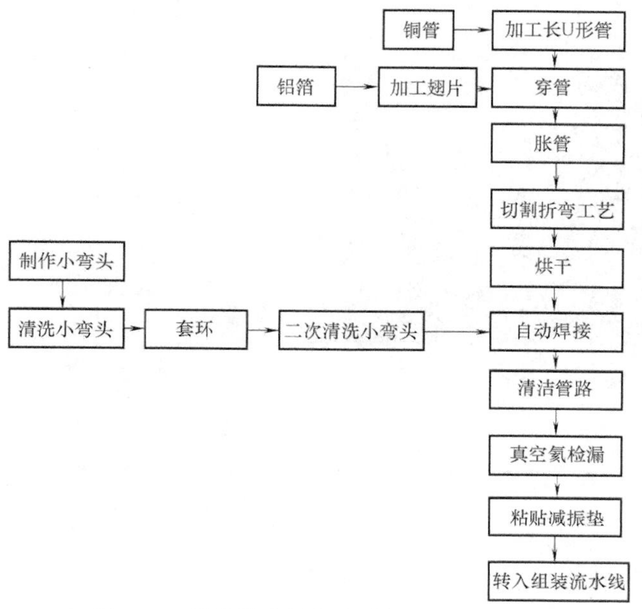

图 3-35　翅片管式热交换器加工工艺流程图

（1）加工翅片　在压力机上将铝箔根据翅片的片形和翅片间距加工成所需翅片，如图 3-36 所示。

图 3-36　加工翅片

（2）加工长 U 形管　如图 3-37 所示，长 U 形管的加工是在弯管机上完成的。在弯管机上将铜管拉伸、校直，然后弯制成形。长 U 形管外形尺寸如图 3-38 所示，其对应尺寸表见表 3-2。

图 3-37　加工长 U 形管

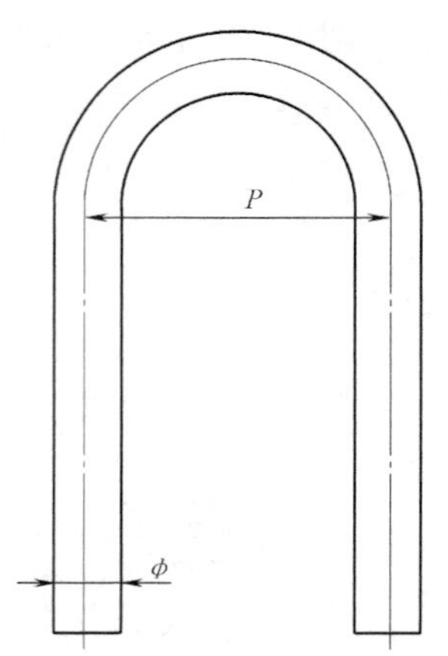

图 3-38　长 U 形管外形尺寸

表 3-2　长 U 形管对应尺寸表　（单位：mm）

ϕ9.52	P = 25.4
	P = 22.8
ϕ7	P = 19.05
	P = 15.87

（3）穿管　翅片成形和长 U 形管弯制完成后，在穿管台上用长 U 形管将翅片穿起来，如图 3-39 所示。

（4）胀管　胀管设备有液压式胀管器和机械式胀管器两种。胀管使得翅片与铜管紧密接触。图 3-40 所示为液压胀管设备。

图 3-39　穿管

图 3-40　液压胀管设备

液压胀管是用 10～20MPa 的油或水通入管内，使管径胀大 0.2～0.4mm，达到塑性变形。这样，管间的接触面上就有一定的接触压力，保证管子与翅片接触紧密。但有时因管子的材质不均匀、受胀程度不一，会造成一些地方胀不足，而另一些地方又胀过头。胀不足使管子

和翅片接触不良，导致接触热阻过大；胀过头，则可能使翅片的翻边胀裂，同样会造成接触热阻过大。另外，液压胀管后，还需对管内的油或水进行清洗、烘干。机械胀管是用比管子内径适当大些的钢球，以机械力挤压，使管子胀大并达到塑性变形，以保证管子和翅片有良好的接触。机械胀管较液压胀管塑性变形均匀，接触热阻小，且可省去胀管后的后续工序，因此应用广泛。

（5）烘干　烘干的目的是烘干翅片管式热交换器上的油。图 3-41 所示为燃气式烘干设备。

（6）自动焊接　利用自动焊接机将小弯头焊接到翅片管式热交换器的长 U 形管末端，形成管路系统。自动焊接工艺如图 3-42 所示。

图 3-41　燃气式烘干设备

图 3-42　自动焊接工艺

（7）清洁管路　利用压缩空气吹净翅片管式热交换器中的氧化物。

（8）真空氦检漏　此工序是对热交换器进行耐压气密性检查，以检查工件有无泄漏（主要是各焊点处）。检漏时，将工件内部充入 3.3MPa 或 4.15MPa 的高压氦气，采用氦检漏设备（图 3-43）对工件进行检漏。

图 3-43　氦检漏设备

2. 室外机组装工艺

房间空调器室外机组装主要包括安装压缩机、风扇、室外机热交换器等。具体组装工艺流程如图 3-44 所示。

（1）安装压缩机（图 3-45）　将减振胶圈套入底盘的地脚螺栓，搬起压缩机对准地脚螺栓垂直、缓慢地放下，使压缩机压入减振胶圈内。依次将带垫螺母 M6 或 M8 套在螺栓上，用气动旋具将其紧固。

注意事项：

1）压缩机搬运过程中倾角不得超过 30°，且不得搬动吸、排气管根部。

2）减振胶圈与垫之间的间隙在 0.5~2mm 内。

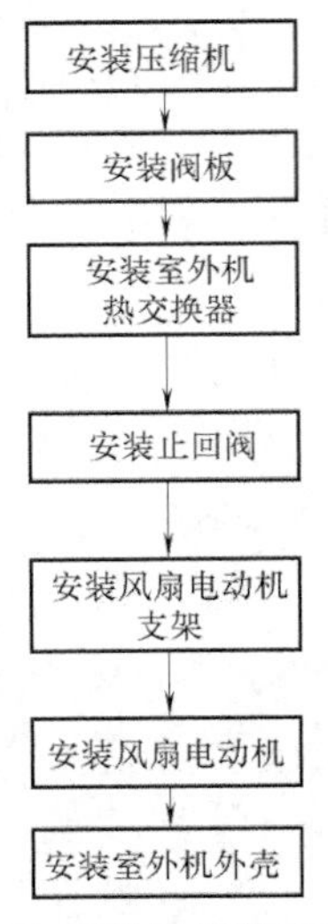

图 3-44　室外机组装工艺流程

图 3-45　安装压缩机

（2）安装阀板　将阀板卡在底盘上，并用螺钉将其固定，如图 3-46 所示。

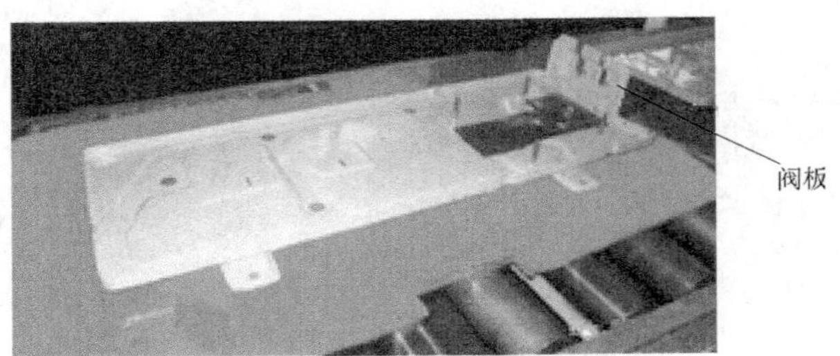

图 3-46　安装阀板

（3）安装室外机热交换器　将室外机热交换器置于底盘的相应位置，用螺钉（加垫片）将其固定，如图 3-47 所示。

（4）安装止回阀　将止回阀卡进阀支架里，并用螺钉固定，如图 3-48 所示。

图 3-47　安装室外机热交换器

图 3-48　安装止回阀

（5）安装风扇电动机支架　将电动机支架组件置于底盘上相应的位置，用两个自攻螺钉将电动机支架组件固定在底盘上，将电动机线束固定在隔板上，如图 3-49 所示。

（6）安装风扇电动机　用螺钉将电动机固定在电动机支架上，用扎带（图 3-50）将电线固定在电动机支架立柱内侧的凹槽内，用剪刀剪去多余段。

图 3-49　安装风扇电动机支架

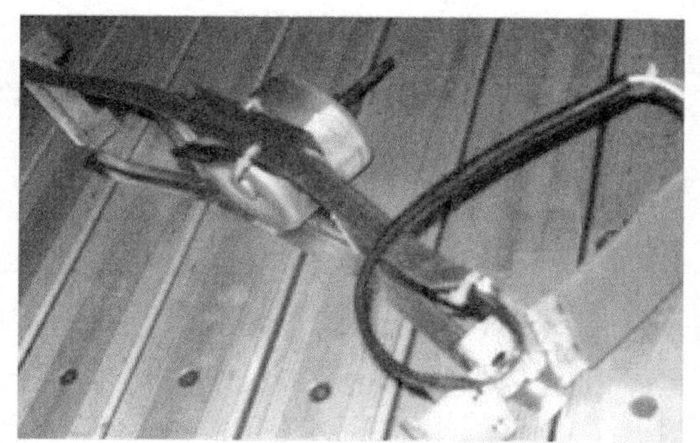

图 3-50　扎带

（7）安装室外机外壳　将外壳置于底盘相应位置，用自攻螺钉以及与喷塑件连接的螺钉套上垫片，使外壳与底盘、隔板组件、电动机支架等连接。

3. 室内机组装工艺

室内机组装包括风扇电动机安装、室内机热交换器安装、过滤网和出风格栅的安装等，其具体工艺流程如图 3-51 所示。下面重点介绍室内机热交换器、过滤网和出风格栅的安装。

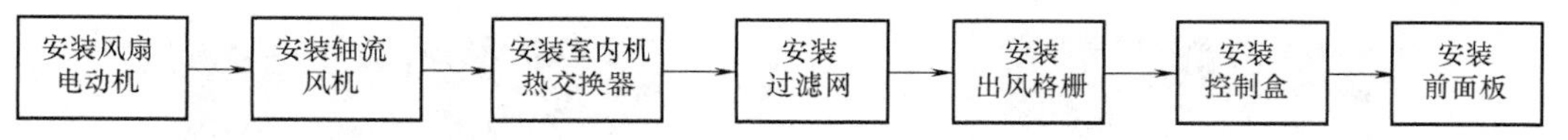

图 3-51　室内机组装工艺流程

（1）安装室内机热交换器（图 3-52）　首先将底盘立起，取室内机热交换器；接着将气液管掰开少许，穿过底盘上的过孔；其次将气液管调整回正常位置，放下底盘；最后用合适的自攻螺钉固定。

（2）安装过滤网（图 3-53）　首先将外壳盖在机器上，使其扣子与底壳的扣子一一对应；接着取两件过滤网，顺着外壳卡槽将过滤网装入面板；最后用自攻螺钉固定外壳，盖上螺钉盖。

图 3-52　安装室内机热交换器

图 3-53　安装过滤网

（3）安装出风格栅　将导风板轴套涂上硅脂油，然后套在接水盘上，并将导风板卡进接水盘的导风板轴套里。

三、技能训练

1. 训练项目

（1） 房间空调器组装

（2） 房间空调器抽真空　房间空调器抽真空步骤和电冰箱类似，主要达到以下三个目的：

1） 将系统中残留的气体抽走。

2） 进一步检查制冷系统有无渗漏，即在系统真空条件下的密封性能。

3） 为充注制冷剂创造条件。

房间空调器通常采用的抽真空方式也有单侧与双侧两种。单侧抽真空就是采用低压侧抽真空的方式，即用低压侧上工艺管与真空泵相连进行抽真空。这种方法简便易行，但存在着低压侧真空度良好、高压侧真空度不易达到的缺点。

采用双侧抽真空，即高、低压两侧同时抽真空，可以克服只由低压侧抽真空时毛细管对高压侧真空度的不利影响。目前双侧抽真空，一般是从低压管件处引出工艺管进行抽真空。下面简单介绍双侧抽真空的步骤。

1） 先将工艺管接上快换接头，再接弯角充氟阀（若整机无阀，则可在两根工艺管上接快换接头），如图 3-54 所示。

2） 真空泵与制冷系统连接。将真空泵软管与快换接头和弯角充氟阀相连，如图 3-55 所示。

3） 打开真空泵，抽真空。

4） 当真空度达 133Pa 以下，结束抽真空。

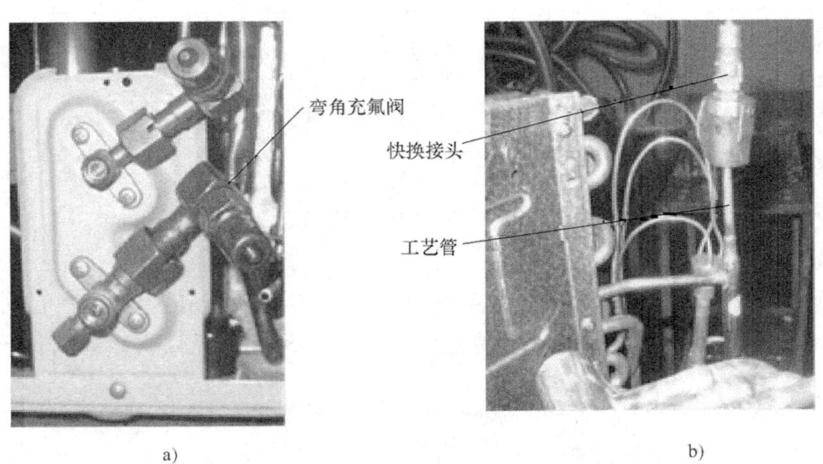

图 3-54　弯角充氟阀和快换接头连接示意图

（3） 房间空调器制冷剂充注　房间空调器制冷剂充注是在室外机上进行的。具体充注制冷剂的步骤如下：

1） 当抽真空达到要求时，拔下真空泵接头。

2） 设定好充注量。

3）灌注机与室外机连接。将灌注枪的灌注口对准快换接头，迅速插上并旋正位置，如图 3-56 所示。

图 3-55　真空泵与制冷系统连接

图 3-56　灌注机与室外机连接

4）按下灌注机开关，观察指示表，若指示表“真空度”指示灯亮，表示正在进行真空度测试。测试后若“冷媒封入”指示灯亮，表示机器自动进行充注。充注完成后，充注量指示针回到初始位置，完成充注，拔下灌注枪。若“真空不良”指示灯亮，则应将开关由“自动”档旋至“排气”档，一段时间后再旋至“自动”档进行充注。

2. 训练场地及使用设备和工具

（1）训练场地　房间空调器拆装实验室。

（2）使用设备和工具　气旋工具、扳手、胀管扩口器、快换接头、弯角充氟阀、制冷剂罐、真空泵、制冷剂灌注机等。

3. 训练注意事项

1）遵守安全操作规程。

2）严禁在“真空不良”条件下强行充注制冷剂。

4. 考核方式

1）训练项目考核以小组（每组 4 人）形式进行。

2）各项目所占分值见下表。

项目	空调器组装(40 分)	抽真空(30 分)	制冷剂充注(30 分)
资讯及方案制订	10 分	5 分	5 分
小组实际操作	15 分	10 分	10 分
针对方案和操作，小组自评和整改	5 分	5 分	5 分
组间观摩评价	5 分	5 分	5 分
安全操作	5 分	5 分	5 分
教师评价(综合得分)			

工作任务二　房间空调器安装

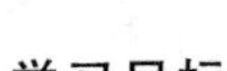

学习目标

掌握房间空调器安装的基本操作方法及技能。

教学方法与教具

1）现场操作演示、学生操作、教师指导相结合。

2）所需教具：分体式房间空调器、房间空调器安装工具。

学习评价方式

1）小组进行空调器的安装操作。

2）根据小组表现进行自评、互评和教师整体评价。

一、相关知识

空调器的正确安装是空调器正常工作、良好使用的必要条件。分体式空调器的安装流程如图 3-57 所示。

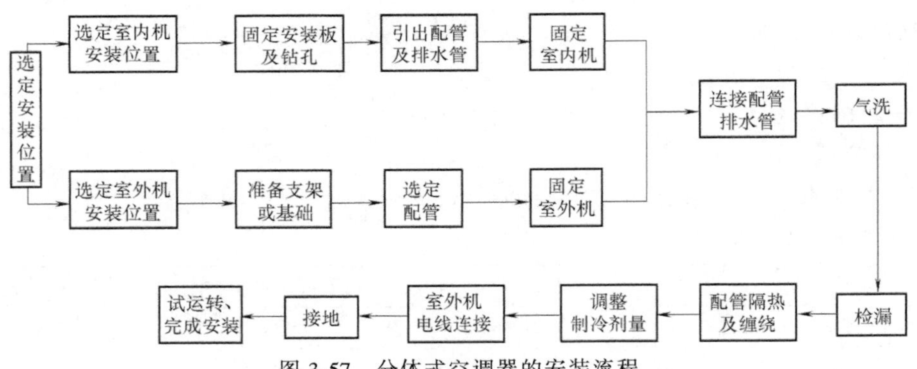

图 3-57　分体式空调器的安装流程

1. 室内机安装位置的选择及要求

室内机安装位置的选择应遵循以下原则：

1）最大限度发挥空调器的制冷和制热效果。

2）尽量减少噪声、振动、冷凝水及冷热风等不利影响。

3）安全牢固、维护方便。

室内机应满足如下安装要求：

1）安装在不产生振动且牢固的墙面上。

2）安装位置附近应没有任何热源。

3）安装位置附近没有妨碍空气循环的阻碍物，且不能形成进出风短路。

4）能够使室内空气保持良好的循环。

5）能方便进行排水。

6）室内机安装位置（图 3-58）应维护方便。

2. 固定安装板并钻管道孔

用膨胀螺钉把安装板固定到所选定位置的墙面上，并应保证能够承受 50kg 的载荷。固定安装板时要使用重锤将板上的标记线和吊线对准（图 3-59），并用水平仪调整板上缘至水平。

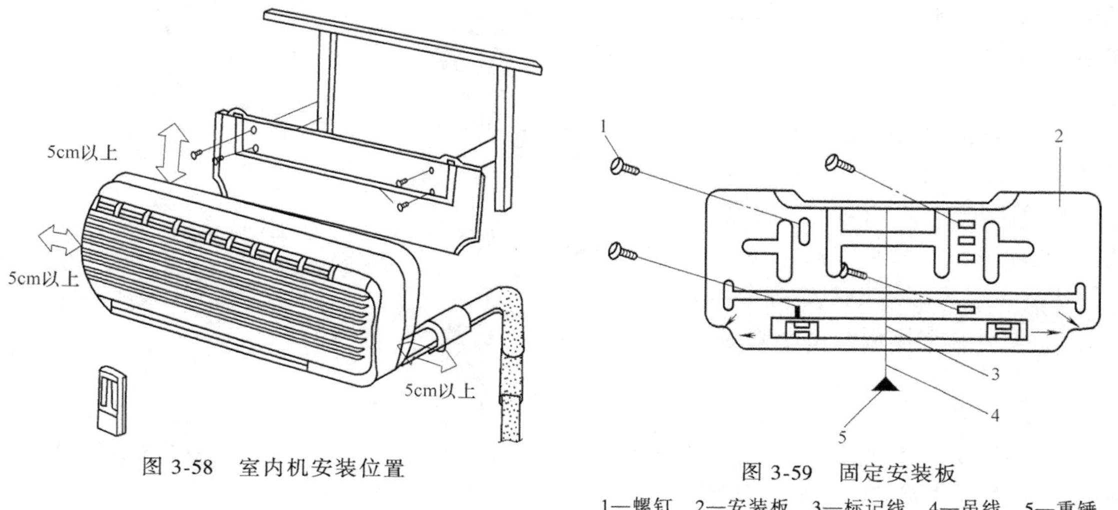

图 3-58　室内机安装位置

图 3-59　固定安装板

1—螺钉　2—安装板　3—标记线　4—吊线　5—重锤

根据安装要求，在安装板左下侧和右下侧用 ϕ70mm 的空心钻在墙上钻管道孔（图 3-60a），管道孔应稍微向下倾斜 5~7mm（图 3-60b）。

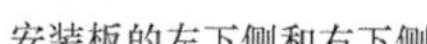

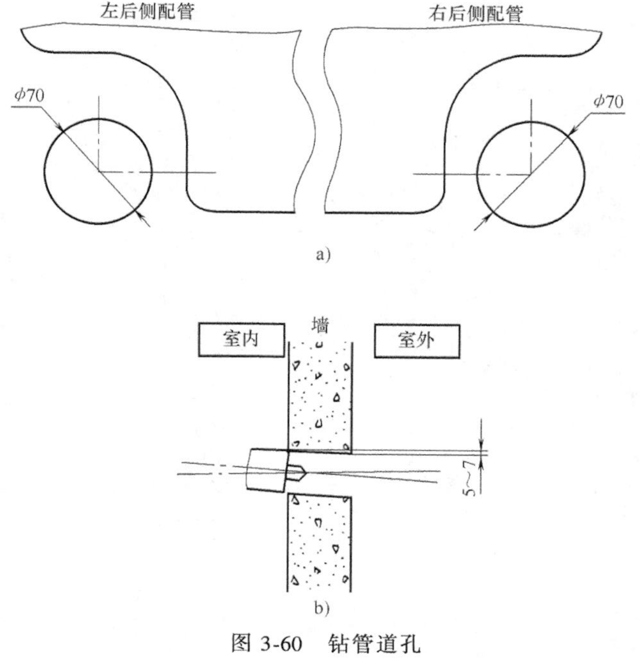

图 3-60　钻管道孔

3. 引出室内机配管、排水管及电线

引出室内机配管、排水管及电线，并对管束进行保温处理（图 3-61）。

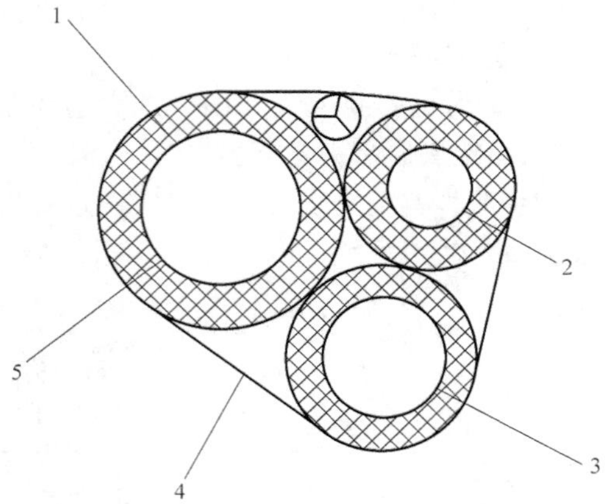

图 3-61 保温处理

1—PE 发泡体 2—冷媒液管 3—排水管 4—表面包覆胶带 5—冷媒低压管

4. 室内机固定

先将配管、排水管及电线穿过墙上配管的套管内孔，并保证排水管水平段无波浪形，以免造成气塞或排水不畅，因此必须水平拉直并稍向下倾斜。再将室内机的搭扣钩在安装板上方。

5. 室外机安装位置的选定

室外机安装位置的选择应遵循以下原则：

1）不能放置在有可燃气体及高温容器旁。

2）室外机通过足够强度的支架安装于坚固的墙上，或直接通过地基安装在地面上。

3）室外机周围应有足够的空间，保持通风良好。

4）排风口不可吹向他物。

5）室外机与室内机应尽量靠近，配管超过 7m 时，应补充制冷剂 20g/m。

6）室内外机标准高差 3m，允许高差 5m，但 3m 以上时应设积液环。室外机安装位置示意图如图 3-62 所示。

6. 支架或基础准备

室外机固定在支架或基础上，因为室外机重量较大，为防止因风或振动造成室外机跌落事故，应采用高强度螺栓和支架固定。室外机安装基础尺寸示意图如图 3-63 所示。

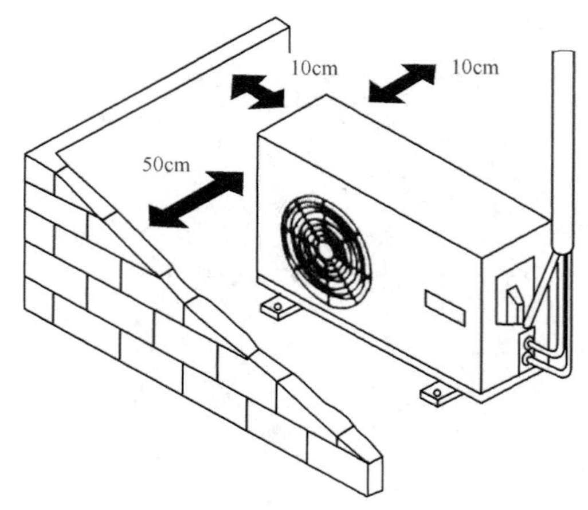

图 3-62 室外机安装位置示意图

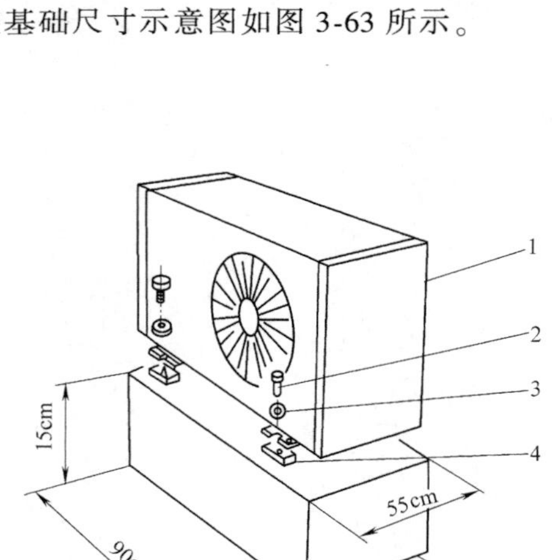

图 3-63 室外机安装基础尺寸示意图

1—室外机 2—螺栓 3—垫圈 4—橡胶座 5—放置台

7. 配管选定

配管选定时，首先选定配管管径。然后按照室内机所选定的位置确定配管走向及长度，

用割刀切断管子，并锉平管口，去除管内外毛刺，串入两侧锥形螺母。接着用扩口器扩口，加工气、液管喇叭口。最后按走向用弯管器对配管进行弯曲。

8. 固定室外机

采用高强度螺栓将室外机固定于基础上，或先将支架固定于坚固的墙上，然后将室外机固定在支架上。

9. 连接配管和排水管

先将喇叭形管口用锥形螺母扣压在带螺扣的配管上并用螺纹紧固，后将排水管与室内机的出水管套接起来，完成管路的连接，如图 3-64 所示。为保证冷凝水顺利排出，排水管应向流动方向稍倾斜。

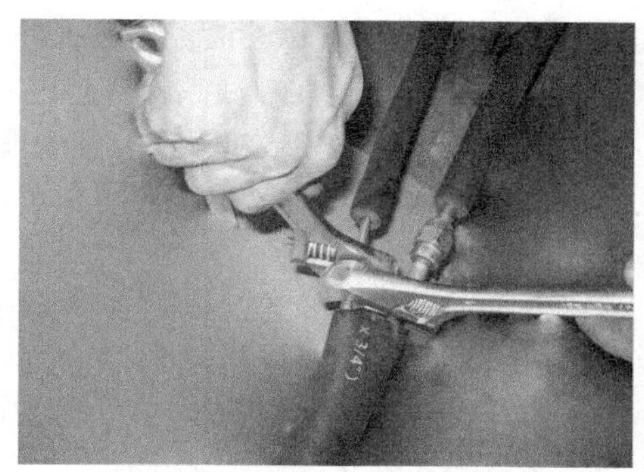

图 3-64　连接配管和排水管

10. 气洗

气洗的目的是将配管和室内机的空气排出，防止空气进入制冷系统引起故障。气洗的方法有两种，一是使用真空泵将配管和室内机管路中的空气抽出，二是用制冷剂将配管和室内机管路中的空气排除。

对于新装空调器，室外机气、液阀若均为二通阀，则室外机内可多充 60g 供气洗用的制冷剂。用扳手将图 3-65 所示 1、2、3 处锥形螺母拧紧，并用手将 4 处锥形螺母拧紧后再回松一圈；卸下液阀盖帽，用内六角扳手逆时针旋转 90°，持续 5s，随即关闭液阀；在 4 处锥形螺母处会发出“嘘嘘”声，待声音消失时，用扳手将该螺母拧紧，气洗结束。

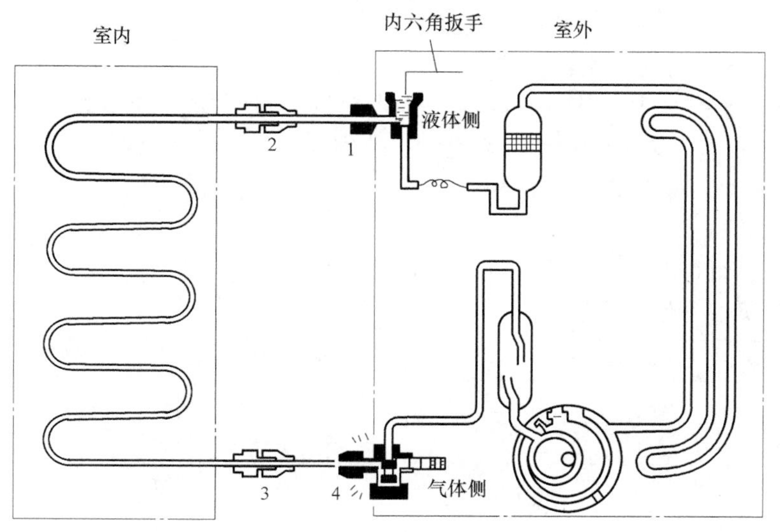

图 3-65　气洗

11. 检漏

检查室内外机的各个接口及截止阀，用海绵蘸上肥皂水涂在可疑漏点，每处停留不应少于 3min，若形成气泡，则存在漏点，如图 3-66 所示。夏季应在停机状态下检漏，冬季应在制热运行中检漏。

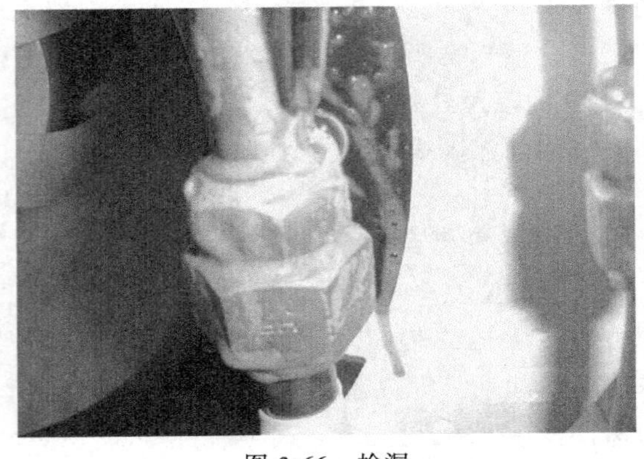

图 3-66 检漏

12. 配管的隔热和缠绕

先将排水管直接插在室内机积水盘排水管上或与积水盘排水管相连。连接时应将下游管套入上游管，且下游管内径应大于或等于上游管内径，确保套入时不脱离或漏水。然后将包有绝热材料的气液配管、排水管、电线汇总成一个管道束。最后将绝热材料缠在管道的连接部分，用胶带从下向上将管道束缠绕包扎。

13. 调整制冷剂量

可根据试运行决定是否需要调整制冷剂量。

14. 排水检查、接地

将一杯水倒入室内机积水盘，确认水是否经过室内机排水孔顺利导向室外。连接室内机和室外机电线，并连接地线。

15. 试运行

室内机在强风状态下运行 15~30min 后，测定室内进出风温差。在制冷模式中，温差在 8~10℃以上为合格，制热模式下，温差在 15℃以上为合格。

二、技能训练

1. 训练项目

分体式空调器安装。

2. 训练场地、使用设备和工具及注意事项

(1) 训练场地　房间空调器安装实验室。

(2) 使用设备和工具　房间空调器、膨胀螺钉、水平仪、空心钻、扩口器、弯管器、真空泵、制冷剂钢瓶、内六角扳手、肥皂水、修理表阀等。

(3) 注意事项　遵守安全操作规程。

3. 考核方式

1) 学生以小组（4 人）形式进行房间空调器的安装。

2) 各项目所占分值见下表。

项目	房间空调器安装(100 分)
资讯及方案制订	20 分
小组实际操作	50 分
针对方案和操作,小组自评和整改	10 分
组间观摩评价	10 分
安全操作	10 分
教师评价(综合得分)	

工作任务三　房间空调器故障诊断及排除

学习目标

掌握房间空调器故障诊断、排除方法及技能。

教学方法与教具

（1）教学方法　实际操作讲解。

（2）教具　房间空调器故障诊断实训台。

学习评价方式

1）小组进行相关技能实际操作。

2）根据小组表现进行自评、互评和教师整体评价。

房间空调器故障包括：压缩机不运转、制冷或制热效果差、制冷制热模式不能转换、无法控制室温及其他故障。下面分别介绍房间空调器常见故障诊断及其排除方法。

一、压缩机不运转

1. 观察故障现象

制冷工况下，接通电源，压缩机不运转。

2. 制订故障诊断及排除方案

此类故障应首先检查压缩机电动机是否正常，然后检查压缩机内部损坏等情况。压缩机不运转故障诊断方案流程图如图 3-67 所示。

3. 分析故障原因、确定故障部位及排除故障

此时应首先检查电源是否正常。若电源正常，则应进行如下操作：

（1）由于压缩机电容器损坏，引起不运转　空调器开机后，室内外风机运转正常但不制冷，压缩机有“嗡嗡”声但不起动。这种情况说明电源正常，此时，应优先检查压缩机电容器。

若发现压缩机电容器手感温热，可判定为电容器击穿短路。或用万用表置于 R×1k 或 R×10k 档上，将表笔接触电容器的两个触点，若此时万用表指针迅速摆动，而后回至无穷大，说明电容器完好；若指针不偏转，说明电容器断路；若指针偏转至零后不回到起始位置，说明该电容器短路。若电容器出现故障，则更换同型号电容器，故障即可排除，压缩机正常运转。

（2）由于压缩机电动机绕组短路或断路，引起压缩机不运转　空调器开机后，电源指示灯闪烁或运转指示灯一闪即灭。排除压缩机电容器故障后，将压缩机电动机外部接线拆下，用万用表欧姆档测试绕组电阻值。若测得起动绕组和运行绕组两端的电阻值小于正常电阻值时，说明该绕组短路；若测得电阻值无穷大，说明此绕组断路。

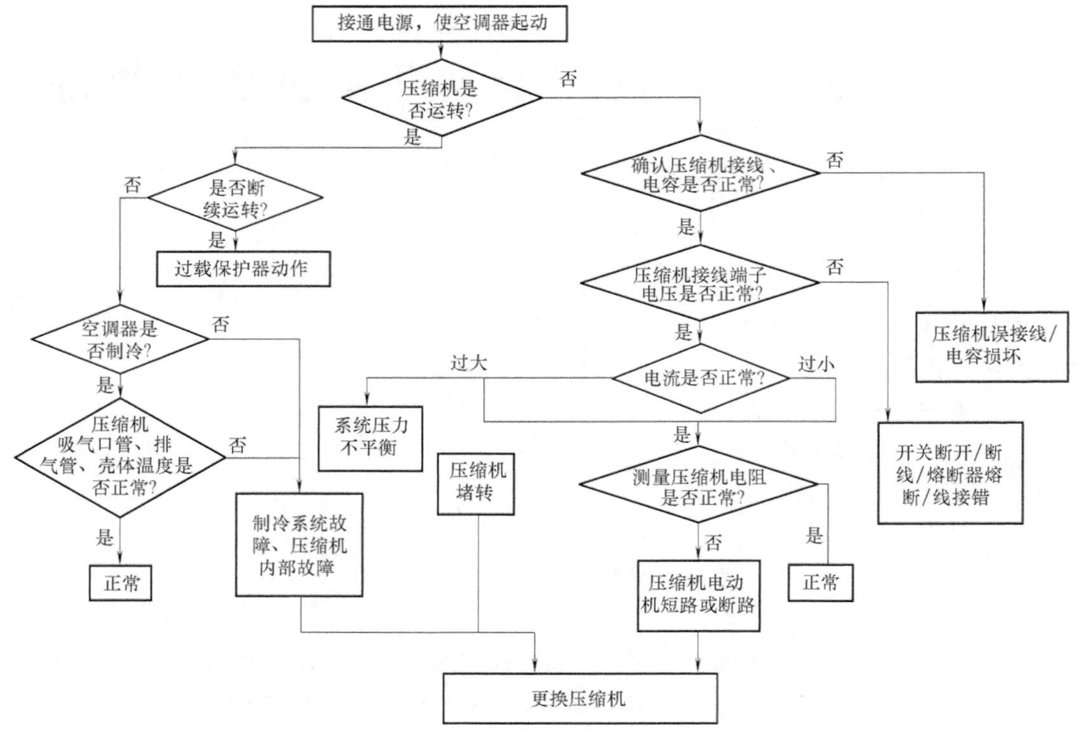

图 3-67　压缩机不运转故障诊断方案流程图

确定绕组短路或断路后，更换压缩机绕组即可排除故障。

(3) 由于压缩机电动机绕组接地，引起压缩机不运转　空调器开机后，压缩机不起动。排除压缩机电容器损坏和电动机绕组故障后，将电动机的外壳去掉一小块漆，使其露出金属，然后用万用表欧姆档或兆欧表的一支表笔接线圈共用端，另一支表笔接电动机的外壳。若显示电阻很小，则绕组和外壳短路，即接地。此时，电动机不会转动，并且会熔断熔体或使热保护器动作。

排除时，更换电动机绕组即可。

(4) 由于压缩机卡轴、卡缸或阀板损坏，引起压缩机无法运转　制冷工况下接通电源，只听到压缩机内有“嗡嗡”声但不运转，3～5s后热保护器动作，切断电源。压缩机不运转的原因主要有卡轴、卡缸和阀板损坏。

压缩机卡缸时电流很大，同时电压降较大，此时首先确定是否是用户电源负荷不够，而造成电压降大，压缩机无法起动。若排除电源负荷造成压缩机无法起动后，再采用加大起动电容并用橡胶锤敲击的方式确定压缩机是否被卡死。排除上述原因后，压缩机仍无法起动，此时应确定为压缩机阀板损坏，更换同型号压缩机即可。

更换压缩机步骤：

1) 更换压缩机前应对脏、冷冻机油已变色的系统进行清洗。冷冻机油变质不太严重(褐色)的，可将室内外机热交换器及管道分别用高压氮气反复冲洗，将脏的冷冻机油吹出，再将毛细管和止回阀单独焊下冲洗干净。如果冷冻机油变质较严重(黑褐色)，必须用四氯化碳将室内外热交换器与止回阀清洗后，再用高压氮气反复冲洗，将四氯化碳和冷冻机

油完全冲干净，同时更换毛细管。

2）新压缩机在焊接前须检测各绕组阻值和对地阻值是否正常，并对压缩机通电测试，确定吸排气、电流、噪声均正常后，才能进行焊接操作。如果是涡旋式压缩机，严禁空转或堵转，更不能利用其自身抽真空，否则均易造成压缩机损坏。

3）压缩机焊接好后须先充高压氮气检漏，确保无泄漏点再用真空泵抽真空 0.5h 以上，最后定量充注制冷剂。

4）更换后调试：更换后调试时，须确保电压、电流、压力、运行噪声及进出风口温差均达到正常，同时检查压缩机各插件是否紧固，严禁弃用压缩机接地线。

二、制冷或制热效果差

1. 观察故障现象

房间空调器运转正常，但制冷效果或制热效果差。

2. 制订故障诊断及排除方案

房间空调器制冷或制热效果差，故障原因多种多样。在进行故障诊断时，应遵循由简单到复杂的顺序进行，首先应确定是否是由于外界客观因素造成的。因此，应检查房间是否太大或冷热源过多、空调安装位置是否合适、过滤网和热交换器是否污物过多或堵塞、房间门窗是否开启频繁、室外气温是否过高或过低等外界客观因素，排除了以上因素后，再对空调器进行故障诊断。制冷或制热效果差故障诊断流程图如图 3-68 所示。

3. 分析故障原因、确定故障部位及排除故障

（1）由于热交换器发生泄漏导致空调器效果差　当系统制冷量或制热量不够时，首先要检查系统是否泄漏造成制冷剂不够。热交换器泄漏常发生在管道接头处，确定热交换器是否发生泄漏，可观察其翅片表面是否有油迹，或将高压氮气充入散热器内，将散热器两端封闭放入水池中检漏。

如果泄漏点较小，其修复较简单，可用气焊将其漏点焊好，然后充氮检漏即可。若泄漏点较大或泄漏点较多，则须更换热交换器。更换热交换器时，因散热器的铜管管壁较薄，焊接温度不能太高，并应在尽量短的时间内完成，避免将铜管烧坏。另外操作时，应保护好热交换器翅片不被损坏。

（2）由于热交换器发生积油或积灰导致空调器效果差　制冷系统运转正常，制冷剂无泄漏，但制冷量不足。出现此故障可能是热交换器油垢、灰垢太厚。冷凝器工作时，处在高温状态下，制冷剂和部分润滑油流经冷凝器时，在管道内壁上就会形成油垢。另外，室外机热交换器由于安装在户外，长期工作后，室外机热交换器上就会产生灰垢，影响热交换器的散热效果，从而导致冷凝器的冷凝效果不好。

若热交换器管壁内积油太厚，则需要排除制冷剂，用高压氮气对系统进行冲洗、抽真空，然后重新充注制冷剂。若热交换器外壁积灰太厚，则需要人工清理灰层。

（3）由于节流阀发生“冰堵”导致空调器效果差　空调长时间运转但制冷效果差或不制冷，有可能发生“冰堵”。制冷系统内由于水蒸气的存在，当制冷剂的蒸发温度低于 0℃ 时，水蒸气在节流阀部位形成冰珠，将节流阀堵塞，称为“冰堵”。

压缩机起动运行后，蒸发器结霜，冷凝器发热，随着“冰堵”形成，蒸发器霜层慢慢融化，压缩机运行有沉闷声，吹进室内冷气不足或没有冷气。停机后，用热毛巾多次包住毛细管进蒸发器的入口处，由于冰堵处融化后而能听到管道通畅的制冷剂流动声，起动压缩机

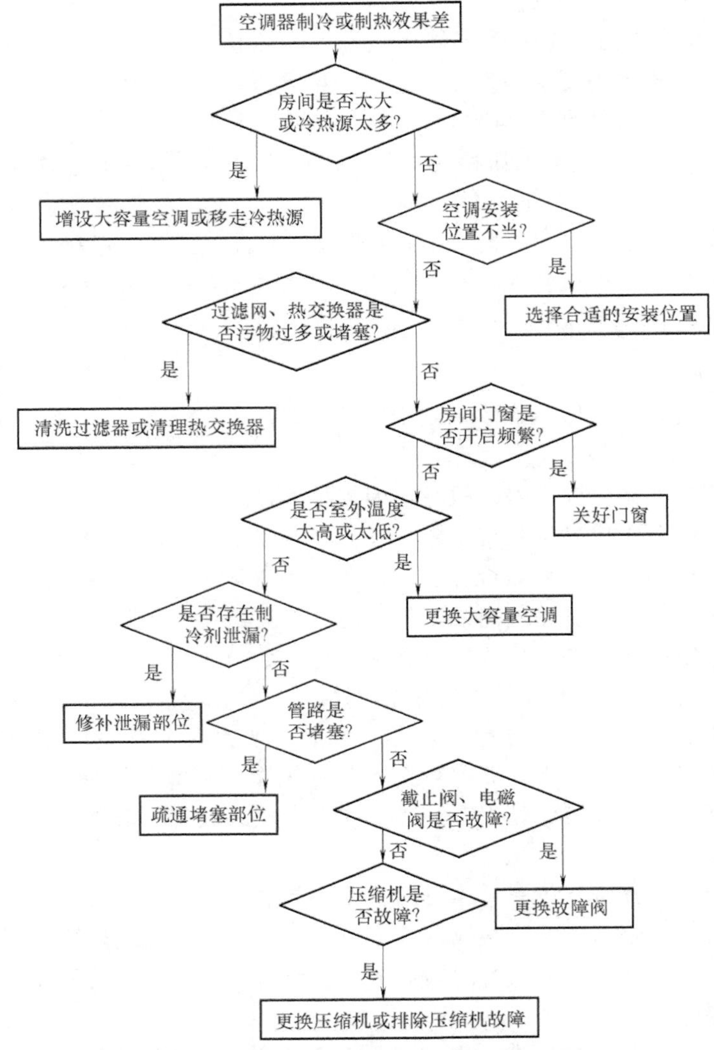

图 3-68　制冷或制热效果差故障诊断流程图

后，蒸发器又开始结霜，压缩机运行一段时间后，又会产生上述情况，这就可以判断节流阀“冰堵”。

排除“冰堵”故障，实质上是设法把水蒸气排出系统。“冰堵”出现后，干燥器已失效、应更换。排除“冰堵”方法有两种：

1）排气烘烤：机械真空泵排除水蒸气的能力很弱，长时间抽气也很难将水蒸气排除干净。所以在抽真空的同时，对制冷系统全面烘烤升温，是排除水分的最有效、最科学的方法。烘烤的方法多种多样，如用吹风机、电烫斗对蒸发器加热，用喷灯火焰对冷凝器、过滤器加热等。

2）系统抽真空：给系统充一定压力的氮气，然后起动压缩机运行片刻，再把氮气放掉。反复两三次基本可消除“冰堵”。

（4）由于制冷系统发生“脏堵”导致空调器效果差　空调长时间运转但制冷效果差或

不制冷；吸气压力下降，甚至出现真空状态；用手摸毛细管和过滤器，感觉较冷或能看到过滤器上有霜层，冷凝器不热，蒸发器不凉，压缩机运行电流比正常值小，压缩机振动和噪声减弱。

脏堵是由于充入制冷系统内的制冷剂不干净，过滤器变质或安装时系统进入灰尘或杂质所致。排除脏堵故障时，应先找出堵塞部位，观察结霜或凝露处，或用手触摸最凉处，表明堵塞处就在此处前端。

节流阀、过滤器堵塞后应更换。膨胀阀堵塞不严重时可用压力约为1MPa的氮气充吹，操作方法：氮气从回气管（蒸发器）端进入，从冷凝器放出；同时用手按住冷凝器放气口，然后迅速脱离，以增加对膨胀阀的冲击。在焊接毛细管、过滤器时，须通氮气，避免产生过多氧化层，造成系统堵塞。

（5）由于截止阀或电磁阀故障导致空调器效果差　空调器制冷或制热效果差。检查管路系统，若截止阀或电磁阀发生泄漏，会在其附近看到油污，涂上肥皂液进行检漏，发现泄漏部位有气泡产生。

排除方法：更换截止阀或电磁阀。

（6）由于压缩机故障导致空调器效果差　空调器制冷或制热效果差，补充制冷剂后故障依然存在。检查发现压缩机排气管只有一段管路发热，由此可判断压缩机高低压串气故障。

排除方法：将压缩机吸排气管焊开，通电运转检查其吸排气能力，若发现吸力小，排出压力也不大，则可进一步判定此故障是压缩机缺油导致气缸与活塞间隙过大，造成高低压串气。此时也需要更换压缩机。

在焊接后，都必须完成以下步骤：

1）使用高压气体检查焊接处有无泄漏点。

2）用氮气将焊接时产生的氧化层吹干净。

3）用真空泵抽真空30min以上。

三、制冷制热模式不能转换

1. 观察故障现象

房间空调器制冷可以正常运行，但是不制热。

2. 制订故障诊断及排除方案

四通阀在空调器中起着制冷与制热模式转换的作用，如果它不工作，空调将无法制热。因此，制冷制热模式不能转换主要是由于四通阀不能换向引起的。

3. 分析故障原因、确定故障部位及排除故障

（1）由于四通阀损坏导致不能换向　四通阀不能换向，制冷制热模式无法实现转换的原因：1）四通阀上的毛细管堵塞或被压扁，造成通路不畅、不能换向或不能完全换向。2）四通阀上的毛细管断裂。3）四通阀内部泄漏，造成高压侧制冷剂气体向低压侧泄漏，不能使四通阀活塞两端建立起正常的压力。4）四通阀上的电磁线圈断路。5）制冷系统压差过小，不能使四通阀换向，应检查制冷剂是否不足或制冷系统是否存在泄漏。6）四通阀活塞卡死。

排除方法：若系统制冷剂不足或制冷系统存在制冷剂泄漏，则需要补漏、充注制冷剂；若四通阀故障，则需更换四通阀。

（2）由于四通阀串气导致不能换向　四通阀换向的基本条件是活塞两端的压差必须大于摩擦阻力。四通阀上的毛细管存在堵塞，使得四通阀换向所需压力不够，四通阀不能继续换向而停在中间位置，形成串气。此时高压侧压力降低，低压侧压力升高，电流增大，室外机噪声大；压缩机回气管温度上升；四通阀下端的三根接管无明显温差或温差较小。

但对于制热效果差，高压压力不能满足要求、串气特征不明显的，可将冷凝器连接处、压缩机回气管焊开，将室外机较粗的管道（气管）取下，打开该阀，再让压缩机起动。此时用手分别堵住四通阀下端的三根接管，应只有一根有气体排出，若每根都有气体排出，则说明四通阀已串气。此时应进行如下步骤：

1）检查制冷剂有无泄漏，导致四通阀两端不能形成足够的压差。

2）检查四通阀阀体、先导阀、毛细管等有无碰伤变形。

3）用万用表测量线圈阻值，判断线圈通电是否正常，电压是否在允许的范围内。

4）判断先导阀有无动作：线圈通电时有“嗒嗒嗒”的撞击声，说明先导阀动作正常。

5）对于先导阀动作正常而不能换向的，可轻轻敲击阀体，并反复给线圈通电，提高排出压力，使阀至自由位置，排除污物，若不成功则更换四通阀。

更换四通阀：因四通阀阀体内含塑料材质，不能承受高温（不能超过 120℃），所以在更换四通阀时（新、旧部件在焊接时）必须用湿布包住阀体，以保护其不被烧坏，同时应注意避免水滴进入系统造成系统冰堵。

四、无法控制室温

1. 观察故障现象

接通电源后，房间空调器正常工作，但是室内达到设定温度空调不停机；或者使用变频空调器无法控制室内温度。

2. 制订故障诊断及排除方案

房间空调器出现室温无法控制故障，应进行温度控制器故障排查。

3. 分析故障原因、确定故障部位及排除故障

（1）由于温度控制器触点接触不良或烧毁造成电路不能接通　温度控制器触点接触不良或烧毁，造成电路不能接通。此时，将温度控制器旋钮正、反方向转动几次后，用万用表 R×1 档测量温度控制器接通状态的两个接线端子，若电阻值很小，表明触点正常；若电阻值很大，表明触点接触不良。若温度控制器接触不良，可进行修复，若烧毁则要更换温度控制器。

（2）由于温度控制器触点不能动作导致室温无法控制　感温包内的感温剂泄漏，会造成触点不能动作而失去控制作用。将温度控制器旋钮正、反方向转动几次后，用万用表 R×1 档测量温度控制器接通状态的两个接线端子，若不通，则可能感温剂泄漏。是否泄漏可首先进行外观检查，观测封焊头是否破裂、感温包是否有损伤和裂纹、感温管有无弯折等，然后把感温包放入 30~40℃ 的温水中，测试触点是否闭合。若触点仍不闭合，表明感温包内的感温剂已漏完，此时可更换温度控制器。若触点能够闭合，再把感温包从水中取出，在低温环境中放置一段时间后触点又断开，说明温度控制器的调温范围不当，可通过调节温度范围的调节螺钉加以矫正，逆时针方向转动 1/2 圈后再试。

五、其他故障

1. 过载保护器

故障现象及原因：过载保护器发生故障可引起空调器不能正常运转。故障原因主要有熔

体熔断、触点烧损、双金属片内应力发生变化后触点断开不能复位、内埋式过载保护器绝缘损坏和触点失灵等。

故障排除方法：可用万用表检查过载保护器。在正常情况下，过载保护器应有几十欧的电阻值，若电阻值为无穷大，说明断路。过载保护器发生故障后，除接触不良、触点粘连可以修复外，其他故障一般不进行修理，只进行更换。

2. 房间空调器加热器

故障现象及原因：在冷热两用的电热型空调器中，装有加热器。电加热器常见故障有熔体熔断、线间短路或绝缘损坏等。加热器损坏后，空调器冬季把开关调至“热”位，无热风吹出。

故障排除方法：检查时，可用万用表测量其电阻值，若电阻值无穷大，即为断路；若电阻值很小，即为短路。此时更换加热器即可。

3. 空调器漏水

故障现象及原因：空调器室内侧出现漏水现象，主要是由空调器安装不规范导致的。例如室内机安装倾斜、排水孔开口偏高、管路保温不够或排水管上抬、弯折、异物堵塞导致凝水排水不畅等。

故障排除方法：按照规范安装空调器。

4. 空调器噪声过大

故障现象及原因：空调器运行正常，但是在运行过程中产生不正常的振动与噪声。出现此类故障通常是由于空调器安装不正确或空调器本身的一些动力部件故障引起的。

故障排除方法：

1）如果噪声和振动从压缩机传来，应检查压缩机地脚螺栓是否松动，若松动，用扳手紧固即可排除故障。然后检查压缩机减振弹簧上的螺母是否松动。压缩机底座采用弹簧减振，产品出厂时，一般要拧紧底座螺母，使弹簧压缩至极限高度，以避免运输过程中颠簸使压缩机晃动损坏制冷系统，因此用户安装空调前，应首先抽出底盘，放松螺母，以降低压缩机振动和噪声。排除上面故障后，仍然有不正常振动和噪声，则可能压缩机内部故障，需开壳修理或更换新的压缩机。

2）如果不正常振动和噪声从风扇部位产生，则要检查风扇紧固螺钉是否松动，风扇电动机安装过程中是否调整好。

六、技能训练

1. 训练项目

（1）压缩机不运转故障诊断及排除

（2）制冷或制热效果差故障诊断及排除

（3）不能制热故障诊断及排除

（4）无法控制室温故障诊断及排除

（5）其他故障诊断及排除

2. 训练场地、使用工具及注意事项

（1）训练场地　房间空调器维修实验室

（2）使用工具　氮气瓶、三通阀、减压阀、电子检漏仪、肥皂水、真空泵、连接软管、制冷剂钢瓶、钳形电流表、电子秤、焊接设备、封口钳、万用表等。

3. **考核方式**

1）本任务由教师任意设定两种故障，学生以小组（4人）形式进行故障诊断及排除。

2）本任务各项目所占分值见下表。

项目	故障1(50分)	故障2(50分)
资讯及方案制订	10分	10分
小组实际操作	25分	25分
针对方案和操作,小组自评和整改	5分	5分
组间观摩评价	5分	5分
安全操作	5分	5分
教师评价(综合得分)		

学习情境四　汽车空调安装与维修

工作任务

工作任务一　汽车空调装配及安装

工作任务二　汽车空调故障诊断及排除

学习目标

汽车空调是指采用一定的技术手段对汽车内的空气进行调节的装置，以满足乘客和驾驶员对车内空气的湿度、温度、流速、清洁度等舒适性的要求。通过此学习情境，应达到如下学习目标：

1）掌握汽车空调的装配及安装工艺。

2）掌握汽车空调故障诊断与排除方法。

学习内容

1）汽车空调组成及工作原理。

2）汽车空调的装配工艺。

3）汽车空调维修基本技能。

4）汽车空调故障诊断与排除。

教学方法与组织形式

1）主要采用任务驱动教学法。

2）知识的学习主要采用网络课程与讲解、答疑法（学生先进行自主学习，然后提出问题，教师解答）的学习模式。

3）技能的学习可采用实际操作演示、参观生产线、实际操作和讨论法相结合的模式进行。

学生应具备的基本知识及技能

1）应具备制冷原理及电气控制相关知识。

2）应掌握电工常用仪表和工具的使用方法。

3）应具备压力检测、抽真空、制冷剂充注等基本操作技能。

学习评价方式

1）以小组（3~4人）形式对汽车空调进行装配、故障诊断与排除操作，并进行自评整改。

2）小组之间进行观摩互评。

3）教师综合评价。

4）本情境综合考核，按百分制，取每次考核平均值。

工作任务一　汽车空调装配及安装

学习目标

1）了解汽车空调的特点及分类。

2）掌握汽车空调工作原理及组成。

3）掌握汽车空调装配及安装工艺。

教学方法与教具

1）网络课程和教师课堂答疑相结合。

2）多媒体、实物展示相结合。

3）所需教具。汽车空调模型或实物、汽车空调拆装工具、视频资料。

汽车空调的装配及安装包括压缩机、冷凝器、蒸发器装配、各种零部件的组装和管路的安装。在学习汽车空调装配及安装前，应先了解汽车空调的特点和分类，掌握汽车空调的组成及工作原理等相关知识。

一、相关知识

1. 汽车空调的特点及分类

（1）汽车空调的特点　汽车空调器和其他空调器相比有以下一些特点：

1）抗冲击能力强。汽车空调器安装在运动的汽车上，需承受剧烈、频繁的冲击和振动，所以汽车空调器各零部件必须有足够的强度和抗振能力，插头必须牢固并需防漏，且压缩机与冷凝器、蒸发器相连接时必须用软管。

2）动力源多样。汽车空调器不能用电力作为动力源，必须用汽车发动机或辅助发动机来带动压缩机。当汽车空调消耗汽车主发动机的动力时，需考虑其对汽车动力与操作性能的影响。也需考虑由于车速变化幅度大或变化频繁，空调系统制冷剂流量控制给设计带来的影响，需要对设备进行协调，结构比其他空调器复杂。

3）电源多样。汽车空调系统电气控制所需的电力有所不同，一般车辆采用12V（单线制）做电源，大型车辆则采用24V（单线制）做电源，而高级豪华轿车采用5V（双线制）做电源。

4）制冷效果强。由于汽车隔热层较薄、门窗多、面积大、热量流失严重、车内热负荷大，因此要求汽车的制冷制热能力大、降升温迅速。

5）特殊的控制方式。汽车在行驶中，速度、室外环境变化大，难以保证空调系统稳定的工况，所以汽车空调器需要特殊的控制方法和装置。

6）结构紧凑、质量小。由于汽车车身的特点，要求汽车空调结构紧凑，能在有限的空间进行安装，且安装空调后不至增重太多影响其他性能。

7）车内风量分配不均匀。车厢高度低，风量分配不均匀，车内的温度分布不均匀。因此，汽车空调风道的设计是研制汽车空调最大的难点。

8）操作性要求高。汽车空调的开关、按钮要安全可靠，位置要使驾驶员易于操作，功能显示要直观，因此开关一般装于驾驶员前方。且风窗玻璃和车窗要有防露装置，车厢内的送风口的风向摆叶应便于调节。

9）多样的气流组织。汽车空调的送风方式根据车型和用途不同而有不同的形式。小轿车的冷气系统一般有两种送风形式：一种是前送式，此时蒸发器装在前部仪表盘下，从摆叶中向斜上方吹出送风，经车顶至后排座；一种是后送式，蒸发器装于车厢后部，冷气从后部吹至前部，这种方式效果较好，一般用于排量大的轿车。

汽车空调使用的特殊性，决定了它在结构、材料、安装、布置、设计、控制技术要求等方面与普通空调有较大的区别。

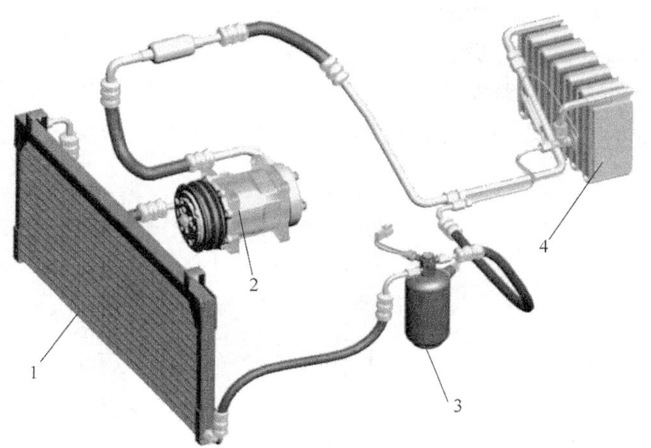

图 4-1　非独立式汽车空调系统

1—冷凝器　2—压缩机及离合器　3—储液干燥器　4—蒸发器及膨胀阀

（2）汽车空调的分类　汽车空调系统按驱动方式可分为非独立式汽车空调系统（图 4-1）和独立式汽车空调系统（图 4-2）；按结构形式分类可分为整体式空调、分体式空调和分散式空调。

非独立式汽车空调制冷压缩机由汽车本身的发动机驱动，汽车空调系统的制冷性能受汽车发动机工况的影响较大、工作稳定性较差，尤其是低速时制冷量不足，而在高速时制冷量过剩，并且消耗功率较大，影响发动机动力性能。这种类型的汽车空调系统一般用于制冷量相对较小的轿车上。独立式汽车空调制冷压缩机由专用的空调发动机（也称副发动机）驱动，因此汽车空调系统的制冷性能不受汽车主发动机工况的影响，工作稳定、

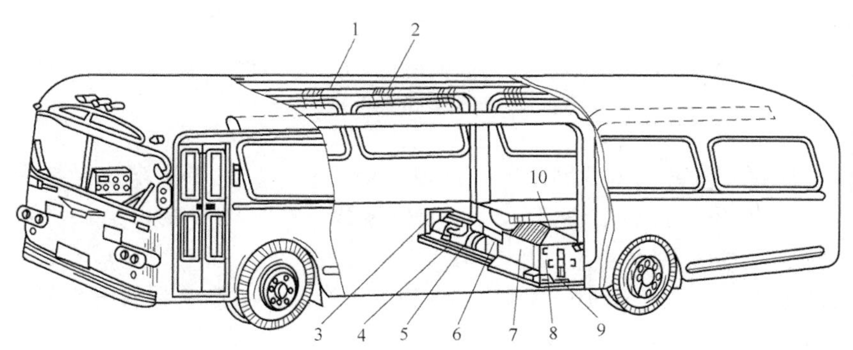

图 4-2　独立式汽车空调系统

1—进气道　2—排气栅　3—散热器　4—空调发动机　5—离合器　6—压缩机

7—蒸发器　8—冷凝器　9—冷凝风扇　10—循环空气入口

制冷量大，但由于加装了一台发动机，因此不仅成本会增加，而且体积和质量也会增加。这种类型的汽车空调系统多用于商用客车上。

整体式空调是将副发动机、压缩机、冷凝器和蒸发器通过传动带、管路连接成一个整体，安装在一个专用机架上，构成一个独立总成，由副发动机带动，通过车内通风管将冷风送入车内。分体式空调是将压缩机、冷凝器、蒸发器以及独立式空调的副发动机部分或全部分开布置，用管路连接成一个制冷系统。分散式空调是将蒸发器、冷凝器、压缩机等各部件分散安装在汽车各个部位，并用管路连接。

2. 汽车空调工作原理及组成

（1）汽车空调的工作原理　汽车空调和其他制冷空调的制冷原理是一样的，都是利用制冷剂从液态变成气态时吸收大量热能的原理制冷。汽车空调的制冷系统和家用分体式空调相似，由压缩机、冷凝器、储液干燥器、膨胀阀、蒸发器和风机等组成，它的压缩机靠近发动机，冷凝器安装在散热器的前方，而蒸发器安装在车内。汽车空调系统示意图如图 4-3 所示，其制冷剂循环由压缩过程、放热过程、节流过程和吸热过程组成。

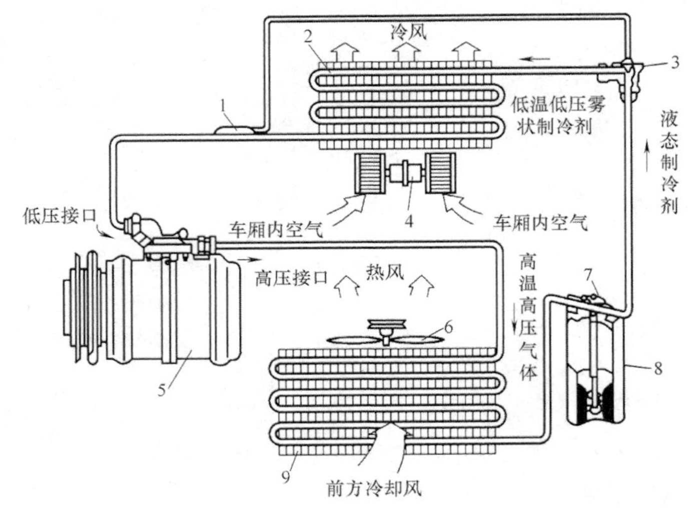

图 4-3　汽车空调系统示意图

1—感温包　2—蒸发器　3—膨胀阀　4—鼓风机电动机　5—压缩机　6—发动机冷却风扇　7—视液窗　8—储液干燥器　9—冷凝器

1）压缩过程中，低温低压的制冷剂气体被压缩机吸入，并被压缩成高温高压的制冷剂气体。该过程的主要作用是压缩增压，以便气体液化。这一过程是以消耗机械功作为补偿的。在压缩过程中，制冷剂状态不发生变化，而温度、压力不断上升，形成过热气体。

2）放热过程中，高温高压的过热制冷剂气体进入冷凝器，冷凝器管道外壳温度也随之升高，在风机作用下，空气流经冷凝器管道外壳，将大部分热量排到大气中，由于压力及温度的降低，制冷剂气体冷凝成液体，并放出大量的热。此过程的作用是排热、冷凝。冷凝过程的特点是制冷剂的状态发生变化，由气态逐渐向液态转变，冷凝后的制冷剂液态是高温高压液态。

3）节流过程中，制冷剂液体经过储液干燥器除湿与缓冲，然后以较稳定的压力和流量

流向膨胀阀，高温高压制冷剂液体经膨胀阀节流、降压后流向蒸发器。该过程的作用是使制冷剂降温降压，由高温高压液态迅速变成低温低压液态，以利于吸热、控制制冷能力以及维持制冷系统正常运行。

4）吸热过程中，经膨胀阀降温、降压后的雾状制冷剂液体进入蒸发器，因此时制冷剂沸点远低于蒸发器内温度，故制冷剂液体在蒸发器内蒸发、沸腾成气体。在蒸发过程中大量吸收周围的热量，在风机的作用下，车厢内的空气不断流经蒸发器，车厢内的热量被蒸发器管道外壳吸收，车厢内温度也就降低。制冷剂流经蒸发器后再次变成低温低压气体，又被吸入压缩机进行下一次的循环工作。

（2）汽车空调的组成　汽车空调系统一般由制冷系统、暖风系统、通风系统、空气净化系统和控制系统组成。

1）制冷系统。对车内空气或外部进入车内的新鲜空气进行冷却或干燥，使车内的空气变得凉爽舒适。

2）暖风系统。对车内的空气或由外部进入车内的新鲜空气进行加热，主要用于取暖和风窗玻璃除雾除霜。

3）通风系统。将外部新鲜空气吸进车内，起到通风和换气的作用。

4）空气净化系统。除去车内空气中的尘埃、臭味、烟气及有毒气体，使得车内空气变得清洁，保证乘员的卫生要求。

5）控制系统。对制冷系统和暖风系统的温度、压力进行控制，同时对车内空气的温度、湿度、风速、流向等进行调节，保证空调系统的正常运行。

汽车空调器的主要部件与其他空调器基本相同，一般由压缩机、冷凝器、蒸发器、膨胀阀、储液干燥器、电磁离合器、管路和控制系统等组成。汽车空调分高压侧和低压侧。高压侧包括压缩机输出侧、高压管路、冷凝器、储液干燥器和液体管路；低压侧包括蒸发器、集液器、回气管路、压缩机输入侧和压缩机机油池。图 4-4 所示为汽车空调系统图。

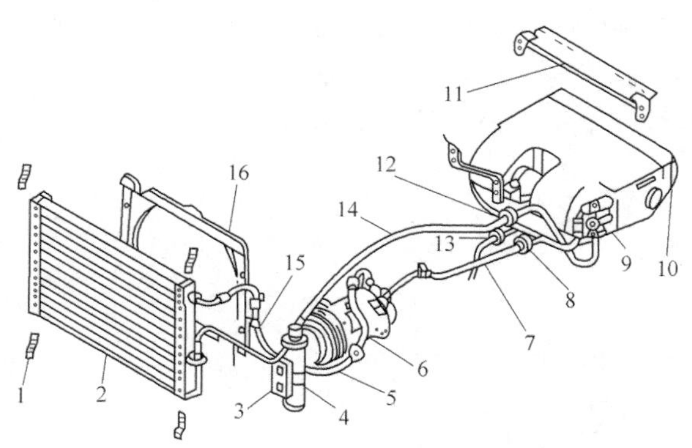

图 4-4　汽车空调系统图

1—支座　2—冷凝器　3—视镜　4—储液器　5、15—软管　6—压缩机　7—低压管　8、12、13—插头　9—膨胀阀　10—蒸发器　11—支架　14—管道　16—框架

压缩机是使制冷剂在系统内循环的动力源。其作用是维持制冷剂在制冷系统中的循环，吸入来自蒸发器的低温、低压制冷剂蒸气，压缩制冷剂蒸气使其压力和温度升高，并将制冷剂蒸气送往冷凝器。

由于汽车本身结构和运行条件的特殊性，对压缩机的性能和工作条件的要求比一般压缩机高。主要为：①良好的低速性能，要求压缩机在低速运转时有较大的制冷能力和较高的效率；②高速运行时要求输入功率低，可以节省能耗和降低发动机用于空调方面的功率损失，从而提高汽车的动力性能；③体积小、重量轻，这是对所有汽车零件的要求；④能经受恶劣的运行条件，可靠性好。由于汽车发动机周围温度较高，怠速时高达 80℃ 以上，且汽车空调的冷凝压力较高，故需压缩机耐高温、高压。汽车在颠簸的道路上高速行驶，部件需有良好的抗振性，机组密封性能要好；⑤对汽车的不利影响要小。要求压缩机运行平稳、噪声低、振动小，起停压缩机时对发动机转速的影响小，起动转矩小。

另外，汽车空调压缩机的旋转轴是通过电磁离合器和带与发动机曲轴相连取得动力的。当装在蒸发器出风口的传感器测得出风的温度不够低时，它就会通过电路使电磁离合器闭合，让压缩机随发动机运转，实现制冷。而当出风温度低于设定的温度，它则控制电磁离合器分离，让压缩机停止工作。如果这一控制失灵，那么压缩机将不断工作，使蒸发器结冰造成管路压力超标，最终破坏系统。

常见的汽车空调器压缩机有斜盘式压缩机、旋叶式压缩机、涡旋式压缩机等。斜盘式压缩机（图 4-5）是一种常见的汽车空调压缩机。斜盘固定在驱动轴上，斜盘外缘被钢球夹在活塞中部。驱动轴转动时带动斜盘一起旋转，斜盘回转时产生的动力通过斜盘和钢球传给活塞，从而推动活塞沿驱动轴的轴向做往复运动。斜盘式压缩机由等间距均布在斜盘上的活塞驱动若干个气缸内的制冷剂同时进行吸、排气过程。斜盘式压缩机结构紧凑、运行平稳、效率高。

旋叶式压缩机（图 4-6）由缸体、转子、主轴等组成。根据气缸的结构和形式分为圆形多叶片旋叶式压缩机和椭圆形多叶片旋叶式压缩机。在圆形气缸的旋叶式压缩机中，叶轮是偏心安装的，叶轮外圆紧贴气缸内表面的吸、排气孔之间。在圆形气缸中，转子的主轴和椭圆中心重合，转子上的叶片和它们之间的接触线将气缸分成几个空间，当主轴带动转子旋转一周时，这些空间的容积发生扩大-缩小-几乎为零的循环变化，制冷剂蒸气在这些空间内也发生吸气-压缩-排气的循环。压缩后的气体通过簧片阀排出。旋叶式压缩机没有吸气阀，因为叶片能完成吸入和压缩制冷剂的任务。对于圆形气缸而言，2 叶片将空间分成两个空间，主轴旋转一周，即有两次排气过程；4 叶片则有 4 次（叶片越多，压缩机的排气脉冲越小）。对于椭圆形气缸，4 叶片将气缸分成 4 个空间，主轴旋转一周，有 4 次排气过程。旋叶式压缩机其单位压缩机质量具有最大的冷却能力。

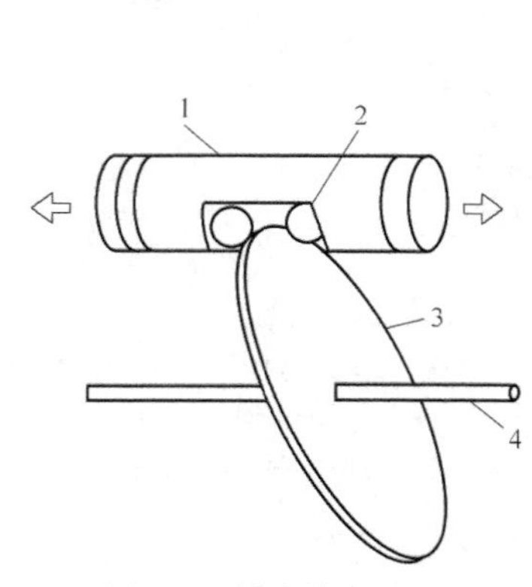

图 4-5　斜盘式压缩机

1—活塞　2—钢球　3—斜盘　4—主轴

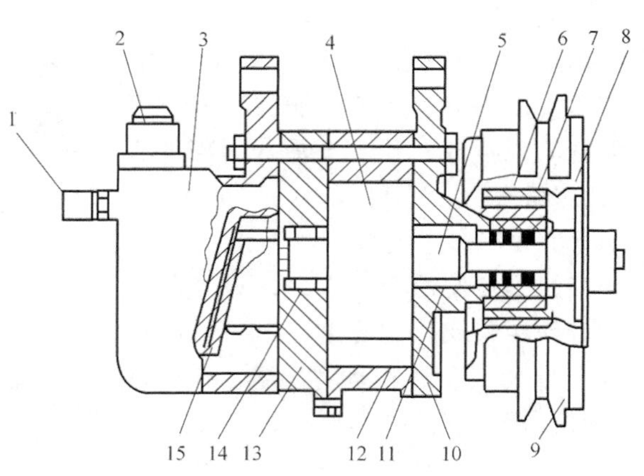

图 4-6　旋叶式压缩机

1—排气口　2—进气口　3—后端盖　4—转子　5—主轴
6—带轮轴承　7—轴封　8—前板　9—带轮　10—前端盖
11、14—轴承　12—缸体　13—后盖板　15—吸油管

涡旋式压缩机（图 4-7）的工作原理是：固定涡旋盘和运动涡旋盘间形成相互对称的气缸容积，当两个涡旋盘相对运动时，密闭的工作容积产生移动，从而引起容积大小的变化，

气态制冷剂从外部通过固定涡旋盘的吸气口吸入，当两盘啮合的空间缩小时，气态制冷剂受到压缩，最后由固定涡旋盘的中心孔排出。涡旋式压缩机的进气和排气是连续进行的，振动小、噪声低、运行平稳。

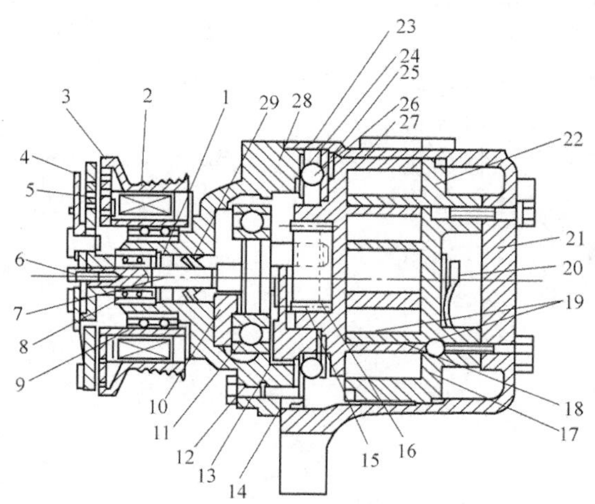

图 4-7　涡旋式压缩机

1—毛毡密封圈　2—励磁线圈　3—离合器带轮　4—离合器平衡板　5—离合器衔铁　6—衔铁固定螺钉　7—曲轴　8、11—轴承　9—带轮轴承　10、13—平衡块　12—堵头　14—垫片　15—传动轴承　16—偏心套　17—耐磨板　18—运动涡旋盘　19—端密封　20—排气舌簧阀　21—机壳　22—固定涡旋盘　23—固定环　24—固定圈　25—止推球　26—活动圈　27—活动环　28—前盖　29—轴封

汽车空调系统中的冷凝器是将压缩机排出的高温、高压制冷剂蒸气进行冷却，使其凝结为高压制冷剂液体。冷凝器常安装在车辆的前部，风扇将风吹过散热装置，以利于排出热量。冷凝器安装在行驶的车辆上，无法实现水冷，所以汽车空调冷凝器均采用风冷式结构，即让外界空气强制通过冷凝器的散热片，将高温的制冷剂蒸气的热量带走，使其成为液态制冷剂。

汽车空调系统冷凝器的结构形式主要有管带式、管翅式和平流式三种。管带式冷凝器（图 4-8）是由多孔扁管弯成蛇形管，并在其中安置散热片后焊接而成的。其散热效率优良，但工艺复杂、焊接难度大，且对材料要求高，一般用在小型汽车的制冷装置上。管翅式冷凝器（图 4-9）是汽车空调中早期采用的一种冷凝器，制造工艺简单，由铜质或铝质冷凝盘管套上翅片组成。片与管组装后，经胀管法处理，使翅片胀紧在冷凝盘管上。这种冷凝器散热效果较差，一般用在大中型客车的制冷装置上。平流式冷凝器如图 4-10 所示，制冷剂蒸汽进入圆筒集管后，均匀地进入平流的每支传热扁管，冷凝成液体后又通过出口集液管供给膨胀阀。这种冷凝器流程短、压降小，使系统的排气压力和输入功率也随之下降，且换热效率高。

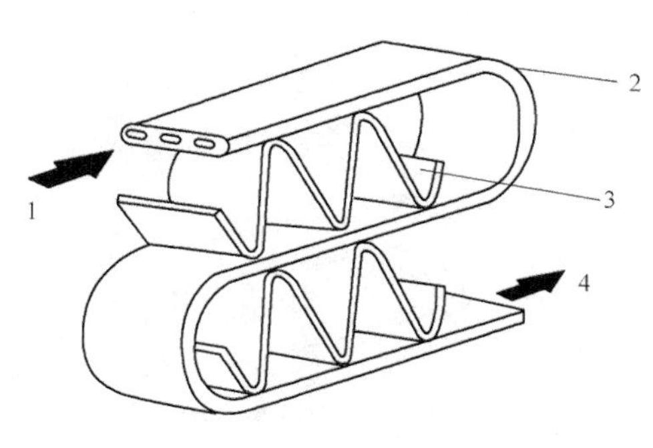

图 4-8　管带式冷凝器

1—进口　2—扁管　3—散热片　4—出口

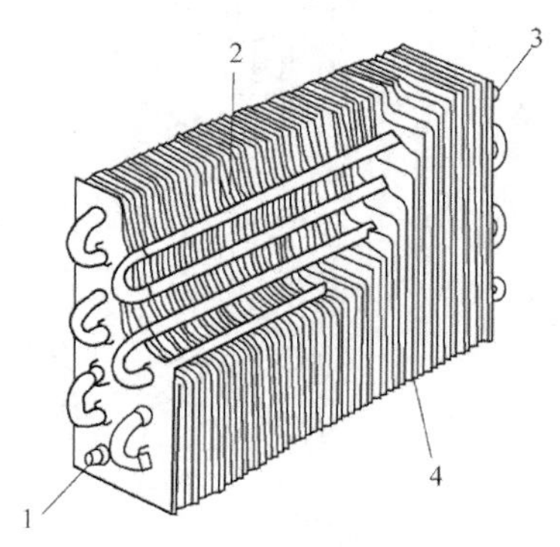

图 4-9　管翅式冷凝器

1—出口　2—冷凝盘管　3—进口　4—翅片

汽车空调系统中的蒸发器，是制冷循环中获得冷气的直接部件。其作用是将来自热力膨胀阀的低温、低压液态制冷剂在管道中蒸发，使蒸发器和周围空气的温度降低；同时，空气

中所含的水分由于冷却而凝结在蒸发器表面，经收集排出，使空气减湿；被降温、减湿后的空气由鼓风机吹进车厢，就可使车厢获得冷气。蒸发器主要有管片式、管带式和层叠式三种，其结构分别如图 4-11 ~ 图 4-13 所示。管片式结构简单、加工方便，但换热效率较低。管带式比管片式工艺复杂，效率可提高 10%左右。层叠式加工难度最大，但其换热效率也最高，结构也最紧凑。大型客车，多采用管片式结构，而中小型汽车，希望蒸发器的结构更紧凑，故多采用管带式结构。

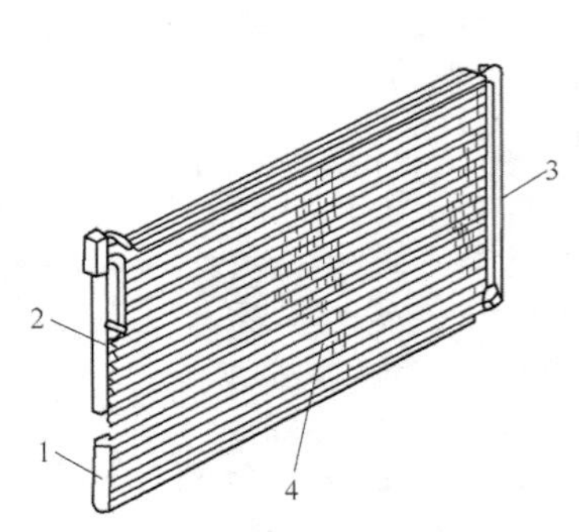

图 4-10　平流式冷凝器

1—出口集液管　2—圆筒集管　3—跨接管　4—扁管及翅片

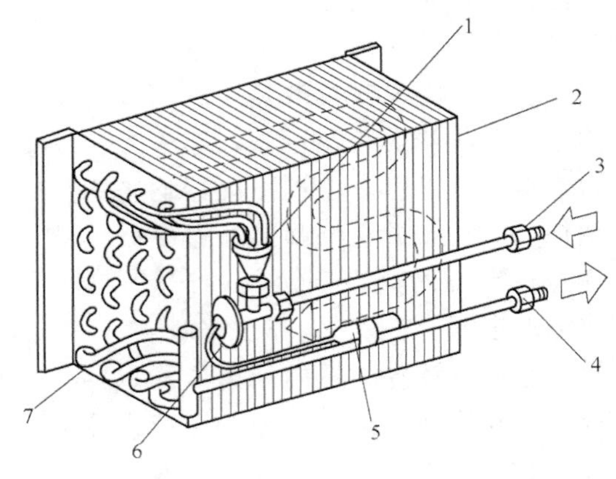

图 4-11　管片式蒸发器

1—分配器　2—散热片　3—储液干燥器接口　4—压缩机接口　5—感温包　6—膨胀阀　7—管子

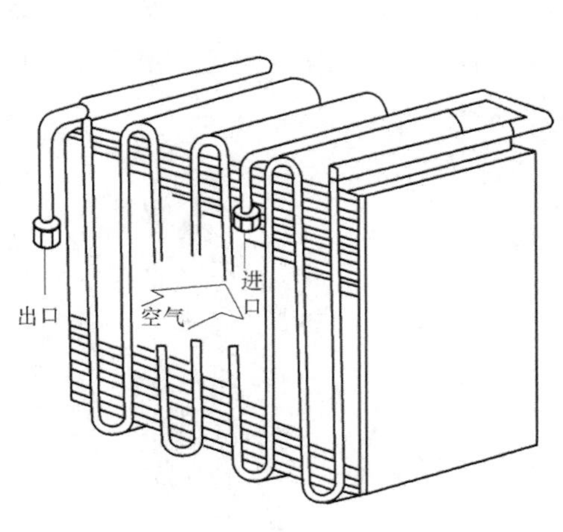

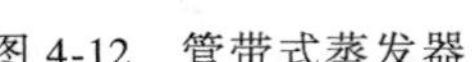

图 4-12　管带式蒸发器

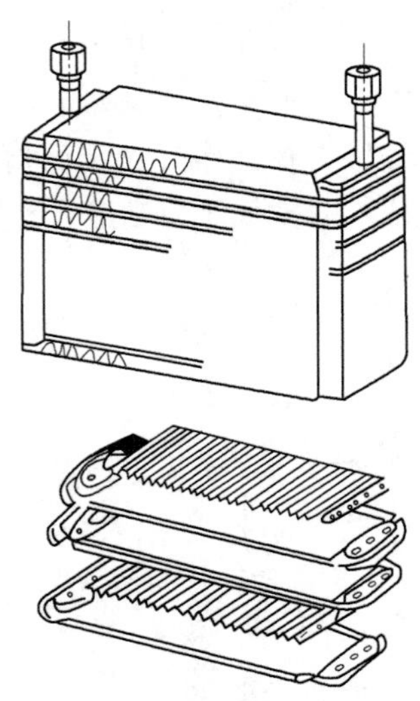

图 4-13　层叠式蒸发器

储液干燥器（图 4-14）用于以膨胀阀为节流装置的系统中，安装在冷凝器和膨胀阀之间，采用它的目的是防止过多的液态制冷剂储存在冷凝器里，使冷凝器的传热面积减少而使散热效率降低，还可滤除制冷剂中的杂质，吸收制冷剂中的水分，防止制冷系统管路脏堵和冰塞，保护部件不受侵蚀，从而保证制冷系统的正常工作。

当含有蒸气的液态制冷剂进入储液干燥器后，储液干燥器使液态和气态的制冷剂分离。液态制冷剂通过膨胀阀进入蒸发器，多余制冷剂可暂时储存在储液干燥器中。在制冷负荷变动时，及时补充和调整供给膨胀阀的液态制冷剂量，以保证制冷剂流动的连续和稳定性。同时，由于水分与制冷剂结合会生成酸或结冰，因此储液干燥器中的干燥剂可用来吸收制冷剂中的水分，防止零件腐蚀或冰块堵塞膨胀阀。过滤器用于过滤制冷剂中的杂质，防止膨胀阀堵塞，从而保证制冷系统的正常工作，即一方面它相当于汽车的油箱，为泄漏制冷剂多出的空间补充制冷剂；另一方面，它又像空气滤清器那样，过滤掉制冷剂中的杂质和吸收水分。在储液干燥器上部出口端装有视镜，用于观察制冷剂在工作时的流动状态，由此可判断制冷剂量是否合适。

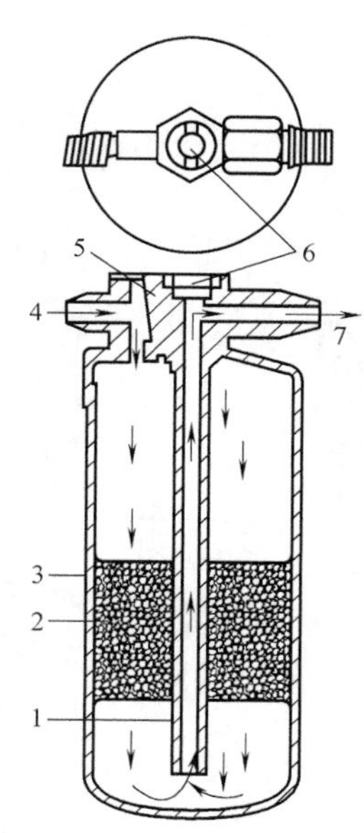

图 4-14　储液干燥器

1—引出管　2—干燥剂
3—外壳　4—进口端
5—易熔塞　6—视镜
7—出口端

对直立式储液干燥器而言，安装时一定要垂直，倾斜度不得超过 15°。在安装新的储液干燥器之前，不得过早将其进、出口端的包装打开，以免湿空气侵入储液干燥器和系统内部，失去除湿的作用。另外，安装前一定要先搞清楚储液干燥器的进、出口端，在储液干燥器的进出口端一般标有记号，如进口端用英文字母 IN，出口端用 OUT 表示，或直接标上箭头以表示进、出口端。储液干燥器出口端旁边装有一只易熔塞，它是制冷系统的一种安全保护装置。其中心有一轴向通孔，孔内装填焊锡之类的易熔材料，这些易熔材料的熔点一般为 85~95℃。当冷凝器因通风不良或冷气负荷过大而冷却不够时，冷凝器和储液器内的制冷剂温度和压力将会异常升高。当压力达到 3MPa 左右时，温度超过易熔材料的熔点，此时易熔塞中心孔内的易熔材料便会熔化，使制冷剂通过易熔塞的中心孔逸到大气中，从而可避免系统的其他部件因压力过高而被胀坏。

膨胀阀是汽车空调制冷系统的主要部件，安装在蒸发器入口处，是汽车空调制冷系统的高压与低压的分界点。其作用是把来自储液干燥器的高压液态制冷剂节流减压，根据蒸发器出口气态制冷剂的温度状况，调节和控制进入蒸发器中的液态制冷剂量，使其适应制冷负荷的变化，同时还可防止压缩机发生液击现象（即未蒸发的液态制冷剂进入压缩机后被压缩，极易引起压缩机阀片的损坏）和蒸发器出口蒸气异常过热。目前膨胀阀主要有内平衡热力膨胀阀、外平衡热力膨胀阀、H 形膨胀阀和膨胀节流管四种结构形式，分别如图 4-15~图 4-18 所示。汽车空调通常采用外平衡热力膨胀阀，因为达到同样的开度，其需要的过热度小些，蒸发器容积效率可以提高些。

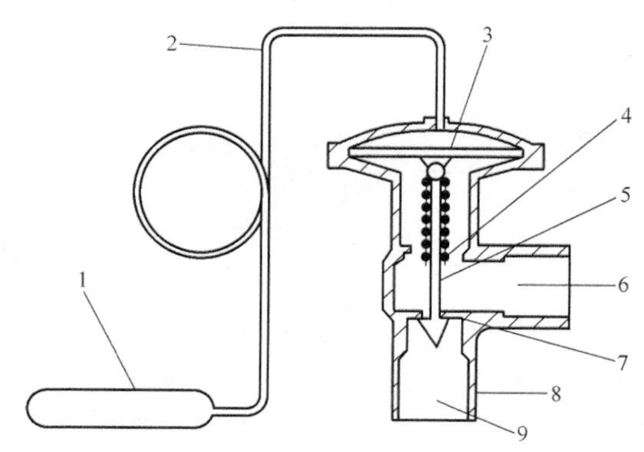

图 4-15　内平衡热力膨胀阀

1—感温包　2—毛细管　3—膜片　4—弹簧
5—针阀　6—出口　7—阀座　8—阀体　9—进口

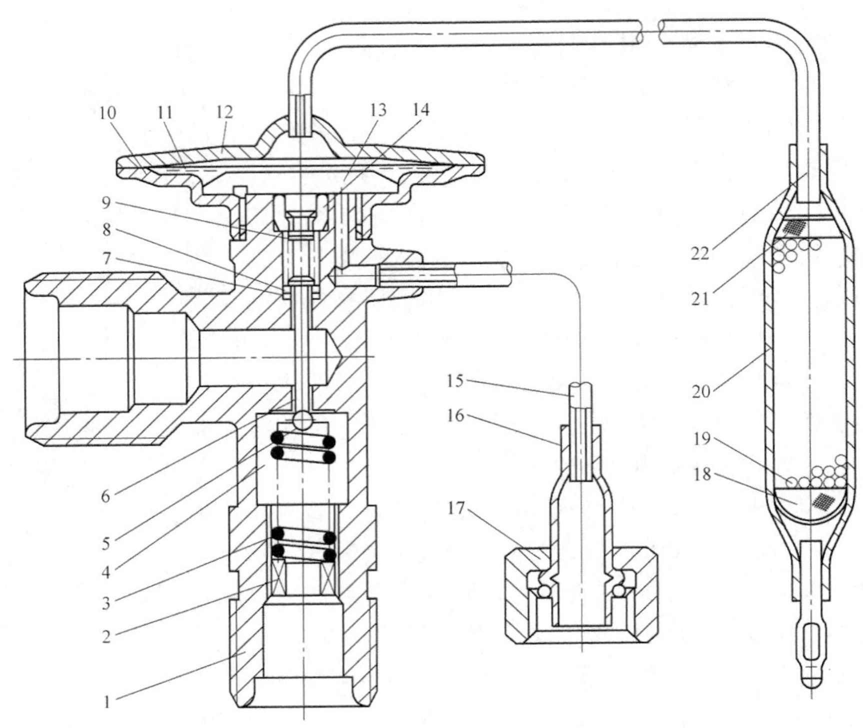

图 4-16 外平衡热力膨胀阀

1—阀体 2—调节螺母 3—调节弹簧 4—阀芯 5—钢球 6—传动杆 7—O 形圈 8—压片 9—压缩弹簧 10—气缸座 11—膜片 12—气缸盖 13—传动片 14—固定圈 15—外平衡管 16—接管 17—接管螺母 18、21—滤网 19—吸附材料 20—感温包 22—毛细管

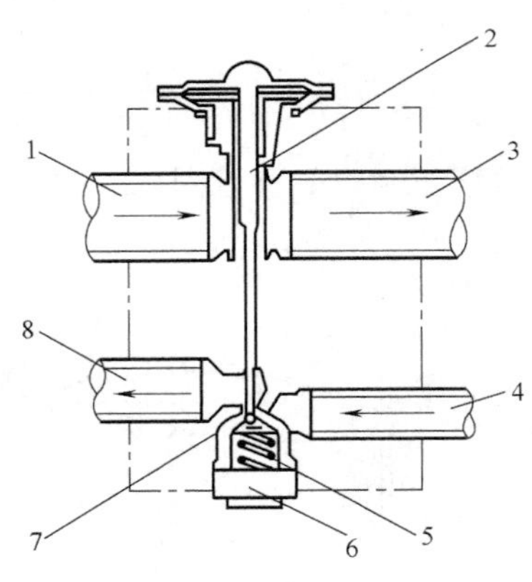

图 4-17 H 形膨胀阀

1—从蒸发器来 2—感温器 3—至压缩机 4—从储液干燥器来 5—弹簧 6—弹簧座 7—阀座 8—进蒸发器

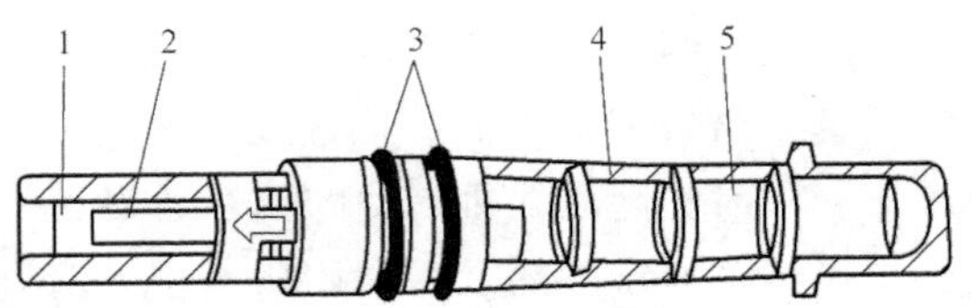

图 4-18 膨胀节流管

1—出口滤网 2—毛细管 3—O 形密封圈 4—塑料套管 5—进口滤网

集液器是膨胀节流管空调系统的重要部件。用膨胀节流管代替膨胀阀时，汽车空调制冷系统要在低压侧安装集液器。集液器是一种特殊形式的储液干燥器，其结构如图 4-19 所示。

在一定条件下，膨胀节流管会将较多的液态制冷剂节流入蒸发器用以蒸发，而留在蒸发器中的多余制冷剂则会进入压缩机造成液击。为防止这一问题，应使所有留在蒸发器中的液态、蒸气制冷剂和冷冻机油进入集液器（集液器允许制冷剂蒸气进入压缩机，而留下液态制冷剂和冷冻机油）。在集液器出口处有一毛细孔，通常称其为过油孔，目的是仅允许少量液态制冷剂和冷冻机油在给定时间随制冷剂蒸气返回压缩机，它也允许少量制冷剂进入。集液器还装有干燥剂，可吸附因不当操作而进入系统的湿气。干燥剂不能维修、只能更换，若有迹象表明需更换干燥剂时，集液器必须整体更换。

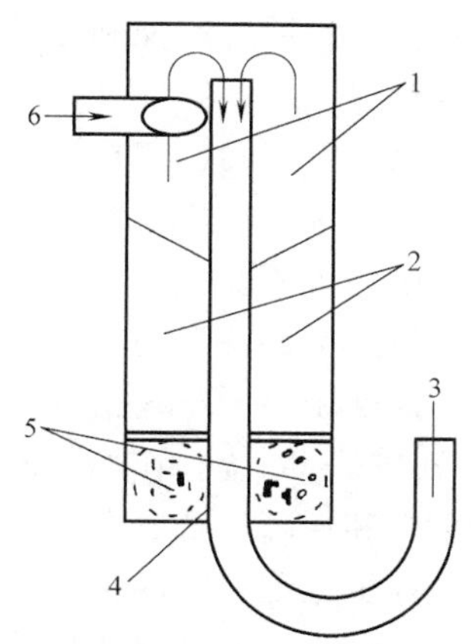

图 4-19　集液器

1—气态制冷剂　2—液态制冷剂　3—出口　4—U 形管　5—干燥剂　6—进口

汽车空调制冷系统采用的风机，大部分是靠电动机带动的气体输送机械。它对空气进行较小的增压，以便将冷空气送到所需要的车厢内，或将冷凝器四周的热空气吹到车外，因而风机在空调制冷系统中是十分重要的设备。风机按其气体流向与风机主轴的相互关系，可分为离心风机和轴流风机两种。

离心风机主要由电动机、风机轴（与电动机同轴）、风机叶片、风机壳体组成，如图 4-20 所示。风机叶片有直叶片、前弯片、后弯片等形状，随叶轮叶片形状不同，所产生的风量和风压也不同。离心风机的空气流向与风机主轴成直角，它的特点是风压高、风量小、噪声也小。蒸发器采用这种风机，因为风压高可将冷空气吹到车厢内每个乘员，使乘员有冷风感；噪声小使乘员不至于感到不适而过早疲劳。

轴流风机主要由电动机、风机轴、风机叶片、键组成，如图 4-21 所示。叶片固定在骨架上（叶片常做成 3~5 片不等），叶片骨架穿在电动机轴上，由键带动旋转。轴流风机的空气流向与风机轴平行，它的特点是风量大、风压小、耗电小、噪声大。冷凝器采用这种风机，因为：风量大可将冷凝器四周的热空气全部吹走；风压小不影响冷凝器正常工作；冷凝器安装在车厢外面，风机噪声大也影响不到车内。

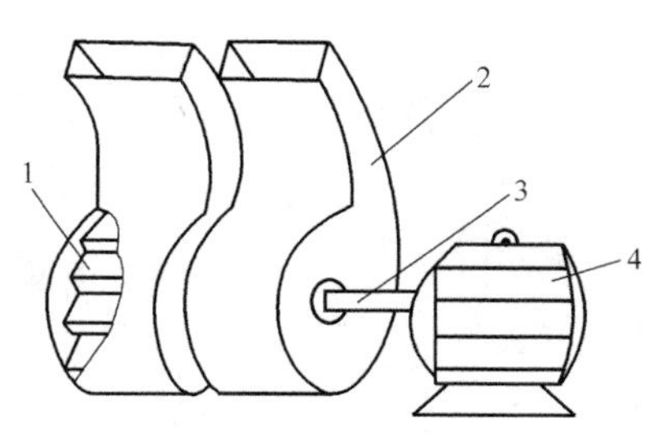

图 4-20　离心风机

1—风机叶片　2—风机壳体　3—风机轴　4—电动机

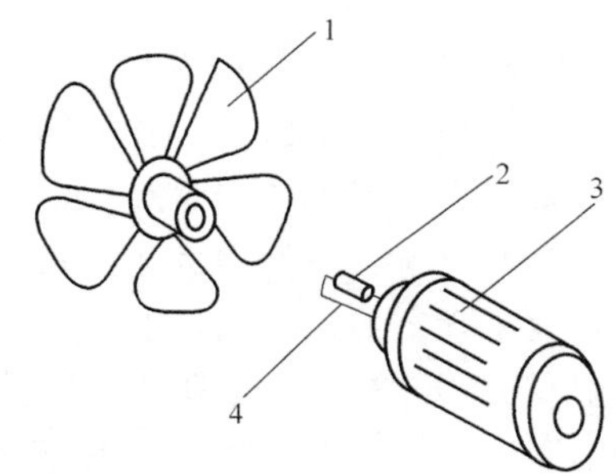

图 4-21　轴流风机

1—风机叶片　2—键　3—电动机　4—风机轴

（3）汽车电气控制系统　汽车空调的电气控制系统是为了保证汽车空调系统各装置之间的相互协调工作，正确完成汽车空调系统的各个控制功能和各项操作。例如压力的控制、蒸发器结霜温度的控制、系统温度的保护、压缩机的保护、送风电动机的运转、各功能部件的运行等。

汽车空调的电气控制是通过一系列的控制元件和执行机构来实现的。控制对象可按参数划分，如温度、压力和转速等；也可按部件划分，如蒸发器、压缩机离合器、风门以及风机、电动机等。

汽车空调温度的控制有两种方法，一种是控制蒸发器表面温度，其依靠压缩机电磁离合器的通断来控制压缩机是否工作，从而达到控制蒸发器温度的目的，它的特点是压缩机间断运行，这种系统称作循环离合器系统。根据所用部件不同，这种系统又分有循环离合器膨胀阀系统和循环离合器孔管系统。另一种是控制蒸发器压力，这种系统称作蒸发器压力控制系统，其根据制冷剂的饱和温度和压力相对应的性质，用控制蒸发器出口压力的方法来控制其表面温度，它的特点是压缩机持续不间断运行。

为了保证带空调的汽车正常工作，还需要对压缩机的运行及发动机供油系统采取相应的控制措施，如怠速继电器、怠速提升装置、超车停转继电器等。对于压缩机的通断，一般是通过电磁离合器的控制来实现的。风门的控制依靠电气系统、真空系统的控制作用来实现。

汽车空调控制系统的控制元件有：温度控制组件、压力控制组件、电磁离合器、车速调节装置、真空控制组件等。

温度控制组件，又称恒温器、温度开关，它是汽车空调系统中的温度控制部件。检测大气温度和车厢内温度时，一般用空气混合调节风门的控制，由风门开度的大小调节车厢内的温度。恒温器较多地用于循环离合器系统中控制电磁离合器的通断。此时，恒温器被放置在蒸发器内或靠近蒸发器的冷气控制板上。当蒸发器表面温度或车厢内温度低于设置温度时，恒温器断开，电磁离合器分离，压缩机停止工作；反之电磁离合器吸合，压缩机开始工作，由此可防止蒸发器表面结霜，也调节了车厢内的温度。

压力控制组件可分为两类，一类是通断型，也称压力开关，即对于所设定的压力执行通或断的指令，如高、低压开关等；另一类是调节型，也称压力调节器，即对于所设定的压力执行的是一个调节过程。在蒸发器压力控制系统中，常常用到压力调节装置调节蒸发器压力，以防止其表面结冰。同时，调节装置中都有一个旁通管路，可保证少量制冷剂及冷冻润滑油的不断循环。用于汽车空调系统的压力调节器有蒸发压力调节器（EPR）、导阀控制吸气节流阀（POA）、组合阀（VIR）等。

汽车空调系统中，泄压阀（图 4-22）一般安装在压缩机高压侧或储液干燥器上。其正常情况下，弹簧力大于制冷剂压力，密封塞被压紧密封。当高压侧压力异常升高时（此值为设定值，不同系统和厂家，设定值也不同），弹簧被压缩，密封塞被打开，制冷剂释放出来，压缩机压力立即下降。当压力低于设定值后，弹簧又立即将密封塞压紧。

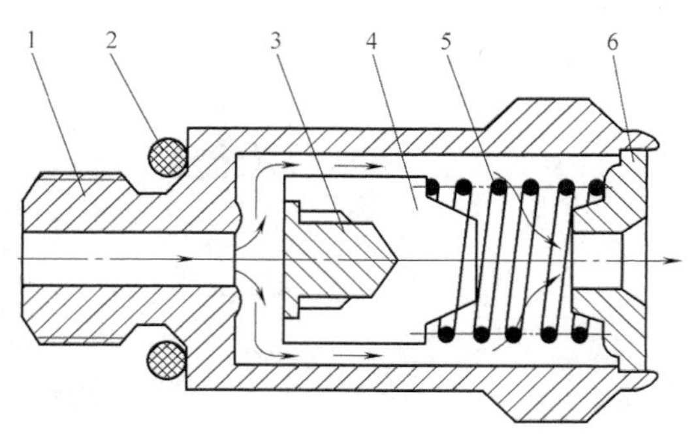

图 4-22　泄压阀
1—阀体　2—O 形密封圈　3—密封塞　4—下弹簧座
5—弹簧　6—上弹簧座

在非独立式汽车空调制冷系统中，压缩机是由汽车发动机驱动的，可根据需要接通

或切断发动机与压缩机之间的动力传递。压缩机的起停，是由电磁离合器的分离或吸合决定的。另外，当压缩机过载时，它还能起到一定的保护作用。同时电磁离合器又是一个执行部件，受温度开关、压力开关、怠速调节装置、电源开关等元件的控制。电磁离合器通常为定圈式，即线圈固定在压缩机壳体上不转动。

电磁离合器由带轮、线圈、压力板等主要部件组成，如图 4-23 所示。带轮由轴承支承，可以绕主轴自由转动，其侧面平整，开有条形槽孔，表面粗糙，以便衔铁吸合后有较大的摩擦力。带轮以冲压件居多，以使它的另一侧有一定空间可嵌入线圈。衔铁组件由驱动盘、压力板、弹簧片等组成，整个组件靠花键与压缩机主轴连接。

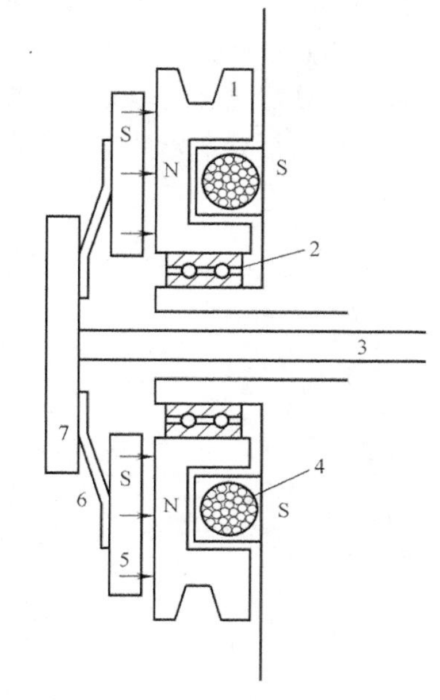

图 4-23 电磁离合器

1—带轮 2—轴承 3—压缩机轴 4—线圈 5—压力板 6—弹簧片 7—驱动盘

当需要制冷时，空调开关接通，电流通过电磁离合器的线圈，线圈产生电磁吸力，克服弹簧的弹力，使压缩机的压力板与带轮接合，将发动机的转矩传递给压缩机轴，使压缩机轴旋转。当不需要制冷时，断开空调开关，线圈的吸力消失。在弹簧作用下，压力板和带轮脱离，压缩机便停止转动。因此，通过控制电磁离合器的接合与分离，就可接通与断开压缩机。

非独立式汽车制冷系统的压缩机是由发动机带动的，由于发动机的功率一定，空调系统的工作对发动机功率输出的分配有一定影响；反过来，发动机转速的变化同样影响空调系统的工作性能。怠速调节装置是为达到汽车在不同运行情况下既保证怠速的要求，又保证空调系统的正常工作。

发动机在怠速运转时往往影响到空调系统的正常工作。一方面压缩机转速过低，造成制冷量严重不足；另一方面对于小排量发动机来说，怠速时发动机功率较小，不足以带动制冷压缩机并补偿因电力消耗给发电机增加的负荷。同时，由于发动机转速过低，冷却风扇的风压和风量均不充足，使得发动机和冷凝器散热受到影响。冷凝器温度和冷凝压力异常升高后，压缩机功耗迅速增大。这样，一是增加了发动机在怠速时的负荷，导致工作不稳定，甚至熄火；二是会引起电磁离合器打滑或传动带损坏。因此，在非独立式空调系统中一般装有怠速调节装置。

发动机怠速调节装置可分为两类：一类是被动式调节，当发动机怠速运转时，自动切断压缩机离合器电路，停止压缩机运行，以减轻发动机的负荷，稳定发动机怠速性能，这类装置称为怠速继电器；另一类是主动式调节，即在发动机怠速运转时，加大油门，以增加发动机的输出功率，并使发动机转速稍有提高，达到怠速稳定运转的目的，这类装置称为怠速提升装置。

怠速继电器是一种集成电路，感应来自点火线圈的脉冲信号，所需控制的转速设定值可由人工调节。若发动机怠速低于设定值，继电器不吸合，则压缩机停转。

一般带有怠速继电器的控制电路都与测温电路继电器串接。图 4-24 所示为测速与调温控制电路原理图，当发动机转速低于规定转速时，晶体管 T_1 导通，晶体管 T_3 截止，继电器触点分开，电磁离合器线圈电流被分断，压缩机停转。当蒸发器表面温度降至规定值，热敏电阻阻值升高到使晶体管 T_2 导通，晶体管 T_3 截止，继电器触点分开，压缩机停转。

怠速提升装置有多种形式，工作原理基本相同，现介绍一种常见结构（图 4-25）。真空促动器的拉杆与化油器的节气门拉杆相连，真空电磁阀的电路与压缩机电磁离合器电路并联。在汽车怠速时，如果空调电磁离合器电源接通，真空电磁阀同步工作，来自发动机进气管路的真空度通过真空电磁阀到真空促动器，吸引拉杆向加大节气门的方向移动，从而提升怠速。拉杆的行程要调至发动机在怠速时带动压缩机运行，并能保持稳定运转。

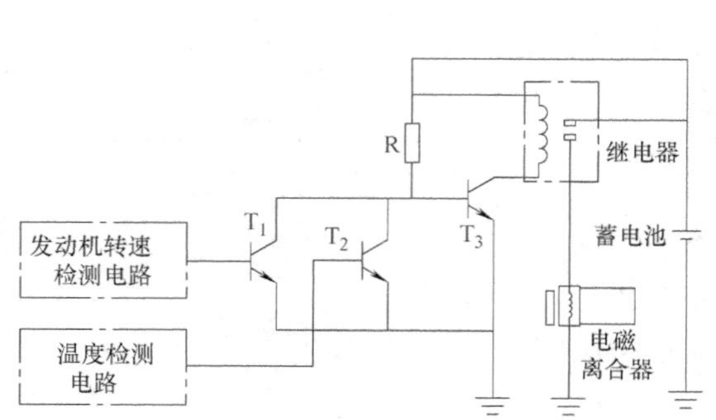

图 4-24　测速与调温控制电路原理图

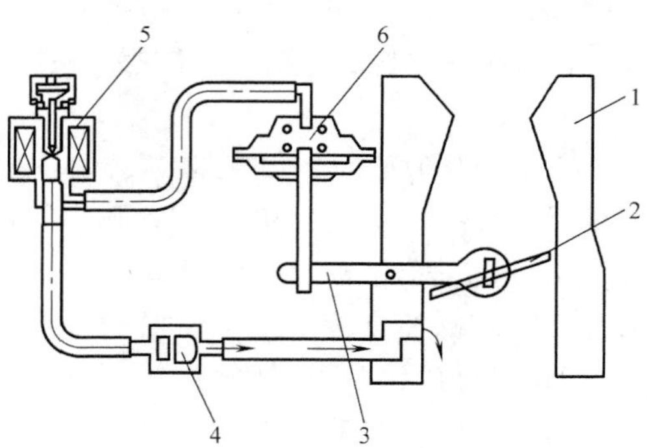

图 4-25　怠速提升装置工作示意图

1—化油器　2—节气门　3—拉杆　4—阻尼阀　5—真空电磁阀　6—真空促动器

在汽车加速超车时，为了保证发动机有足够的动力，应当切断压缩机离合器电路，这样就卸除了压缩机的动力负荷，以尽量大的发动机功率来供汽车加速。常用的加速断开装置（也称超速控制器）由超速开关及延时继电器组成。超速开关一般装在加速踏板下，当加速踏板被踩下时，电磁离合器电路断开，压缩机停止工作，使发动机的输出功率全部用于加速，而 6s 后电路又自动接通，空调系统恢复工作。

汽车空调系统的基本电路如图 4-26 所示，其工作过程如下。接通空调及鼓风机开关，电流从蓄电池经鼓风机开关后分为两路。一路从上面经温度控制器至电磁离合器，使电磁离合器线圈通电，压缩机被发动机带动开始工作，同时与电磁离合器并联的压缩机工作指示灯也通电发亮。另一路从开关下面经 L，通过两个鼓风机调速电阻到鼓风机电动机，这时鼓风机电动机开始运转。由于电流通过两个电阻才到鼓风机电动机，故这时电动机的转速最低。转动鼓风机开关，上面电路不变，下面电路通过开关的 M 点，电流只经一个调速电阻到鼓风机电动机，因此电动机转速升高。再转动开关至 H 点，电流不经电阻直接到电动机，此时电动机转速最高。

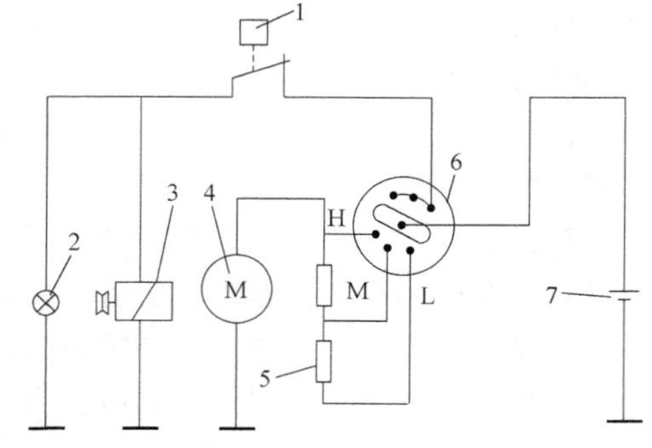

图 4-26　汽车空调系统的基本电路

1—温度控制器　2—压缩机工作指示灯　3—电磁离合器　4—鼓风机电动机　5—鼓风机调速电阻　6—鼓风机开关　7—蓄电池

温度控制器的触点在车厢内高于设定温度时是闭合的。如果由于空调的运行使车厢内温度低于设定温度，温度控制器触点断开，电磁离合器断电，压缩机停止工作，指示灯熄灭，这时鼓风机仍然在工作。空调停止工作后，车厢内温度上升，当车厢内温度高于设定温度时，温度控制器的触点又闭合，电流通过电磁离合器线圈使压缩机恢复工作，使车厢内温度控制在设定的温度范围内。

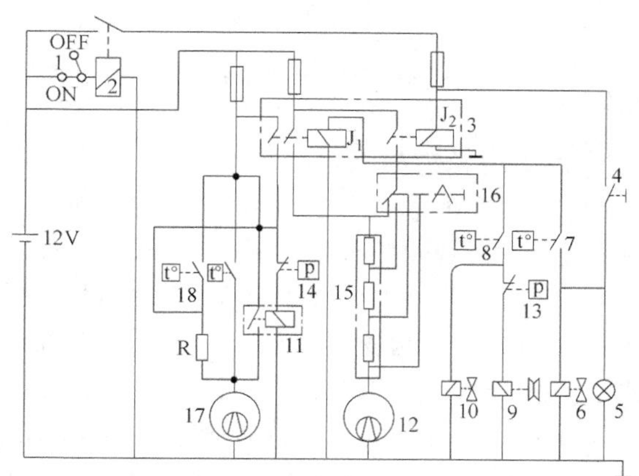

图 4-27　某轿车空调电路

1—点火开关　2—减负荷继电器　3—主继电器　4—空调 A/C 开关　5—空调 A/C 开关指示灯　6—新鲜空气电磁阀　7—环境温度开关　8—恒温器　9—电磁离合器　10—怠速提升电磁真空转换阀　11—冷却风扇继电器　12—鼓风机　13—低压保护开关　14—高压保护开关　15—鼓风机调整电阻　16—鼓风机开关　17—冷却风扇电动机　18—冷却液温度开关

图 4-27 所示为某轿车空调电路，其空调装置采用的是热力膨胀阀—离合器系统。该电路由电源电路、温度控制电路、鼓风机控制电路、冷凝器风扇电路、怠速控制电路和压力控制电路组成。

其工作过程如下：

① 点火开关断开（置 OFF）时，减负荷继电器的线圈电路切断，触点张开，空调系统不工作。

② 点火开关接通（置 ON）时，减负荷继电器线圈电路接通，触点闭合，主继电器中的 J_2 线圈通电，接通鼓风机电路。此时可由鼓风机开关进行调速，使鼓风机按要求的转速运转，进行强制通风、换气或送出暖风。

③ 需要制冷系统工作时，接通空调 A/C 开关，便可接通下列电路。

a. 空调 A/C 开关的指示灯亮，表示空调 A/C 开关已经接通。

b. 新鲜空气电磁阀电路接通，该阀动作接通新鲜空气控制电磁阀的真空通路，而使鼓风机强制通过蒸发器总成的空气通道进风，否则将无法获得冷气。

c. 电源经环境温度开关、恒温器、低压保护开关对电磁离合器线圈供电，同时对怠速提升电磁真空转换阀供电。另一路对主继电器中的 J_1 线圈供电，使两对触点同时闭合，其中一对触点接通冷凝器冷却风扇继电器线圈电路；另一对触点接通鼓风机电路。

低压保护开关串联在恒温器和电磁离合器之间，当制冷系统缺少制冷剂、系统压力过低后，开关断开，停止压缩机工作。

高压保护开关串联在冷却风扇继电器和主继电器 J_1 的一对触点之间。当制冷系统高压值超过规定值时高压保护开关触点闭合，将电阻短路，使风扇电动机高速运转，以增强冷凝器的冷却能力。同时，冷却风扇电动机还直接受发动机冷却液温控开关的控制。当不开空调 A/C 开关时，若发动机冷却液温度低于 85℃，风扇电动机不转动；高于 95℃，风扇电动机低速转动；当冷却液温度达到 105℃时，风扇电动机将高速转动。

主继电器中的 J_1 触点在空调 A/C 开关接通时即刻闭合，使鼓风机低速运转，以防止蒸发器表面温度过低而结冰。

二、汽车空调装配及安装

汽车空调是由多个零部件总装在系统的各个部位，通过管路连接成的一个密封系统，通过电气控制来实现空调正常工作的。

1. 零部件总成的组装

（1）蒸发器总装及气密性检验　蒸发器总装流程为：领取物料拆封检查—装配膨胀阀—装配视镜连接管—装配平衡管—装配干燥器—气密性检验—结水防护—进出口安装防尘堵塞。

1）将所领取的物料（蒸发器、膨胀阀、视镜连接管、平衡管、干燥器、所需规格的密封圈等）拆封，并检查零部件有无损坏（包括蒸发器铜管有无明显损伤、膨胀阀感温包及毛细管有无损伤、视镜有无破裂及砂眼、平衡管有无断裂及漏焊、干燥器有无砂眼、环保接口与干燥器对应的内孔配合是否合适、螺纹配合是否合适、喇叭口是否规整）。

2）装配膨胀阀。将蒸发器竖直放置，喇叭口螺母与铜管接触面处涂冷冻机油，喇叭口接触面涂冷冻机油（双面），在喇叭口螺母与膨胀阀螺纹正常配合后拧进3~4圈，再滴2~3滴螺纹密封胶拧紧（使用双扳手）。正常装配后应保证喇叭口密封良好，同时保证膨胀阀与蒸发器的安装位置正确（膨胀阀调节螺母朝向回风窗方向）。目测铜管与铜螺母之间间隙均匀，保证膨胀阀无明显倾斜，分液头连接管无明显扭曲及变形现象。用扎带固定感温包，其位置在回气管水平轴线下部约45°处，固定后的感温包及毛细管应保证外观整洁，盘接部分整齐，无破损、死弯、扭曲等不良现象，不得与蒸发器端板过管孔镀锌板产生干涉。

3）装配视镜连接管。按照2）安装视镜连接管，并对视镜压紧螺母进行适当紧固，安装后保证视镜连接管位置无明显倾斜，目测铜管与铜螺母之间间隙均匀，保证蒸发器安装后视镜镜面朝下（相对空调顶盖位置），连接管整体无明显变形及扭曲现象。

4）装配平衡管。在平衡管的喇叭口处及另一端的密封圈处涂冷冻机油，固定螺母与平衡管接触处涂润滑油。使用双扳手先将膨胀阀端紧固，再将回气管端紧固，固定时注意用力均匀，以免损伤密封圈及内外螺纹。正常安装后的平衡管应保证固定美观，无破损、死弯及明显的扭曲现象，不得与蒸发器端板过管孔镀锌板产生干涉。

5）装配干燥器（无干燥器的产品除外）。在视镜与干燥器的接触面及密封圈上涂冷冻机油，然后使用双头呆扳手拧紧，正确装配的干燥器应保证流向正确（按流向箭头方向）、方向正确（保证贴有标签的方向朝上）、接口无泄漏。

6）蒸发器总成气密性检验。总装完成后应进行系统气密性检验。先将进出口连接检漏接头后双端充注2.5MPa氮气，然后将总成放入检漏水池3~5min，若无气泡则证明系统气密性良好，若某部位有气泡则对该部位进行适当紧固，当泄漏部位问题仍无法解决时应更换部件。

7）总成结水防护。由于系统在运行时膨胀阀、分液头连接管（包括连接膨胀阀喇叭口管及连接散热器的毛细管）、回气管等处有冷凝水析出，应用保温胶泥（或保温海绵）对上述部位进行防护。合格的防护应保证保温海绵接头切割整齐，胶泥厚度均匀、缠绕美观，需要缠绕胶带的地方应保证胶带无漏缠、起皮、松散等不良现象，必须保证胶带接头剪切整齐、缠绕密度适中。

8）将组装合格的总成进出口安装上防尘堵，合理放置在半成品区，以备后用。

系统内部在整体装配过程中应保持干燥与清洁，应避免灰尘、包装泡沫、防尘堵、水分、金属屑、玻璃钢粉末、螺母、螺钉、纸屑等杂质滞留或进入系统内部。总装过程中应尽

量保证产品的外观质量，并保持翅片整齐，尤其是在棱角处应避免翅片倒边与翻边，保持铜管外观质量，避免磕碰、堵塞、挤扁等不良现象的产生。

（2）冷凝器总装及气密性检验　对于需要进一步加工的铜管铝片式冷凝器，其总装流程为：领取物料—拆封检查—连接冷凝器—焊接高压进气管外螺纹及压力开关支座—连接高压出气管的连接管—气密性检验—清理系统—将进出口堵上防尘帽。

1）将所领取的物料（冷凝器、连接管、密封圈、储液器、密封圈、铜焊条三通及弯头、压力开关等）拆封，并检查物料是否符合安装要求（冷凝器隔断位置是否正确、管路是否有损伤、螺纹是否有不良配合现象及损伤等、储液器是否漏气、环保接口与储液器对应的内孔配合是否合适、铜焊条三通及弯头外观是否有变形等）。

2）冷凝器的连接。将冷凝器内的气体完全放出，用气焊将铜芯体上的气门芯及其底座熔开拿掉，同样将另一端的芯体密封盖熔开拿掉，分别连接上三通后焊接牢固，焊接后应保持三通中性面水平。

3）高压进气管外螺纹及压力开关支座的焊接。用铜管割刀截取规定尺寸（$\phi16\times335$mm）的铜管，在离一端约100mm处用$\phi6.5$mm钻头钻一压力开关支座固定孔，将焊条加热，沾少许焊剂后对黄铜外螺纹及黄铜压力开关支座进行焊接；截取$\phi16\times25$mm铜管，将该铜管、弯头、三通、芯体焊接起来。铜管及三通部分在焊接后可用冷水进行冷却。所有焊接部位保证焊缝均匀美观，焊接自然，无少焊、漏焊、夹杂物、开裂等焊接缺陷。

4）高压出气管的连接管的连接。用铜管割刀截取规定尺寸（$\phi12\times450$mm）的铜管，再用弯管器弯曲后一端与环保外螺纹焊接。为避免黄铜内螺母开裂，尽量不要对其进行加热，或加热后让其自然冷却（铜管及三通在焊接后可用冷水进行冷却）。所需管路焊接完成后将其焊接到芯体上。

5）冷凝器总成气密性检验。为保证产品质量，进一步确保产品性能，在冷凝器总成初装完成后应进行气密性检验。安装压力开关，同时用检漏装置堵塞芯体两端进出口，充入2.5MPa氮气后放入检漏水池，在3~5min内看是否有气泡，若无气泡则证明系统气密性良好，若有气泡溢出则证明系统有泄漏。对有泄漏的产品应进一步处理，处理后同样需要进一步检漏，直到产品完全符合系统要求。

6）系统内部的清理。由于在焊接过程中会出现氧化现象，应对管路内部进行清理。一般采用吹高压气体的方法进行。具体的操作方法为：从一端注入高压氮气2.5~3.0MPa，另一端用手堵住3~5s后松开，重复3~5次基本可把内部杂质吹干净。

7）组装合格的冷凝器总成进出口堵上防尘帽后在半成品区合理放置，以备用。总成在组装过程中应保证内部干燥与整洁，保证外观质量，防止翅片倒边、翻边、堵塞、磨损、划伤等不良现象的产生；保证系统内部清洁，无灰尘、切屑、包装泡沫、水分、胶带残留等影响系统效果的杂质滞留。

（3）蒸发风机的安装　蒸发风机的安装过程如下：

1）将领取的蒸发风机拆封，检查风机外壳有无破损、风机叶轮有无开裂、调速电阻块有无松动、电源以及搭铁插件有无脱落、档位线插件是否有缺损等不良现象。

2）切割底面密封海绵。用美工刀切割密封海绵，具体尺寸因风机种类而定。一般单边应超过风机底面最大边缘尺寸3~5mm，要求切割整齐，基本无毛边、破损、撕裂等不良现象。

3）粘贴风机底面密封海绵。将固定风机部位的空调外表面擦拭干净，然后将密封海绵居中粘贴，上面粘贴到位。粘贴完成后应将风机出风口对应位置的多余海绵切去。粘贴完成后的海绵应保证平整，基本无起皱、鼓泡、撕裂、划伤、毛边等不良现象。

4）固定蒸发风机。用十字槽圆头螺钉（M4×25mm）加平垫、弹垫后固定。固定时注意用力适中，确保风机固定架上的出风口与风机上的出风口基本对齐。固定完成后风机外壳不得有变形、风机安装孔破裂等不良现象。风机固定完成后所有十字槽圆头螺钉不得有松动现象，平垫与弹垫不能有错位或挤出现象，螺栓十字槽不能有破坏性损坏。特别注意在风机固定过程中要严禁杂物（如螺栓、自攻螺钉、平垫、弹垫、扎带头、美工刀等）滞留在风机腔内，以免对风机部件（叶轮、电动机等）造成破坏性损害。完成安装后的蒸发风机应避免外观划伤，保证风机表面干净、无破损，保证风机相对于空调壳体的位置正确，风机相对于其固定架不允许有过度倾斜等现象。

（4）冷凝风机的安装　冷凝风机的安装过程如下：

1）将领取到的冷凝风机拆封，检查风机外壳、风机叶片、电源线等是否有破损或缺陷，用手指拨动叶轮看风机电动机是否有卡死现象。

2）安装冷凝风机。对于有固定预埋的空调壳体，固定冷凝风机的螺栓为每台 4 条 M6×25mm，壳体为 3 条 M6×25mm，其中 1 条 M6×40mm 用于固定风机线。对于没有固定预埋的空调壳体，每台风机用 3 条 M6×30mm，一条 M6×40mm 的螺栓加平垫及弹垫后固定风机及风机线，螺母用防松螺母以防止脱落。风机固定后要求螺栓、螺母无松动现象，风机线固定无脱落及松动现象，以防线束磨损，以及防止风机线磨穿芯体。

3）冷凝风机固定后应检查风机线是否接反，并保证风机接插件无虚接。完全固定好的风机应保证风机线无松动，与玻璃钢壳接触处有护线套保护，以防止壳体上的锐边对线束造成破坏。

4）用扎带固定风机线，使其不得影响风机的转动，同时保证与风机的相对位置，不得有游走、松脱、下垂等不良现象。完全固定好风机后剪掉扎带头，并将其清出。对于在空调盖上的风机，其线束应该用 ϕ25mm 管卡固定牢固，并保证其不与冷凝器接触。

（5）电控盒及支架的安装　电控盒及支架安装过程如下：

1）安装电控盒及其支架。先将电控盒的支架固定到不锈钢支架上（M6×20mm 螺栓反穿，M6 螺母固定），然后用 M4×50mm 的圆头螺钉把电控盒固定牢固以备用，最后用 M6×25mm 的不锈钢螺栓（加平垫、弹垫）把支架固定在空调壳体上对应的位置。

2）安装视镜支架。用 M6×25mm 的不锈钢螺栓（加平垫、弹垫）将不锈钢支架固定在空调壳体的对应位置，固定时注意方向不要放反。

3）完全紧固的电控盒支架及视镜支架应保证电控盒方向不能放反，螺栓无松动，视镜支架方向不能放反，螺栓固定牢固。

4）所用的支架应与所用的壳体及芯体相对应。

（6）冷凝器及储液器（储液干燥器）的安装　冷凝器及储液器的安装过程如下：

1）对于铜管铝片式冷凝器，将焊接完全的部件放在空调冷凝器外壳上，用 M6×25mm 的不锈钢螺栓（加平垫、弹垫）固定紧，固定时注意进出口不得放反。对于平行流冷凝器，同样用 M6×25mm 的不锈钢螺栓（加平垫、弹垫）固定紧，固定时注意进出口方向。气密性良好的冷凝器在内部应该有气体，若无气体，则冷凝器应经检验无泄漏后方可使用。

2）连接管路。将所有的管路密封槽内放置合适规格的密封圈。涂冷冻机油后先用手将各管路与储液器（储液干燥器）连接，确保储液器进出口方向正确，保证管路的内螺纹与外螺纹为正常配合，并确保密封槽的肩部与外螺纹外面完全接触，以防止密封圈损坏。

3）用 M6×35mm 的不锈钢螺栓（加平垫、弹垫）固定储液干燥器，用双扳手固定管接头，确保用力适中、均匀，避免对管接头造成破坏。

4）在管路连接完全后在固定预埋的位置用管卡（ϕ12mm）固定管路，保证管路无抖动。同时确保管路与冷凝器无干涉，以防止因相对运动而造成部件的破损。

（7）蒸发器及线束的安装　蒸发器及线束的安装如下：

1）按照蒸发器的尺寸规格粘贴吸水海绵，保证海绵粘贴整齐，无多余及缺失。

2）用 M6×25mm 的不锈钢螺栓（加平垫和弹垫）固定蒸发器，确保蒸发器固定牢固，螺栓固定到位、无松弛。

3）按照线色接插线束，包括控制线束及冷凝风机线束，如有颜色不同应随时更换。同时检查电控盒熔体、地线、电源线有无松动现象，如有松动应及时固定。

4）按照档位线接蒸发风机，红、黄、蓝三种颜色分别接 3、2、1 档。

5）固定回风传感器（无该传感器的除外）及除霜传感器，其位置应位于蒸发器中间靠下。固定正确的传感器应与蒸发器铜管平行。

6）线束捋顺之后用扎带扎紧，蒸发器上面贴吸水海绵或保温海绵，以保证密封效果。

完成组装的总成应保证内部清洁，无切屑、扎带头、海绵头、螺栓、纸屑等杂物；保证蒸发器外观良好，无倒翅、翻边、划伤、扭曲等不良现象；保证连接管连接正常，无滑牙、破损、开裂、螺纹咬合等潜在隐患存在；保证接插件装配正确，无虚接、漏接、错接、短路等影响产品质量的安全隐患存在。

（8）空调系统的气密性检验及其电控系统可靠性检验　系统安装完毕后，需进行空调系统的气密性检验及其电控系统可靠性检验。

1）用带有防尘塞的塑料堵头分别堵塞蒸发器回气口及冷凝器进气口。

2）用钢针分别从两端充 2.5MPa 氮气后关掉氮气瓶的阀。

3）把肥皂泡沫分别涂在各个接口上，看是否有漏气现象，若接口有漏气现象则应更换密封圈，若连接管有破损则更换连接管，且更换部件后还应进行气密性检验。

4）连接好空调控制电路及电源相线和地线，根据空调风机的电压调节稳压直流电源的电压。

5）打开蒸发风机开关到 L 位置，待风机转速稳定后打开制冷开关。待冷凝风机转速稳定后，分别把蒸发风机开关调到 M、H 位置一段时间（2~3min），并在这一过程中观察风机转动情况。若风机有不转现象应检查线路是否连接正确、保险是否失效、电控盒继电器插脚是否虚接、控制面板是否失效、继电器是否失效等，应根据实际情况采取相应的措施进行处理。若风机有运动干涉则直接更换风机；若冷凝风机反转则应对风机接插件进行合理的调整；若部分冷凝风机不转则应检查线束，若风机线束无问题则考虑更换冷凝风机。

6）若因为环境温度低于 16℃ 而导致制冷开关打不开的，应将除霜传感器升温至 16℃ 以上再进行空调电控系统的检验。

2. 汽车空调装配

（1）压缩机装配　将压缩机上的安装孔和发动机压缩机托架上的安装孔对齐，用对应的螺栓、平垫固定（螺栓暂时不拧紧）；调整压缩机与发动机倾斜角度一致，保证压缩机带轮、惰轮、发动机带轮在同一平面上。调整合格后紧固所有安装螺栓（安装牢固、不得有晃动现象）。

（2）冷凝器、蒸发器装配　将冷凝器托到车架安装或者底盘车架位置上，与安装孔对齐，用螺栓、垫片紧固，并将底盘地线固定在螺栓上。将蒸发器托到车内顶部蒸发器安装位置，用相应的螺栓固定，要求固定可靠、稳定（内置式、半顶置式）。对车顶预留蒸发器、冷凝器固定螺栓周边用弹性密封胶进行密封，要求密封严密，不得留有间隙（全顶置式）。在车顶蒸发器出风口、回风口外翻边周围打弹性密封胶，要求打胶宽度不小于15mm，高度不低于3mm，且连续不间断，即在出风口、回风口四周形成闭环（全顶置式）。撕去防水海绵背胶贴纸，在打胶位置放置防水海绵（非整体海绵对接处应打弹性密封胶密封）。在车顶冷凝器位置均匀粘贴安装三条防水海绵。在每个预留固定螺栓上放置橡胶减振垫，用手轻轻压平。在防水海绵上表面打弹性密封胶，要求打胶宽度不小于15mm，高度不低于3mm。将蒸发器、冷凝器用手推电升堆高车吊至车顶，按预埋螺栓位置放好，放置时检查出风口、回风口是否与蒸发器相配合（全顶置式）。压缩机出气口500mm以内应有卡箍固定，并且留有一定的振动余量。连接地线及电源线束，松开截止阀，检查电路是否已完全连接。清理蒸发器、冷凝器内杂物。盖上壳体盖板，紧固盖板螺钉。

（3）管路的安装　制冷系统管路装配应按下列步骤进行：

1）在连接管路前小心放出蒸发器和冷凝器中的高压氮气，拆开管道密封件（如堵头等），如果发现密封件脱落时应用高压氮气吹净管路。

2）检查管路接头密封圈是否完好，对接头及O形圈表面涂上冷冻机油，连接高低压管与蒸发器、压缩机接口。连接时必须对正接口，且不能让两接口发生扭动，先用手把螺母旋到底部，再用扳手紧固（紧固时应用双扳手拧紧，不得有歪斜、松动现象），紧固后用隔热护套包住接头。

3）管道应避开热源，无法避开时要进行保护处理。同时与运动件之间至少留有30mm间隙。

4）用管卡固定高低压管，管卡用M5×20圆头自攻螺钉固定。固定间距不大于500mm，两根软管接头两端100mm内应有卡箍固定。

5）管路固定应牢固可靠，不得压凹、憋死，不得与尖锐锋边接触。

6）在蒸发器落水管接口处打弹性密封胶，用喉箍连接落水管（注意残胶不能进入管腔内）。对接电源及控制电路，沿高低压管方向用8×430的尼龙扎带固定后方落水管及电源线路。控制线束和前方落水管沿顶棚线束方向从驾驶人窗后立柱下行。要求线束固定间距不大于400mm。

7）管线路固定后，对后台管线孔进行发泡密封，密封必须严密，以防漏灰。

8）对出风口与管线干涉处，打硅酮玻璃胶固定保护。

（4）空调系统调试　对系统检漏、抽真空和充注制冷剂后，检查制冷系统性能（主要是空调系统的压力检测、温度检测）。汽车空调简单性能测试的方法是用压力表组测量其高低压力值，以及用温度计测量空调器吹出的空气温度。检测步骤为：

1）将压力表组表阀和空调制冷系统压缩机吸、排气检修阀连接。连接时，先关死高低压手动阀，并在接好后，排除胶管内的空气，否则管内空气会跑到制冷系统内。

2）起动发动机，使压缩机的转速保持在2000r/min。置空调控制板上的功能选择键在“Max”（或A/C）位置，温度键于“Cool”位置，风扇键于“Hi”位置，并打开车窗门。用大风扇对准冷凝器吹风。

3）将一根玻璃温度计放进中风门空调出风口，而将干湿温度计放在车内空气循环进气口处（干湿温度计的球部要覆盖饱蘸水的棉花）。

4）空调系统至少要正常工作15min后，才能进行测试工作，记录数据。空调的正常值要达到标准要求。

三、技能训练

1. 训练项目

（1）汽车空调的装配

（2）汽车空调的安装

2. 训练场地及使用工具

（1）训练场地　汽车空调生产线、汽车空调拆装实验室。

（2）使用工具　各种扳手，如活扳手、呆扳手、梅花扳手、管子扳手等；各种螺钉旋具，如一字槽螺钉旋具、十字槽螺钉旋具等；各种钳子，如钢丝钳、鲤鱼钳、尖嘴钳、电工钳等；锤子、手电筒等。

3. 训练注意事项

1）严格遵守企业生产线安全操作规程。

2）遵守实验安全操作规程。

4. 考核方式

1）训练项目考核以小组（每组4人）形式进行。

2）各项目所占分值见下表。

项目	汽车空调的装配(60分)	汽车空调的安装(40分)
资讯及方案制订	10分	5分
小组实际操作	25分	20分
针对方案和操作,小组自评和整改	10分	5分
组间观摩评价	10分	5分
安全操作	5分	5分
教师评价(综合得分)		

工作任务二　汽车空调故障诊断及排除

学习目标

掌握汽车空调制冷系统维修基本操作和故障诊断、排除方法及技能。

教学方法与教具

1）学生在教师指导下制订方案，并进行操作。

2）多媒体、视频、实际操作相结合。

3）所需教具：汽车空调实物、多媒体、汽车空调维修工具。

学习评价方式

1）小组进行相关技能实际操作。

2）根据小组表现进行自评、互评和教师整体评价。

汽车空调故障的诊断与排除离不开制冷系统检漏、抽真空和制冷剂充注、冷冻机油的添加等操作，因此首先介绍制冷系统相关操作技能。

一、相关技能

汽车空调维修基本技能主要包括制冷系统检漏、抽真空、充注制冷剂、添加冷冻机油等。

1. 制冷系统检漏

汽车空调制冷系统的检漏方法常用的有目测检漏法、皂泡检漏法、卤素灯检漏法、电子检漏仪检漏法、抽真空检漏法和加压检漏法等几种。

（1）目测检漏　目测检漏法是指用肉眼查看制冷系统（特别是制冷系统的管接头）部位有无润滑油渗漏痕迹的一种检漏方法。因为制冷剂通常与润滑油（冷冻机油）互溶，所以在泄漏处必然也带出润滑油。因此，制冷系统有油迹的部位就是泄漏处。

（2）皂泡检漏（肥皂水检漏）　皂泡检漏是指在检漏时，对施加了压力的制冷系统，用毛刷或棉纱蘸肥皂水涂抹在被检查部位，查看被检查部位是否有气泡产生的一种检漏方法。若被检查的部位有气泡产生，则说明这个部位是泄漏处（点）。肥皂水检漏法简便易行，而且很有效，但操作比较麻烦，维修工采用此法检漏时，要求一定要细致、认真。

（3）卤素灯检漏　卤素灯检漏是指在检漏时，利用卤素与吸入的制冷剂燃烧后产生的不同颜色火焰进行检漏的一种方法。

1）检查储气瓶内液态丙烷是否装满。

2）将储气瓶与漏气检测器主体连接。

3）将划着的火柴插入卤素灯的点火孔里，同时朝逆时针方向缓慢转动调节把手，让储气瓶内的丙烷汽化成气体逸出，遇火焰即燃烧，将卤素灯点燃。

4）在反应板加热到红热状态后，方可使用卤素灯检漏。燃烧的火焰应调节到最小，火焰越小对制冷剂泄漏的反应越灵敏。

5）将吸入管口靠近检测部位，并观察火焰的颜色。

（4）电子检漏仪检漏　检查时，应当遵照电子检漏仪制造厂家的有关规定。一般按下列步骤进行：

1）转动控制器或敏感性旋钮至断开（OFF）或0位置。

2）电子检漏仪接入规定电压的电源，接通开关。如果不是电池供电，应有5min的升温期。

3）升温期结束后，放置传感器于参考泄漏点处，调整控制器和敏感性旋钮至检漏仪有所反应为止，移动传感器，反应应当停止，若继续反应，则敏感性调整得过高，若停止反应，则调整合适。

4）移动寻漏软管，依次放在各接头下侧，还要检查全部密封件和控制装置。

5）断开和系统连接的真空软管，检查真空软管接头处有无制冷剂蒸气。

6）如发现泄漏点，检漏仪就会出现像放置在参考泄漏点处的反应状况。

7）传感器和制冷剂的接触时间不应过长，也不要把制冷剂气流或严重泄漏的地方对准传感器，否则会损坏探测仪的敏感元件。

（5）抽真空检漏（负压检漏）　抽真空检漏，通过做气密性试验法进行检漏，是对制冷系统抽真空以后，保持一段时间（至少60min），观察系统中的真空压力表指针是否移动（即指针是否发生变化）的一种检漏方法。要指出的是，采用这种方法检漏，只能说明制冷系统是否泄漏，而不能确定泄漏的具体部位。

（6）加压检漏（正压检漏）　加压检漏法是指将1.5～2MPa压力的氮气、二氧化碳或混有少量制冷剂的氮气、二氧化碳等介质加入制冷系统中，再用肥皂水或卤素灯进行检漏的一种方法。这种方法常用于空调制冷系统中的制冷剂全部漏光时的检漏。要注意的是，在高压条件下操作时尽量不要用空气压缩机加压或制冷系统本身的压缩机加压，因为这样会使制冷系统带入一部分水分。

2. 制冷系统抽真空

在制冷系统检漏合格后，制冷系统应抽真空。抽真空管路图如图4-28所示。具体操作过程如下：

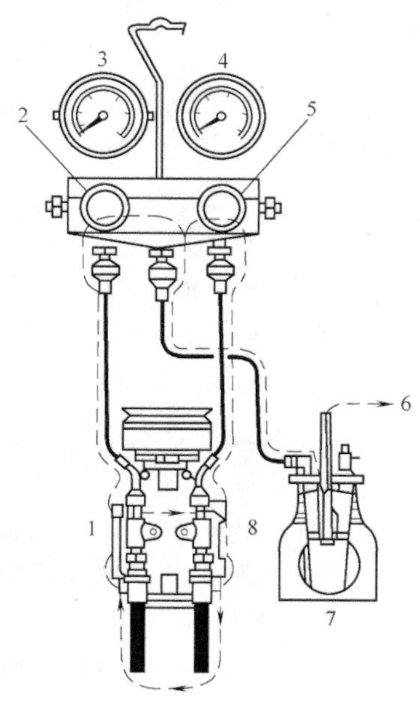

图4-28　抽真空管路图

1—吸入　2、5—全开　3—低压表　4—高压表　6—空气　7—真空泵　8—排出

1）将歧管压力表的两根高、低压软管分别接在高、低压侧气门阀上，将其中间软管与真空泵相连接。

2）打开歧管压力表上的高、低压手动阀，起动真空泵，观察低压表的指针，应该有真空显示。

3）连续抽5min后，低压表应达到0.03MPa（真空度），高压表略低于零，如果高压表不能低于0刻度，表明系统内有堵塞，应停止，修复后再抽真空。

4）真空泵工作15min后，低压表指针应在0.01～0.02MPa之间。如果达不到此数值，这时应关闭高、低压手动阀，观察低压表的指针，如果指针上升，说明真空有损失，系统有泄漏点，应停止，修复后才能继续抽真空。

5）系统压力接近于真空时，关闭高、低压手动阀，保压 5～10min。若低压表指针不动，则打开高、低压手动阀起动真空泵，继续抽真空，抽真空的时间不得少于 30min，如时间允许，可再长些。

6）抽真空结束时，先关闭高、低压手动阀，再关闭真空阀，其目的是防止空气进入制冷系统。这样，就可以向系统中加注冷冻机油或充注制冷剂。

3. 制冷剂充注

在制冷系统经过抽真空并确认没有泄漏后，可开始对系统充注制冷剂。充注方法主要有两种：一种是从高压端充注；一种是从低压端充注。

（1）高压端充注法　高压端充注制冷剂时，严禁开启空调系统，也不可打开低压手动阀。高压端充注法充注过程如下：

1）如图 4-29 所示，将歧管压力表组与系统检修阀、制冷剂罐连接好。

2）用制冷剂排除连接软管内的空气，具体方法是：先关闭高、低压手动阀，拆开高压端检修阀和软管的连接，然后打开高压手动阀，最后打开制冷剂罐上的阀。当软管排出制冷剂气体后，迅速将软管与检修阀连接，并关闭高压手动阀。用同样的方法清除低压端连接软管内的空气，然后关闭好高、低压手动阀及制冷剂罐上的阀。

3）将制冷剂罐倾斜倒置于磅秤上，并记录起始质量。

4）打开制冷剂罐上阀，然后缓慢打开高压手动阀，制冷剂注入系统内，当磅秤指示达到规定质量时，迅速关闭制冷剂阀。

5）关闭高压手动阀，充注结束。

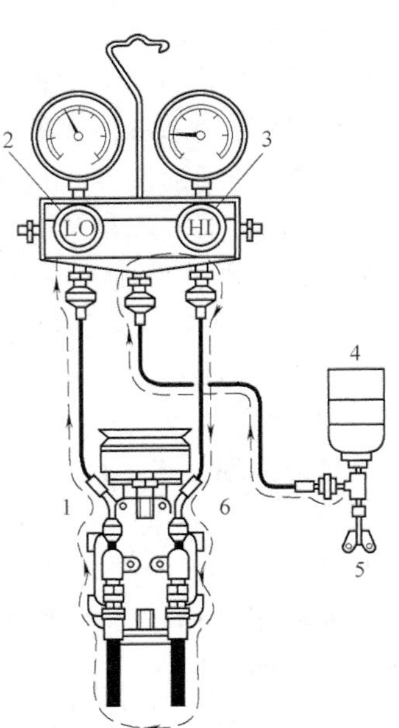

图 4-29　高压端充注制冷剂图
1—吸入　2—闭合　3—全开　4—制冷剂罐　5—开启　6—排出

（2）低压端充注法　低压端充注法充注过程如下（低压端充注时，制冷剂罐直立，高压手动阀处于关闭位置）：

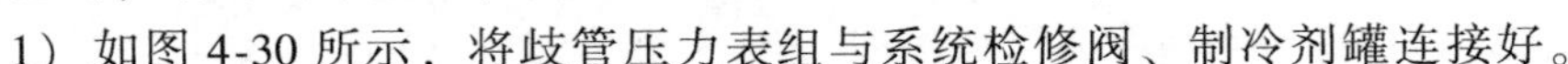

1）如图 4-30 所示，将歧管压力表组与系统检修阀、制冷剂罐连接好。

2）用制冷剂排出连接软管内的空气。

3）将制冷剂罐直立于磅秤上，并记录起始质量。

4）打开制冷剂罐阀，然后打开低压手动阀，向系统充注气态制冷剂。

5）起动发动机并将其转速调整在 1250～1500r/min，接通空调开关，把风机开关和温度控制开关开至最大。

6）当制冷剂充注至规定质量时，先关闭低压手动阀，然后关闭制冷剂阀。

7）关闭空调开关，停止发动机运转，迅速将高、低压软管从检修阀上拆下。

（3）注意事项

1）如果空调系统中制冷剂量不足，则压缩机油作用减弱，从而可能引起压缩机烧坏。

2）压缩机工作时，不要打开高压侧的阀，否则制冷剂就会以相反的方向流动，从而引

起制冷剂罐破裂。

3）不要向空调系统中充入过量的制冷剂，否则会引起如冷却不足、油耗增大及发动机过热等故障。

4）通过高压侧充入制冷剂时，绝不能起动发动机，也不要打开低压侧手动阀。

4. 冷冻机油添加

（1）检查压缩机冷冻机油油量　压缩机冷冻机油油量的检查方法一般有两种：

1）观察视镜。通过压缩机上安装的视镜，可观察冷冻机油量，如果压缩机冷冻机油面达到观察高度的80%位置，一般认为是合适的。若油面在这个界限之下，则应添加冷冻机油；若在这个位置之上，则应放出多余的冷冻机油。

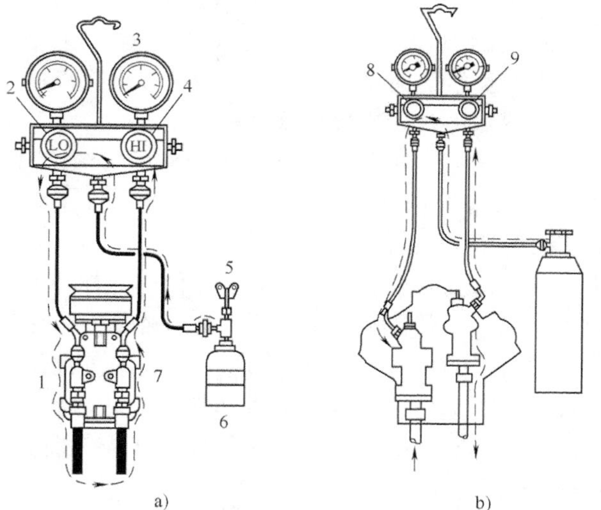

图4-30　低压端充注制冷剂图

a）轿车充注　b）大客车充注

1—吸入　2、5、8—开启　3—高压计　4、9—闭合　6—制冷剂罐　7—排出

2）观察油尺。未装视镜的压缩机，可用油尺检查其油量。这种压缩机有的只有一个油塞，油塞下面有的装有油尺，有的没有油尺，需要另外用专用油尺插入检查。观察油面的位置是否在规定的上下限之间。

（2）添加冷冻机油　添加冷冻机油一般可在系统抽真空之前进行，添加方法有：

1）直接加入法。将冷冻机油装入干净的量瓶里，从压缩机的旋塞口直接倒入即可，这种方法适合于更换蒸发器、冷凝器和储液干燥器时采用。

2）真空吸入法。真空吸入法的管路连接如图4-31所示，首先将系统抽真空到100kPa，准备一带刻度的量杯并装入稍多于所添加量的冷冻机油，关闭高压手动阀及辅助阀，将高压软管一端从歧管压力表组上卸下，并插入量杯中；然后打开辅助阀，油从量杯内被吸入系统，当油面达到规定刻度时，立即关闭辅助阀；最后将软管与歧管压力表组连接，打开高压手动阀，起动真空泵，先对高压软管进行抽真空，然后打开辅助阀对系统进行抽真空。

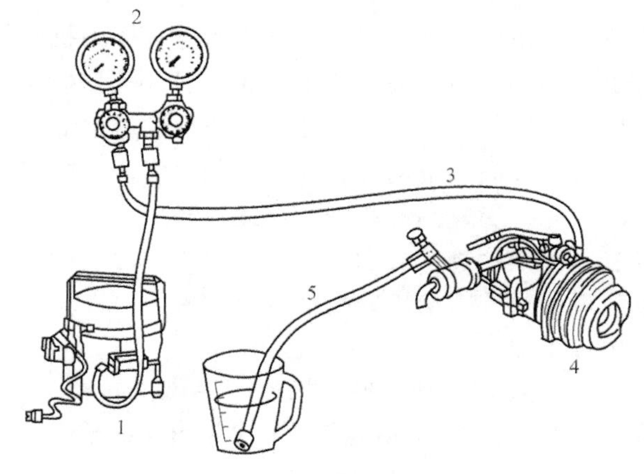

图4-31　真空吸入法

1—真空泵　2—压力表组　3—低压软管　4—压缩机　5—高压软管

（3）冷冻机油添加量　冷冻机油添加量的确定分系统新加油量和补充油量两类。

1）系统新加油量。新装汽车空调系统中，只有压缩机内装有冷冻润滑油，油量一般为 280~350g。不同型号的压缩机内充油量也不同，具体可查看供应商手册。

2）补充油量。维修当中，如果更换了系统部件或管路，由于这些部件中残存冷冻机油，因此更换的同时应当向系统内补充冷冻机油；如果更换压缩机，新压缩机内原有油量应减去上述部件残存油量上限之和。

（4）注意事项　制冷剂所用冷冻润滑油牌号不同，因此添加冷冻机油时应注意防止混淆；添加时应保证容器的洁净，防止水分或杂物混入油中。

5. 制冷剂排空

在拆卸空调系统中的任何零部件前，都必须先排出空调系统中的制冷剂。制冷剂排空有两种方法，一种是传统排空法，另一种是回收排空法。

（1）传统排空方法　传统排空法的管路连接如图 4-32 所示。其操作步骤为：

1）把歧管压力表组连接到系统的高、低压检修阀上。

2）起动发动机并使转速维持在 1000~1200r/min，并运行 10~15min。

3）风扇开至高速运转，将系统中所有的控制开关都放到最冷位置使系统达到稳定状态。

4）把发动机转速调到正常怠速状态。

5）关闭空调的控制开关，关闭发动机。

6）打开歧管压力表组上的高、低压阀，让制冷剂从中间软管流入回收装置中。

7）歧管压力表组的高、低压力表指示为零，说明系统内制冷剂已排空。

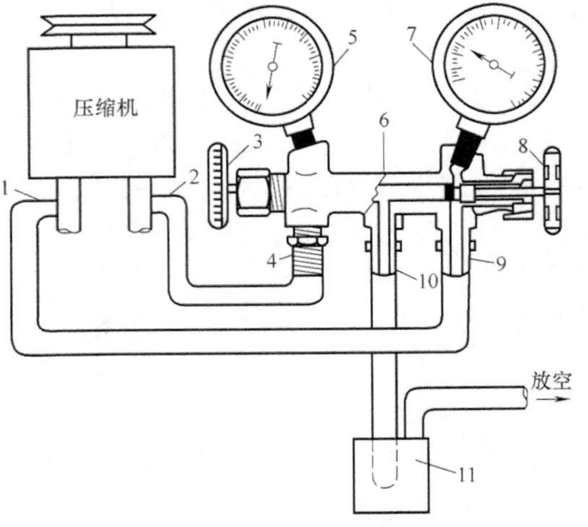

图 4-32　传统排空法

1—排气阀　2—吸气阀　3、8—手柄　4—低压管　5—低压表　6—表阀　7—高压表　9—高压管　10—维修软管　11—集油罐

（2）回收排空法　用表阀系统将汽车空调制冷系统中的制冷剂回收到储液瓶。其中，高压阀连接压缩机排气管，低压阀连接压缩机吸气管。表阀的中间接口连接 ϕ60mm×100mm 的钢瓶。钢瓶的底部有一个截止阀，用来放泄制冷剂带出的润滑油（冷冻机油）。降压时，先慢慢拧开低压手动阀，让制冷剂徐徐流出而尽量不带出润滑油。当压力下降到 345kPa 时，再慢慢拧开高压手动阀，让制冷剂经降压、除酸、干燥、过滤等工序处理后，重新压缩、冷凝、液化，装入储液瓶中。在此过程中，对生成的酸性物质的清除，常采用中和法或膜处理方法，使酸性物质自动分离；对混入制冷剂中的水分清除采用分子筛吸附，使制冷剂的含水量降低到可重新使用的标准（含水量 0.001%）；对不溶杂质（如铁屑、油污、灰尘等），可采用过滤器加以清除。

（3）注意事项　回收场地应通风良好；不要使排出的制冷剂靠近明火，以免产生有毒气体。制冷剂排出而冷冻润滑油并非全部排出，因此应测定排出的油量，以便补充。

二、汽车空调故障诊断及排除

汽车空调常见故障包括：汽车空调不制冷、汽车空调制冷效果差、汽车空调系统有噪声。下面分别介绍汽车空调常见故障诊断及其排除方法。

汽车空调器虽然装有必要的安全保护设备、报警设施和自动控制系统，但因其在各种条件下工作，故还是容易出现故障。汽车空调常见的故障通常发生在制冷系统中，主要有不制冷或制冷效果差、噪声大、电气系统故障、车辆动力不足等。

制冷系统的故障，经常用系统内各部位的压力进行分析，制冷效果、制冷剂泄漏也是分析事故的重要依据。电气系统方面的故障常表现为：电气元件损坏，熔体熔断、触点接触不良、过载烧坏、电动机不工作等，这些故障使制冷循环停止工作，并且常伴有异味、过热等现象；机械部件出现异常一般为压缩机、风机、带轮、离合器、膨胀阀、轴封、热交换器、轴承、阀片等出现故障。

当汽车空调发生故障时，基本方法是指根据看、听、摸和检查等方式来确定故障部位和原因。

（1）看　首先查看仪表板上的压力、水温、油压及各性能指示灯是否显示正常。接着观察冷凝器、蒸发器及管路连接处是否有油污，若有则说明有制冷剂和冷冻润滑油泄漏。其次观察系统部件和管路接头处是否有结霜、结冰现象。最后从储液干燥器视镜观察制冷剂量。

（2）听　起动发动机并稳定在1500r/min左右，打开空调A/C开关，听压缩机工作声响，判断其运行情况。如果听到“嗞嗞”的尖叫声，则是带过松产生的滑动异响，应及时检查，调整带松紧度；若发现带过松而无法调整或磨损过度，应更换。如果听到抖动声，一般是压缩机固定螺栓和托架安装螺栓松动，应及时给予加固。用试棒探听压缩机内部，若正常运转，则只能听到压缩机清脆而均匀的阀片跳动声；若有敲击声，则一般是制冷剂的“液击”或奔油（冷冻机油过多）敲缸声等；若机体内有严重的摩擦声，以及离合器工作时发出的摩擦声，则是压缩机负荷过重、润滑油不足、离合器打滑等；若在停机时，听到清晰的机体内运动部件的连续撞击声，则是内部的运动部件严重磨损，引起轴与轴承之间、活塞与缸体之间、连杆与轴之间间隙过大或松动等。另外，还要听一下空调系统中的鼓风机有无异响。

（3）摸　开启制冷系统15~20min后，用手触摸系统部件，感受其温度。用手触摸正在工作着的空调系统管路及各部件的温度。正常情况下，低压管路呈低温状态，高压管路呈高温状态。低温区是从膨胀阀出口经蒸发器到压缩机进口处。这些部件表面应该由凉到冷再到凉，连接部分凝露，但不应结霜。若结霜，则说明空调制冷系统有问题，有可能是膨胀阀感温包内液体泄漏，需更换膨胀阀；也可能是制冷剂太多，需要放一点制冷剂；还有可能是蒸发器表面温度传感器或恒温器发生故障。

高温区是从压缩机的出口经冷凝器、储液干燥器到膨胀阀的入口处。这些部件表面有40~85℃的高温。用手小心触摸高温区，特别是金属部件，如压缩机的出口、冷凝器、储液干燥器等，都是热的，手感热而不烫，则为正常；若烫手，则要检查冷凝器的冷却是否良好，查看冷凝器表面是否清洁，冷凝器风扇的风力是否过小。此时可向冷凝器浇少量的水，若还烫手，则可能是制冷剂过多。若高温区手感不够热，则为制冷剂过少；若没有温度变化，则说明制冷剂已漏光。

储液干燥器正常情况下是热的，若其表面凝露，则说明干燥器破碎，堵住了制冷剂流通的管路。若其进口处是热的，出口处是冷的，也说明其内部堵塞，必须马上更换储液干燥器。

高温区与低温区的分界线是压缩机和膨胀阀。正常情况下，压缩机的进口处是低温区，手感冰凉，出口处是高温区，手感较热；膨胀阀则正好相反。用手触摸压缩机的进出口处，它们之间应有明显的温差。若温差不大，说明制冷剂不足；若没有，说明制冷剂漏光。用手触摸膨胀阀的进、出口处，一般进口处是热的，出口处是冰凉的，有露水。若发现膨胀阀出口处有霜冻现象，则说明膨胀阀的阀口已堵塞，其原因可能是杂物堵塞，也可能是冰堵。触摸的时候，一定要注意安全，防止烫伤或带等运动件碰伤人体。

（4）检查

1）检查调整带的张力。检查带张力（松紧度）是否适宜，表面是否完好，配对的带轮是否在同一平面上。带新装上时长度正好，运转一段时间会伸长，因而需要再次张紧。随着结构不同，带长度不同，有不同的张力要求。带张力应按各种车型说明书上的规定进行。带过紧会使带过早磨损，并导致有关总成的轴承损坏；过松则转速降低、制冷量过小、风速（风量）过低、发电机的发电量不足。

2）检查电磁离合器是否正常工作。接通空调 A/C 开关，压缩机应立即工作；断开空调 A/C 开关，压缩机应立即停止工作。在短时间内断开、接合几次，可检查电磁离合器工作是否正常。如果不正常，应先检查空调电路是否有故障，然后再检查电磁离合器是否正常。

3）检查高、低压保护开关。高、低压保护开关在制冷系统发生故障的时候，保护压缩机和制冷系统不受破坏。它们与压缩机电磁离合器、冷凝器风扇连接在一起。当系统工作压力太高，或者环境温度太低，制冷剂漏光，高、低压保护开关就切断压缩机电磁离合器的电路。正常时，低压保护开关是闭合的，检查时，用万用表欧姆档测量其值应为 0，若测量其值为无穷大，则表明低压保护开关断开。这时用跨接线跨接低压保护开关，打开空调 A/C 开关，制冷系统能正常工作，则说明低压保护开关损坏，应更换低压保护开关。高压保护开关正常时是断开的，随着制冷系统的压力上升，当压力达到一定值时闭合，这时接通冷凝器风扇的高速档，如果压力上升到 2 MPa 时，高压保护开关就断开，切断压缩机电磁离合器的电源。检查时，用万用表测量其两端，其电阻应为无穷大。打开空调 A/C 开关，制冷系统正常工作，然后用跨接线跨接其两端，冷凝器风扇应高速转动，否则说明高压保护开关损坏，应更换。

4）检查冷冻机油油面。从视镜查看油面是否在刻线以上。在侧面有放油塞时，可略松开放油塞，若有油流出则油量正好；若没有油流出，则需要添加润滑油。若有油尺，则应根据说明书规定用油尺检查。

5）检查膨胀阀。检查膨胀阀感温包与蒸发器出口管路是否贴紧，隔热保护层是否包扎牢固。

6）检查采暖系统。先应该保证有足够的冷却液，查看散热器和水箱中是否有足够的冷却液，然后起动发动机怠速 5min 后，打开鼓风机，拨动调温键，查看出风口的温度是否有变化，操纵机构是否移动自如。若温度不变、操纵吃力，则应该修理。最后观察采暖系统是否存在漏水等问题。

7）查风机及调速器。按下风机开关后，检查风机工作时是否有异常声响，是否有异物塞住叶片或碰到其他部件。然后从低档到高档分别拨动调速开关，每档停留 5min，检查其吹出的风量是否有变化。若没有变化，则可能是调速器坏或调速电阻坏，应更换。

8）查视镜。车空调通常装配视镜，用来观察制冷剂流动的情况。轿车的视镜通常安装

在储液干燥器上。通过视镜来检查制冷系统工况的方法为：起动发动机，稳定在1500r/min左右，制冷系统运行5min，把空调温度键调到最低位置，鼓风机调到最高转速，观察制冷剂流动情况。

① 若清晰、无气泡，则分为三种情况：

a. 无气泡，也看不见液体流动，表示系统内制冷剂漏光。用手触摸压缩机进排气口，没有冷热感觉，出风口无冷风，这时应立即关闭压缩机，检查制冷剂泄漏的原因并修理，否则压缩机会因缺润滑油而咬死。

b. 无气泡，看见液体快速流动，表示制冷剂过多。用手触摸压缩机进排气口，两边有明显的温差，而且高压侧有烫手感，低压侧有冰霜；用歧管压力表检测，高、低压都过高，这时应排出过多的制冷剂。

c. 无气泡，看见有液体稳定的湍流，表明制冷剂适量。用手触摸压缩机进排气口，两边有明显的温差，而且高压侧热、低压侧凉；用歧管压力表检测，高、低压都正常。

② 若偶尔有气泡，或偶尔看到有气泡流过。这种情况说明制冷剂稍微不足或储液干燥器的干燥剂已饱和，制冷系统中有水分。

a. 当膨胀阀有冰堵，则表明制冷系统中有水分，应更换储液干燥器。

b. 当膨胀阀没有冰堵和结霜现象，而用歧管压力表检测高、低压都偏低，则说明制冷系统中制冷剂不足，这时应检查有无泄漏点并补充适量的制冷剂。

③ 有大量气泡或泡沫状物，这种情况说明制冷剂严重不足并有大量的水分，此时必须检漏修理，修好后应抽真空，加制冷剂。

④ 有条纹状的油渍或黑油状泡沫。出现这种现象可能有三种原因：

a. 若压缩机进、排气口有明显的温差，而关闭压缩机，孔内油渍干净，则说明制冷系统内的冷冻机油过多，应放掉一些冷冻机油。

b. 若压缩机进排气口有明显的温差，而关闭压缩机，孔内仍有油渍或其他杂物，则说明制冷系统内冷冻机油变质、脏污，应清洗制冷系统，重新注入冷冻机油和制冷剂。

c. 若压缩机进、排气口无温差，空调器出风口无冷风，则说明制冷系统无制冷剂，在视镜上的是冷冻机油。

综合来说，汽车空调系统故障包括电气系统故障、功能部件的机械故障、制冷剂和冷冻机油引起的故障等。这些故障集中表现为系统不制冷或制冷效果差、噪声大等。

1. 汽车空调不制冷

(1) 故障现象　起动发动机并稳定在1500r/min运行2min，打开空调开关及鼓风机开关，冷气口无冷风吹出。

(2) 制订故障诊断及排除方案　汽车空调不制冷的原因可能是：熔断器熔断、电路短路；鼓风机开关、鼓风机或其他电气元件损坏；压缩机驱动带过松、断裂，密封性差或其电磁离合器损坏；制冷剂过少或无制冷剂；储液干燥器（或储液器）、膨胀阀滤网（或膨胀管）、管路或软管堵塞；膨胀阀感温包损坏等。

当汽车空调器不制冷时应检查：冷媒管路是否泄漏；压缩机驱动带是否松动或断裂；熔体熔断；熔体连接导线；连接导线是否断开；压缩机耦合线圈与电磁阀；调温器触点是否正常，温度感应元件是否故障；风机是否故障；点火开关和继电器是否故障；压缩机是否冻结；压缩机油封是否有泄漏等。汽车空调不制冷故障诊断流程图如图4-33所示。

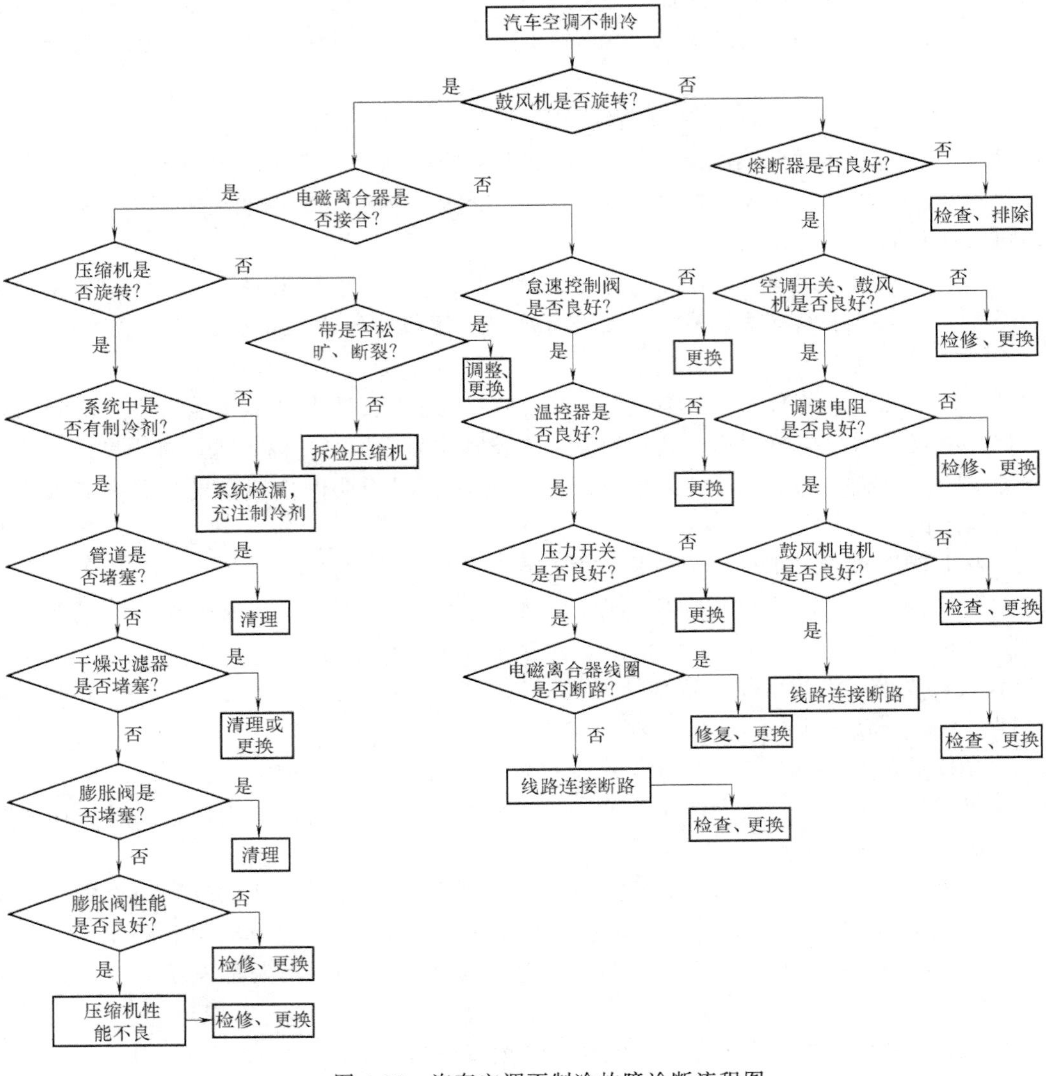

- 汽车空调不制冷
  - 鼓风机是否旋转?
    - 是：电磁离合器是否接合?
      - 是：压缩机是否旋转?
        - 是：系统中是否有制冷剂?
          - 否：系统检漏，充注制冷剂
          - 是：管道是否堵塞?
            - 是：清理
            - 否：干燥过滤器是否堵塞?
              - 是：清理或更换
              - 否：膨胀阀是否堵塞?
                - 是：清理
                - 否：膨胀阀性能是否良好?
                  - 否：检修、更换
                  - 是：压缩机性能不良 → 检修、更换
        - 否：带是否松旷、断裂?
          - 是：调整、更换
          - 否：拆检压缩机
      - 否：怠速控制阀是否良好?
        - 否：更换
        - 是：温控器是否良好?
          - 否：更换
          - 是：压力开关是否良好?
            - 否：更换
            - 是：电磁离合器线圈是否断路?
              - 是：修复、更换
              - 否：线路连接断路 → 检查、更换
    - 否：熔断器是否良好?
      - 否：检查、排除
      - 是：空调开关、鼓风机是否良好?
        - 否：检修、更换
        - 是：调速电阻是否良好?
          - 否：检修、更换
          - 是：鼓风机电机是否良好?
            - 否：检查、更换
            - 是：线路连接断路 → 检查、更换

图 4-33　汽车空调不制冷故障诊断流程图

（3）分析故障原因、确定故障部位及排除故障

1）制冷剂全部泄漏。

故障分析：

① 压缩机不吸合，空调系统不工作，系统没有压力说明制冷剂全部泄漏，系统不制冷。

② 压缩机吸合，空调系统不制冷，压缩机排出管表面温度非常高（烫手），膨胀阀进出管没有温差，压缩机吸合后高压没有变化，但低压压力很低。以上说明膨胀阀感温头磨破，封住的冷媒（制冷剂）全部泄漏了，致使膨胀阀的阀孔关闭，无法实现制冷剂循环。

排除方法：

① 找出泄漏点（如管路磨破、管路密封圈破裂、冷凝器管子磨破、压力开关没有拧紧或已松动、膨胀阀损坏泄漏）后更换已失效的零部件。然后进行抽真空、保压、按空调系统规定的充注量加注制冷剂，故障即可排除。

② 更换膨胀阀，然后进行抽真空、保压、按空调系统规定的充注量加注制冷剂，可排除故障。

2）压缩机驱动带过松或断裂。

故障分析：压缩机驱动带松弛，压缩机工作时会打滑，引起传动效率下降，使压缩机转速下降，压缩制冷剂的输送下降；或是压缩机驱动带断裂，压缩机停止工作，制冷系统不制冷。

排除方法：发动机停转时，在驱动带中间位置用手拨动，能转90°为佳，可检查出驱动带是否过松或过紧，是否有裂纹、老化等损伤。如果有裂纹、老化等损伤，应更换。

3）电气部件失灵。

故障分析：压缩机不吸合，空调系统不工作，系统内平衡压力正常（0.5~0.7MPa）。说明空调系统熔体失效、空调继电器失效，热敏电阻线束接触不良或断裂、压缩机连接线束接触不良，冷凝器风扇连接线束接触不良。

排除方法：对上述零部件进行检查，对失效零部件进行更换，即可排除故障。

2. 汽车空调制冷效果差

（1）故障现象　当外界温度为34℃左右，出风口温度0~5℃，此时车厢内温度应达到20~25℃。若空调系统长时间运行，车厢内温度能够下降，但出风口吹出的风不冷，没有清凉舒适的感觉，达不到要求温度，说明空调系统有问题。

（2）制订故障诊断及排除方案　汽车空调器制冷效果差的原因可能有：

1）制冷剂注入量太多。

2）制冷剂不足。

3）压缩机效率低。

4）出风通道空气不足。

5）鼓风机电动机运转不顺畅。

6）冷凝器效率低。

7）蒸发器效率低。

8）膨胀阀工作不正常。

9）系统有水汽。

10）温度控制器性能不良。

当汽车空调制冷不足时，应检查：

1）进气口是否关闭。

2）冷凝器线圈与散热片是否清洁。

3）系统中制冷剂是否充足。

4）鼓风机电动机是否工作正常。

5）鼓风机通道是否阻塞。

6）进气滤芯是否阻塞。

7）蒸发器是否阻塞。

汽车空调制冷效果差故障诊断流程图如图4-34所示。

（3）分析故障原因、确定故障部位及排除故障

1）制冷剂注入量太多。

- 汽车空调制冷效果差
  - 鼓风机风量是否正常?
    - 是：压缩机旋转是否正常?
      - 是：用压力表组诊断故障
      - 否：压缩机带是否过松、折断?
        - 是：调整、更换
        - 否：电磁离合器线路及控制元件是否有故障?
          - 是：检查、排除
          - 否：电磁离合器性能是否良好?
            - 否：检查、排除
            - 是：压缩机性能是否良好?
              - 否：检修、更换
              - 是：正常
    - 否：鼓风机是否旋转?
      - 是：旋转是否正常?
        - 否：蓄电池电压是否过低?
          - 是：充电
          - 否：鼓风机开关是否良好?
            - 否：检修、更换
            - 是：接线是否松旷?
              - 是：紧固
              - 否：鼓风机电动机是否良好?
                - 否：检修、更换
                - 是：正常
        - 是：送风管是否良好?
          - 否：修复、更换
          - 是：滤清器是否堵塞?
            - 是：清理
            - 否：蒸发器表面是否结霜?
              - 是：更换温度控制器
              - 否：正常
      - 否：鼓风机各档是否均不转?
        - 否：更换调速电阻
        - 是：熔断器是否良好?
          - 否：检查、排除
          - 是：鼓风机开关是否损坏?
            - 是：修复、更换
            - 否：继电器是否良好?
              - 否：更换
              - 是：接线是否松动?
                - 是：紧固
                - 否：鼓风机电动机是否良好?
                  - 否：检修、更换
                  - 是：正常

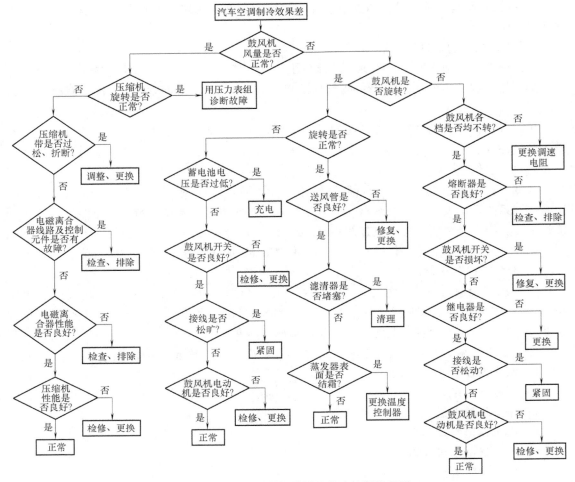

图 4-34　汽车空调制冷效果差故障诊断流程图

故障分析：若空调运行正常，空调降温效果不好，高压压力和低压压力均偏高，表明制冷剂注入量太多，引起高压侧散热能力下降，导致制冷效能不良。

排除方法：应重新回收制冷剂放出过多的压缩机润滑油，然后进行抽真空、保压，按空调系统规定的充注量加注制冷剂。

2）制冷剂不足。

故障分析：若空调工作正常，使用一段时间后制冷效果越来越差，高压压力和低压压力均偏低，且从视镜中可看到有气泡产生，则表明制冷剂不足，引起制冷不足。制冷剂和冷冻机油脏污，使储液干燥器膨胀阀发生堵塞，导致通向膨胀阀的制冷剂流量下降，或由汽车在运行过程中振动，使管路的各个接头部位有松动现象，制冷剂慢性泄漏造成。

排除方法：应对储液干燥器膨胀阀进行清理，重新将各接头拧紧，然后进行抽真空、保压，按空调系统规定的充注量加注制冷剂。

3）压缩机效率低。

故障分析：由于压缩机密封不良漏气、驱动带松弛打滑、电磁离合器打滑等导致压缩机排气温度和压力降低，出现制冷不足。

排除方法：检查线路开关、连接线路、驱动带等，对失效零部件进行修理和更换。

4）鼓风机电动机运转不顺畅。

故障分析：鼓风机开关、调速电阻、鼓风机电动机、继电器、线路等工作不良，导致冷风量减少。

排除方法：对上述零部件进行检查，对失效零部件进行更换。

5）冷凝器效率低。

故障分析：冷凝器周围的空气流通不够，或系统中含空气过多，冷凝器表面积污太多、冷凝器变形等，导致冷凝器散热能力降低。

排除方法：检查冷凝器与水箱之间的灰尘是否过多，检查散热片是否弯曲或凹瘪，检查散热片是否漏，应该进行清理或更换。

6）蒸发器效率低。

故障分析：若空调系统运行正常、空调降温效果不好、出风口风量不足、风机噪声加大、压缩机频繁起停，则说明空调通道中有污物，风阻加大，过滤网阻塞，这时系统为防止蒸发器表面结霜而切断压缩机。或者是蒸发器被灰尘等异物堵住，蒸发器控制阀损坏或调节不当，导致蒸发器效率低。

排除方法：对蒸发器芯体和过滤网进行清洗（每年进行一次），然后重新装配，安装完毕后进行抽真空、保压，按空调系统规定的充注量加注制冷剂，故障即可排除。

7）膨胀阀工作不正常。

故障分析：空调系统运行十多分钟后，出风口温度偏高、制冷效果不好、低压压力偏高、压缩机有碰击声。这说明膨胀阀失效、膨胀阀不能正常工作、高低压表读数过高或过低。膨胀阀开度调整过大、蒸发器表面结霜、膨胀阀感温包包扎不紧或外面的隔热胶带松脱，均会造成开度过大，导致系统制冷不足。另外，膨胀阀开度过小，使流入蒸发器制冷剂量减少，也会引起制冷不足。

排除方法：更换膨胀阀，然后进行抽真空、保压，按空调系统规定的充注量加注制冷剂，故障即可排除。

8）系统有水汽。

故障分析：空调开始运行时一切正常，但过一段时间后制冷效果明显下降直至不制冷，高压压力很高，低压压力非常低（$\leqslant 0.05\text{MPa}$），停止运行一段时间后再起动又恢复正常，过一段时间又重复上述现象。这说明系统有水汽，制冷剂和冷冻机油中水分过多，导致膨胀阀节流孔出现冰堵，制冷能力下降。

排除方法：更换干燥-过滤器，然后重新进行抽真空、保压，按空调系统规定的充注量加注制冷剂，故障即可排除。

3. 汽车空调系统有噪声

（1）故障现象　空调系统进行工作时，发出异响。

（2）制订故障诊断及排除方案　汽车空调在使用中，有轻微的声响是正常的，但如出现严重的异响，说明有故障，应及时排除。一般有以下原因：

1）V带松动或过度磨损。

2）压缩机零件磨损或安装托架松动。

3）压缩机油面太低。

4）离合器打滑或发出噪声。

5）鼓风机的电动机松动或磨损。

6）系统中制冷剂过量，工作发出噪声，高、低压表读数过高，视镜有气泡。

7）系统中制冷剂不足，使膨胀阀发出噪声，视镜玻璃有气泡及结雾，低压表读数过低。

8）系统中有水汽，引起膨胀阀发出噪声。

9）高压辅助阀关闭，引起压缩机颤动，高压表读数过高。

汽车空调出现异响时，首先应检查：

1）制冷剂是否合适。

2）排气窗叶片是否松动。

3）压缩机驱动带是否松动、磨损。

4）压缩机安装螺栓是否松动。

5）压缩机连线和电磁阀是否松动。

汽车空调系统有噪声故障诊断流程图如图 4-35 所示。

（3）分析故障原因、确定故障部位及排除故障

1）制冷剂充注量过多或过少。

故障分析：制冷剂充注量过多，会造成高压管路的振颤，且有大量液体进入气缸产生“隆隆”的噪声和液击。若制冷剂过少，说明系统有泄漏。

排除方法：制冷剂充注量过多时应放掉一些制冷剂，直至高低压压力正常为止。若制冷剂过少，应查出泄漏处进行补漏，然后抽真空、充注制冷剂。

2）机械故障。

故障分析：当开启空调后，听到明显的“呼隆”声时，说明压缩机有故障，应对压缩机进行检修。当空调系统未接通时有“呼隆”声，接通时声音消失，说明带轮松旷，可观察空调压缩机运转时带是否摆动，也可卸下带用手扳动带轮，如轴向松旷而径向有明显的活动间隙，说明轴承磨损严重。

排除方法：轴承磨损严重应更换新的。还应检查压缩机托架有无松动，如松动应予紧定。如无松动，应检查压缩机轴封处是否漏油，若漏油，则说明缺少润滑油，由此产生干摩擦而发出噪声，应加注润滑油并且更换新的密封垫。

4. 压力异常

使用歧管压力表测量高低压管路的压力状况也可以判断故障产生的原因。用压力表检查汽车空调制冷系统故障，一般分压缩机停止和运转两种状态。在压缩机停止运转 10h 以后，压缩机的高、低压侧应为同一数值，如果高、低压表所显示的数值不相等，说明系统内部有堵塞，应对膨胀阀、储液器及管路部分进行检查。

下面举例说明汽车空调器压力异常时故障现象的判断和排除。

（1）高、低压表的指示同时比正常值低　检查时，可发现高压管微热，低压管微冷，但温差不大，从视镜中可以观察到每隔 1～2s 就有气泡出现，说明制冷剂不足或有泄漏。排除方法：应先检查有无泄漏点，查出泄漏处，给予紧定或更换损坏的部件，补漏后再补足制冷剂。

（2）低压表比正常值低很多　这时，视镜内可见模糊雾流，高、低压管无温差，冷气不冷，说明制冷剂严重泄漏。

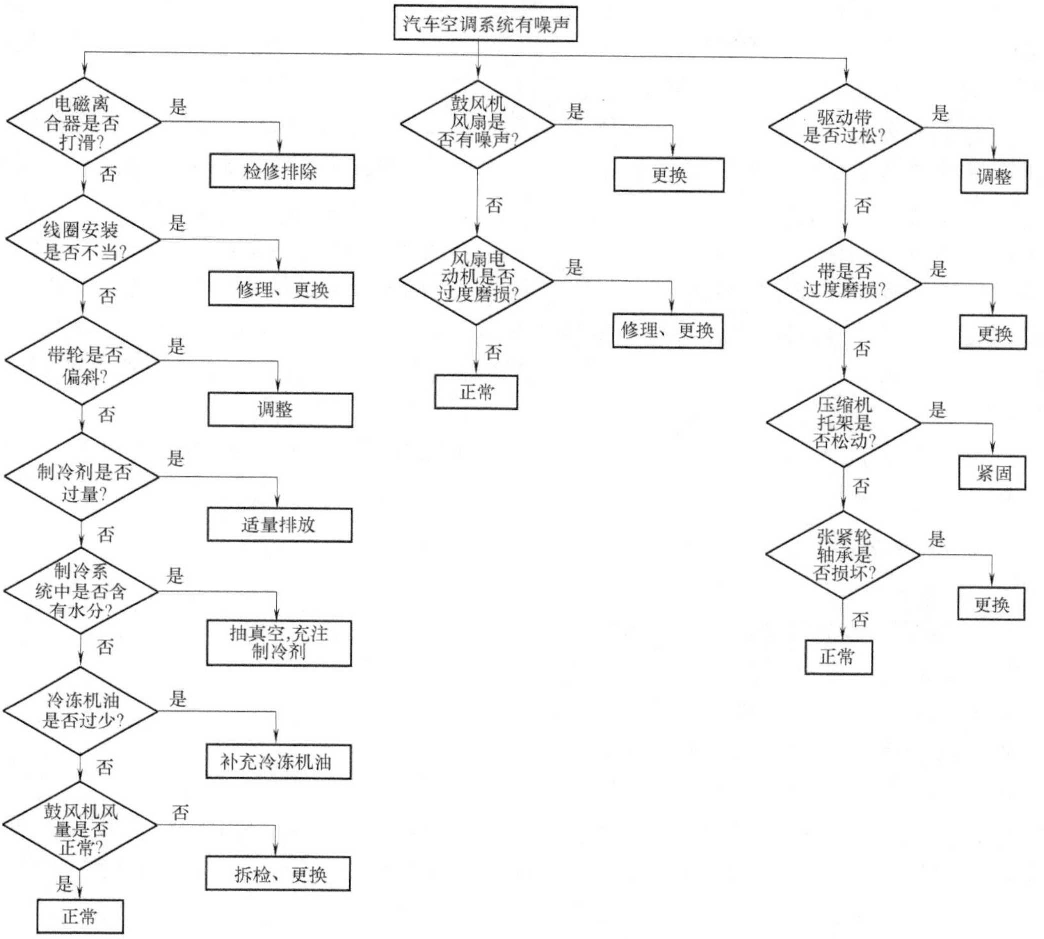

汽车空调系统有噪声

- 电磁离合器是否打滑？ 是 → 检修排除；否 ↓
- 线圈安装是否不当？ 是 → 修理、更换；否 ↓
- 带轮是否偏斜？ 是 → 调整；否 ↓
- 制冷剂是否过量？ 是 → 适量排放；否 ↓
- 制冷系统中是否含有水分？ 是 → 抽真空,充注制冷剂；否 ↓
- 冷冻机油是否过少？ 是 → 补充冷冻机油；否 ↓
- 鼓风机风量是否正常？ 否 → 拆检、更换；是 → 正常

- 鼓风机风扇是否有噪声？ 是 → 更换；否 ↓
- 风扇电动机是否过度磨损？ 是 → 修理、更换；否 → 正常

- 驱动带是否过松？ 是 → 调整；否 ↓
- 带是否过度磨损？ 是 → 更换；否 ↓
- 压缩机托架是否松动？ 是 → 紧固；否 ↓
- 张紧轮轴承是否损坏？ 是 → 更换；否 → 正常

图 4-35　汽车空调系统有噪声故障诊断流程图

（3）高、低压表指示都过低　这可能是压缩机的内部故障，如阀板垫、阀片损坏，需要更换压缩机。

（4）高、低压表都比正常值高　压缩机吸气管表面温度比正常情况下低，出现潮湿冰冷现象（俗称出汗）。由于膨胀阀开度过大，蒸发器内制冷剂“供过于求”，影响蒸发，相应的吸热量减少，造成空调凉度不够。此时，如果膨胀阀开度可以调节，应将开度调小；若不可调，则更换膨胀阀。

（5）高、低压两侧的压力均过高　这表明制冷剂过多，两手分别触摸压缩机进气管和排气管，而且高压侧有烫手感，低压侧能看到冰霜，空调系统压缩机关掉电源停止运行后，其余部分继续工作时，在 45s 以后，视镜内仍然清晰无气泡流过，可以断定制冷剂过多，应排出多余的制冷剂。检查冷凝管道和散热片上有无积垢，如有，应清除干净。检查散热器表面有无阻塞或损坏，如果阻塞，可用清水冲洗，再用压缩空气吹干，如散热器片变形，应予校正。检查风扇带紧度是否合适，如不合适，应调整。当上述检查排除无效时，应检查冷凝器是否堵塞。

（6）低压表指示过高，高压表指示稍高　这可能是冷凝器冷却不足，若用冷水对冷凝器进行冷却，压力表压力变为正常，则可断定是冷凝器冷却不足。若有这种故障，则为刚开空调时，制冷效果好，工作时间长了，制冷效果较差。若冷凝器的散热片阻塞、发动机水温过高、冷凝器风量不够，则有可能是冷凝器的风扇或风扇带出现问题。

（7）低压表指示为零或负压，高压表指示正常或偏高　冷风时而欠凉，时而正常，这种现象说明制冷系统中有水分或干燥剂吸湿能力达到饱和，水分进入制冷循环系统，在膨胀阀小孔处冻结，溶化后恢复正常状态，此时应更换干燥器或反复抽真空以排除系统内水分。

（8）低压表指示较低，高压表指示过高　这种现象一般是制冷系统堵塞，堵塞经常在制冷系统通道截面积较小的位置发生，易于堵塞的部件绝大部分处于制冷系统的高压侧，如干燥-过滤器、膨胀阀滤网等，而且堵塞现象一般是由制冷剂所含有的水分、尘埃等污物造成的，因此堵塞部位经常有结霜现象。找到堵塞部位后，拆下堵塞的部件进行清除或更换，堵塞严重时，应将制冷系统全部拆卸，分段清洗。

（9）低压表过高，高压表的压力过低　这种现象常常表明压缩机内部有泄漏，应更换或修理压缩机。

三、技能训练

1. 训练项目

（1）汽车空调不制冷故障诊断及排除

（2）汽车空调制冷效果差故障诊断及排除

（3）汽车空调系统有噪声故障诊断及排除

2. 训练场地、使用工具及注意事项

（1）训练场地　汽车空调维修实验室。

（2）使用工具　各种钻头、温度计、压力表和真空压力表、万用表、电烙铁、电钻，以及氧乙炔焊割设备、歧管压力表组、制冷剂注入阀、检修阀、真空泵、制冷剂加注/回收多功能机、截（割）管器、胀管器、弯管器等。

3. 考核方式

1）由教师设定汽车空调故障，学生以小组（4人）形式进行故障诊断及排除。

2）各项目所占分值见下表。

项　目	汽车空调不制冷（40分）	汽车空调制冷效果差（40分）	汽车空调系统有噪声（20分）
资讯及方案制订	8分	8分	4分
小组实际操作	20分	20分	10分
针对方案和操作，小组自评和整改	4分	4分	2分
组间观摩评价	4分	4分	2分
安全操作	4分	4分	2分
教师评价（综合得分）			

学习情境五　户式中央空调制造安装与维修

工作任务

工作任务一　户式中央空调制造及装配

工作任务二　户式中央空调安装

工作任务三　户式中央空调运行调试

工作任务四　户式中央空调故障诊断及排除

学习目标

户式中央空调是用于居住和公共建筑中，以满足舒适性为目的、制冷量在7~80kW范围内、带集中冷热源的空调形式，可供给单元住房面积在80~600m^2的多居室公寓、复式公寓、别墅、小型办公楼及小型商用房使用。通过学习户式中央空调相关知识、相关技能和各工作任务，应达到如下学习目标：

1）掌握户式中央空调的制造及装配工艺。

2）能够进行户式中央空调安装、运行及调试。

3）能够进行户式中央空调故障诊断与排除。

4）能够独立进行工作任务的资讯、方案制订、方案实施和检查评价。

学习内容

1）户式中央空调的分类。

2）户式中央空调组成及工作原理。

3）户式中央空调的装配工艺。

4）户式中央空调的安装、运行及调试。

5）户式中央空调故障诊断与排除。

教学方法与组织形式

1）主要采用任务驱动教学法。

2）以学生自主学习和教师辅导相结合。

学生应具备的基本知识及技能

1）应具备制冷设备及电气控制相关知识。

2）应掌握电工常用仪表和工具的使用方法。

3）应具备管道切割、扩口、胀口、焊接等基本操作技能。

4）应掌握风管制作、冷媒管道安装等技能。

学习评价方式

1）以小组（3~4人）形式对户式中央空调进行装配、安装、运行调试、故障诊断与排除操作，并进行自评整改。

2）小组之间进行观摩互评。

3）教师综合评价。

4）本情境综合考核，按百分制，取每个工作任务考核结果平均值。

工作任务一　户式中央空调制造及装配

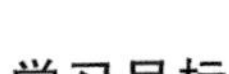

学习目标

1）了解户式中央空调的分类。

2）掌握户式中央空调的组成及工作原理。

3）了解户式中央空调的制造工艺流程。

4）掌握户式中央空调设备的装配工艺。

教学方法与教具

1）学生自主学习。

2）所需教具：户式中央空调模型。

一、相关知识

1. 户式中央空调的分类

户式中央空调（也称家用中央空调），是由一台系统主机通过风道或冷、热负荷输送管道分别连接至户内各个区域的末端设备（风盘或出风口），通过风道送风或主机带动末端设备的方式，实现对户内各个房间的空气环境集中控制、独立调节的功能。户式中央空调在制冷方式和基本构造上类似于大型中央空调，但又结合了普通空调的众多功能，具有普通空调和大型中央空调的双重优势。户式中央空调可以分户独立安装，它不仅用于大户型或多居室住宅，而且也广泛用于各类中小型高档的办公、商用、餐饮、娱乐、公寓等独立场所。

户式中央空调是集中处理空调负荷的系统形式，其冷/热量是通过一定的介质输送到空调房间的。按照户式中央空调输送介质的不同，常见的户式中央空调可以分成以下三种形式。

（1）风管式系统　风管式系统以空气为输送介质，其原理与大型全空气中央空调系统的原理基本相同，是一个小型化的全空气中央空调系统。它利用热泵机组集中产生冷/热量，将室内引回的回风或回风和新风的混合气体进行冷却/加热处理后，再送入室内消除其空调冷/热负荷。

（2）水系统　水系统户式中央空调输送介质通常为水或乙二醇水溶液，属空气—水热泵空调系统。冷/热水机组通过主机产生空调冷热水，由管路系统输送到室内的末端装置，在末端装置内冷热水与室内空气进行热量交换，产生冷热风，从而消除房间空调负荷。水系统是一种集中产生冷热量，但分散处理各房间负荷的空调系统形式，其原理图如图 5-1 所示。

系统的室内末端装置通常采用风机盘管。风机盘管可以调节其风机的转速或通过水管上的调节阀调节流过盘管的水量，从而调节送入室内的冷/热量。因此，该系统可以对每个房间进行单独调节，满足各房间不同的空调负荷，节能效果较显著。另外，冷/热水机组的输

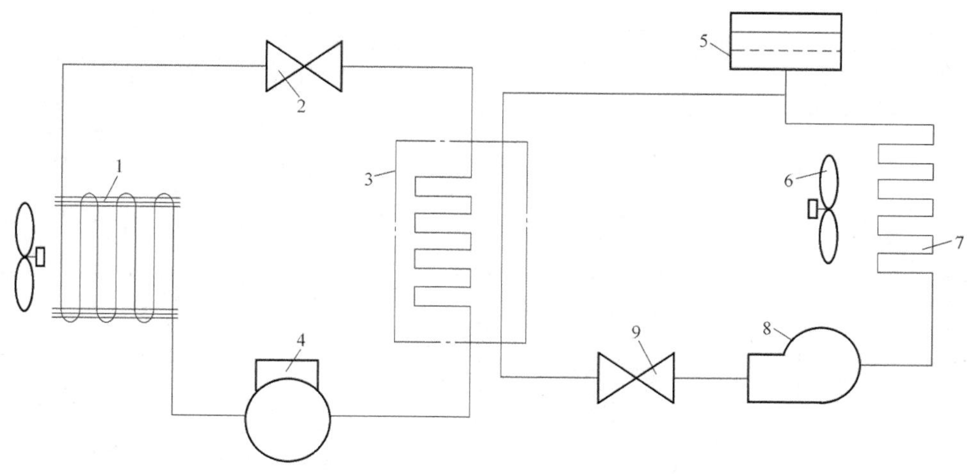

图 5-1　水系统原理图

1—风冷热交换器　2—节流阀　3—水冷热交换器　4—压缩机　5—膨胀水箱　6—风机
7—风机盘管　8—水泵　9—调节阀

配系统所占空间较小，不受住宅层高的限制，无须机房，无冷却塔。但是此类系统一般难以引进新风，因此对于通常密闭的空调房间而言，舒适性较差。

（3）制冷剂系统　制冷剂系统户式中央空调是以制冷剂为输送介质，属空气—空气源热泵空调系统，又称多联式户式中央空调或多机分体式户式中央空调。制冷剂系统户式中央空调系统室外机由制冷压缩机、室外空气侧热交换器和其他制冷附件组成；室内机由风机和室内空气侧热交换器组成。一台室外机可通过制冷剂管路向若干个室内机输送制冷剂。

制冷剂系统户式中央空调一般可由 1 台室外机和 4~16 台室内机组成。制冷剂系统户式中央空调分别采用变频调节直流电动机转速调节技术或数码脉冲控制技术，实现对制冷压缩机的变容量和系统制冷剂循环量的连续控制，并采用电子膨胀阀，实现对进入室内热交换器制冷剂流量的精确控制，从而适时地满足室内供冷、供暖要求。

2. 户式中央空调的组成及工作原理

（1）户式中央空调的组成　常用的户式中央空调系统组成见表 5-1。户式中央空调机组有整体式和分体式两类。由于分体式空调可将压缩机置于室外，从而大大降低室内生活环境的噪声，因此通常户式中央空调采用分体式。

表 5-1　常用的户式中央空调系统组成

序号	输送介质	户式中央空调系统的组成		备注
		室外机类型	室内机类型	
1	风管式系统户式中央空调	空气源热泵型机组整体式柜（箱）机		寒冷地区需辅助加热
2		空气源热泵型机组	直接蒸发室内机（空调箱）	
3		水环热泵型机组整体式柜（箱）机		冬季冷却水系统需补充热量
4		水环热泵型机组	直接蒸发室内机（空调箱）	
5		水环整体式单冷风管机		仅适用于南方地区
6		水环单冷机组	直接蒸发室内机（空调箱）	

（续）

序号	输送介质	户式中央空调系统的组成		备注
		室外机类型	室内机类型	
7	水系统户式中央空调	空气源冷热水机组	集中空调箱	寒冷地区需辅助加热
8			风机盘管	
9		空气源冷水机组+热水炉	集中空调箱	非采暖地区一般不用另加热源
10			风机盘管	
11		直燃型溴化锂冷热水机组	集中空调箱	
12			风机盘管	
13	制冷剂系统户式中央空调	压缩机台数控制空气源热泵型机组	多台各种形式的直接蒸发室内机	俗称一拖多分体空调机
14		压缩机台数+变频控制空气源热泵型机组		俗称变频多联机
15		压缩机台数及旁通控制空气源热泵型机组		俗称变制冷剂分体空调机
16		压缩机台数及数码控制空气源热泵型机组		俗称数码控制分体空调机

（2）户式中央空调的工作原理　下面分别介绍风管式系统、水系统和制冷剂系统户式中央空调的工作原理。

1）风管式系统。按照处理回风的介质的不同，风管式系统又可分为风管式单元空调系统和风管式空调箱系统。图5-2和图5-3所示分别为这两种系统的原理图。风管式单元空调系统是将空气直接与内部是制冷剂流动的直接蒸发式热交换器相接触，由制冷剂直接对空气进行处理。风管式空调箱系统是由冷机产生冷/热水，然后将冷/热水送入空调箱内，由冷/热水集中处理空气。

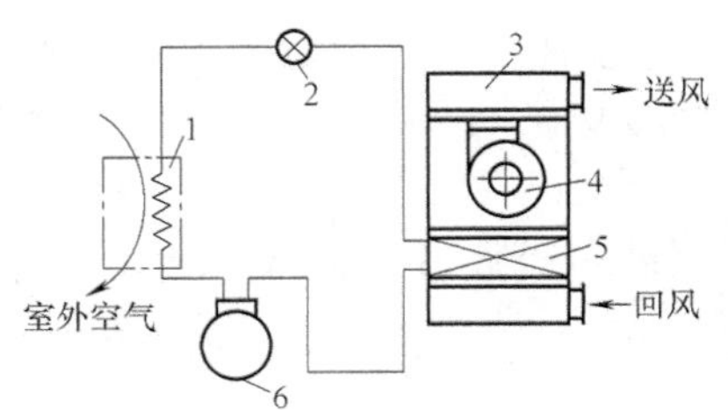

图5-2　风管式单元空调系统原理图

1—冷凝器　2—节流阀　3—空调箱　4—风机　5—蒸发器　6—压缩机

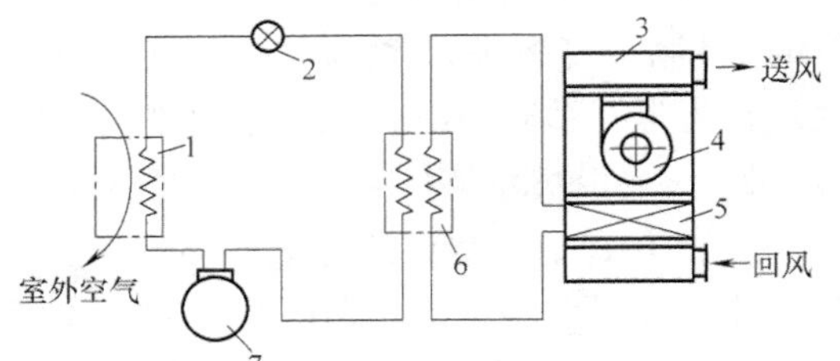

图5-3　风管式空调箱系统原理图

1—冷凝器　2—节流阀　3—空调箱　4—风机　5—蒸发器　6—热交换器　7—压缩机

此外，由于风管式系统对空气进行集中处理，因此新风的引入比较方便。若在系统中加上新风道引入一部分新风，将其与回风混合后进行集中处理，则成为带新风的风管式户式小型中央空调系统。图5-4所示为带新风的风管式单元空调系统原理图。新风可与回风混合后统一处理，也可以单独进行处理。

相对于其他户式小型中央空调形式，风管式系统初投资较小。若引入新风，其空气品质能得到较大改善。但风管式系统的空气输配系统所占用建筑物空间较大，一般要求住宅要有较大的层高。而且它采用统一送风的方式，在没有变风量末端的情况下，难以满足不同房间、不同的空调负荷要求。而变风量末端的引入将会使整个空调系统的初投资大大增加。

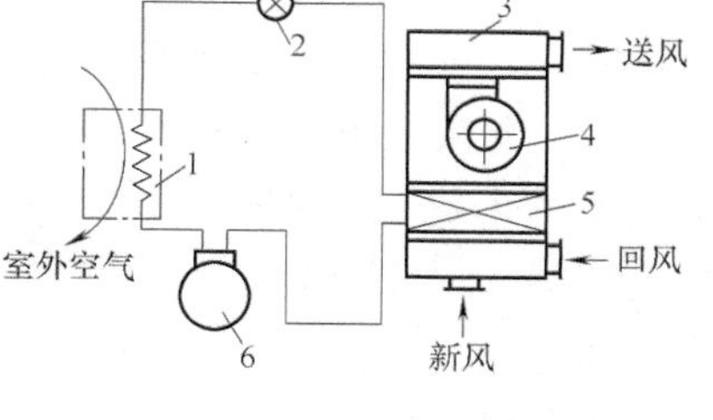

图 5-4　带新风的风管式单元空调系统原理图

1—冷凝器　2—节流阀　3—空调箱　4—风机　5—蒸发器　6—压缩机

2）水系统。水系统户式中央空调也称为冷/热水机组，其输送介质通常为水，它的基本原理与通常所说的风机盘管系统类似。通过室外主机产生空调冷/热水，由管路系统输送至室内的末端装置，在末端装置处冷/热水与室内空气进行热量交换，产生冷/热风，从而消除房间空调负荷。它是一种集中产生冷/热量，但分散处理各房间负荷的空调系统形式。图 5-5 所示为水系统户式中央空调原理图。

该系统的室内末端装置通常为风机盘管。目前风机盘管一般均可以调节其风机转速，从而调节送入室内的冷/热量，因此该系统可以对每个空调房间进行单独调节，满足不同房间不同的空调需求，同时其节能性也较好。此外，由于水系统户式中央空调的输配系统所占空间很小，因此一般不受住宅层高的限制。但此种系统一般难以引进新风，因此对于通常密闭的空调房间而言，其舒适性较差。

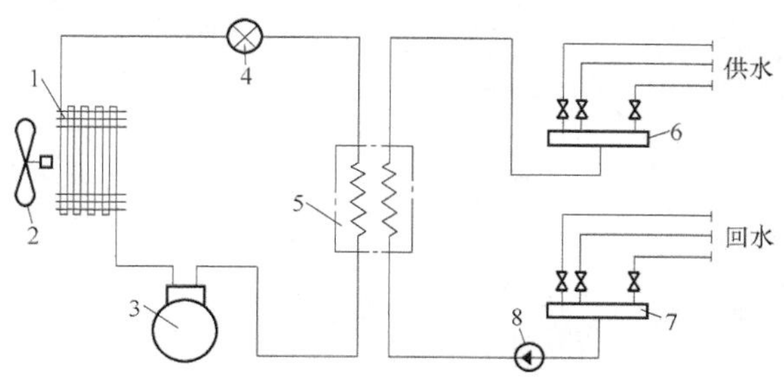

图 5-5　水系统户式中央空调原理图

1—风冷热交换器　2—热交换器风扇　3—压缩机　4—节流阀　5—水冷热交换器　6—分水器　7—集水器　8—空调水泵

3）制冷剂系统。制冷剂系统又称变制冷剂流量（Varied Refrigerant Volume，VRV）空调系统，它以制冷剂为输送介质，室外机由室外侧热交换器、压缩机和其他制冷附件组成，末端装置是由直接蒸发式热交换器和风机组成的室内机。一台室外机通过管路能够向若干个室内机输送制冷剂液体。通过控制压缩机的制冷剂循环量和进入室内各热交换器的制冷剂流量，适时地满足室内冷、热负荷要求，是一种可以根据室内负荷大小自动调节系统容量的节能、舒适、环保的空调系统。图 5-6 所示为 VRV 系统原理图。

VRV 系统具有节能、舒适、运转平稳等诸多优点，而且各房间可独立调节，能满足不同房间、不同空调负荷的需求。但其系统控制复杂，且其初期投资高。

除了风管式系统、冷/热水机组、VRV 系统这三种基本的系统形式以外，还可以互相交叉，衍生出一些新型的系统。例如，将冷/热水机组和风管式系统进行组合，往室内送冷热水处理房间空调负荷，而新风统一由室外机处理

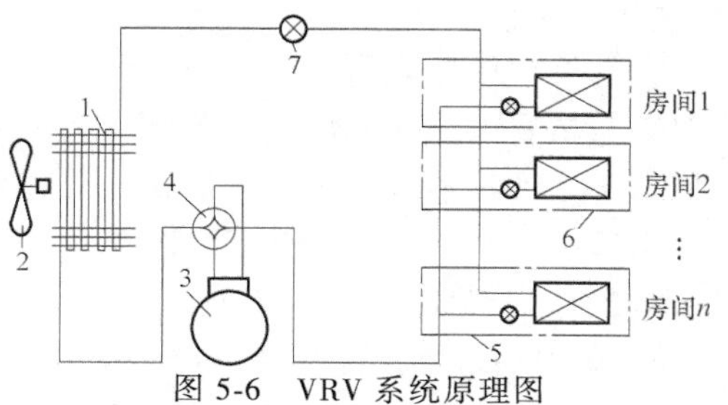

图 5-6　VRV 系统原理图

1—风冷热交换器　2—热交换器风扇　3—压缩机　4—四通阀　5—电子膨胀阀　6—直接蒸发式热交换器　7—节流阀

后分别送入各个房间。此外，在燃气利用便利的地区，冬季由燃气炉提供热量的方式使用得也较多。燃气炉可以集成在户式小型中央空调系统里，也可以单独设置。

（3）气流组织　户式中央空调系统所服务的对象通常是卧室、起居室、餐厅、活动室等房间。因此，合理的气流组织对于满足温湿度设计要求和提高人体舒适度是十分重要的。

1）送风方式及送风口布置。户式中央空调系统常用的送风形式有百叶侧送风或条缝形风口侧送风、散流器或条缝形风口顶送风和喷口送风三种方式。

根据空气调节房间的特点，百叶侧送风或条缝形风口侧送风可布置成下列几种形式（见图5-7）：单侧上送上回、单侧上送下回、单侧上送走廊回、双侧上送上回、双侧上送下回等多种形式。层高较低、进深较大的空调房间宜采用单侧或双侧送风，贴附射流。当采用侧送风时，回风口宜布置在送风口的同侧下方；当采用双侧送风时，两侧相向的气流应在生活区或工作区以上搭接；侧向多股平行射流应互相搭接。

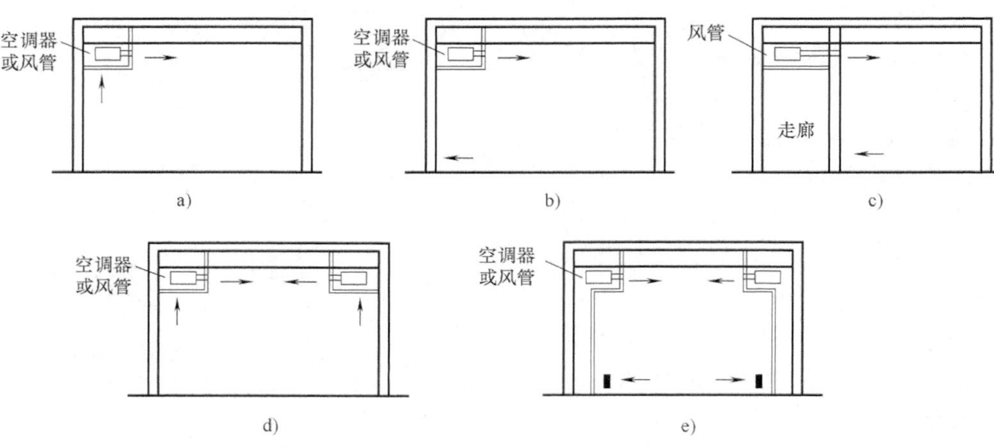

图5-7　百叶侧送风或条缝形风口侧送风形式

a）单侧上送上回　b）单侧上送下回　c）单侧上送走廊回　d）双侧上送上回　e）双侧上送下回

当空调房间层高相对较高、有吊顶或技术夹层可利用时，可采用圆形、方形和条缝形散流器顶送。在设计使用各种散流器顶送风时，应注意风口与吊顶装饰的配合。散流器下送分为平送（贴附顶送）和下送两种形式。前者用于对室温波动范围要求较高的房间，如卧室、餐厅等房间；而后者则用于层高相对较高，要求送风气流射程较大的场合，如别墅内的门厅（两层空间高度）等场所。

条缝形送风口的结构与其他形式的送风口相比较略为简单，气流的中心风速衰减也较快，它适用于工作区允许风速0.25～1.5m/s，温度波动范围为±(1～2)℃的场合。在餐厅、起居室采用这种形式的风口，沿窗户上部布置，可以起到风幕的作用，有利于稳定和调节房间内温湿度参数。图5-8所示为散流器和条缝形散流器顶送风形式。采用散流器贴附顶送时，应符合下列要求：

① 应根据空调房间吊顶高度、允许的噪声要求等确定散流器允许的最大喉部送风速度，进一步确定散流器的形式和数量。

② 吊顶上部应有足够的高度，以便安装管道、吊装的空气调节器和散流器风量调节阀。

③ 布置散流器的平面位置时，应有利于送风气流对周围空气的诱导，避免产生死角，

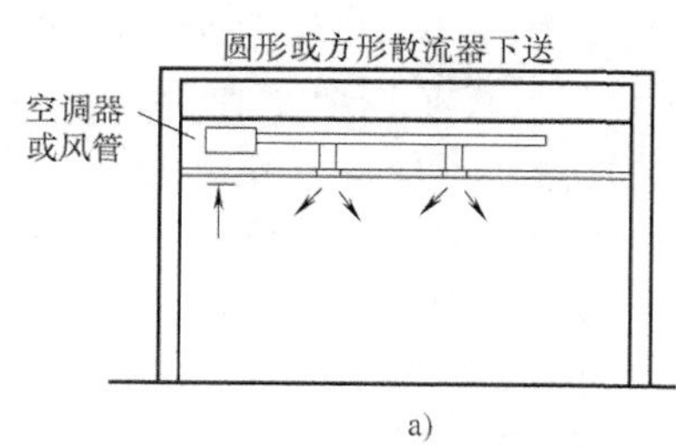

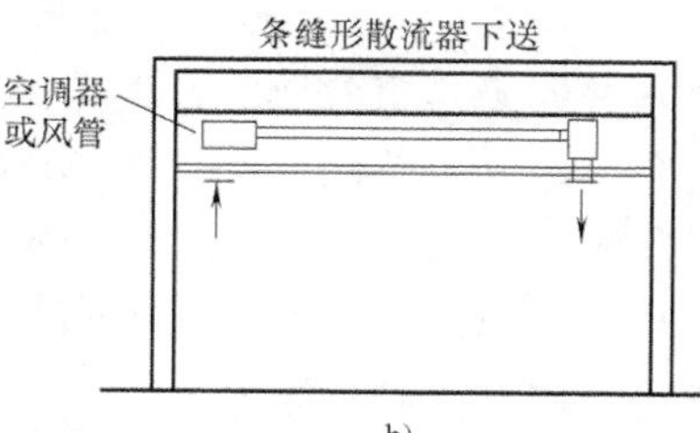

a)　　　　b)

图 5-8　散流器和条缝形散流器顶送风形式

射流射程中不得有阻挡物。

喷口送风在户式中央空调系统中主要使用在空间比较高大的空调区域内，如大型别墅的门厅、舞厅等场所。图 5-9 所示为喷口送风形式。喷口有圆形和扁形（长宽比<40 的矩形风口）两种形式。采用喷口方式时，应符合下列要求：

① 喷口送风的射程和速度，喷口的直径及数量应通过计算确定。

② 应使人员停留处于射流的回流区。

③ 圆形喷口的收缩段长度为喷口直径的 16 倍，当喷口水平安装时，其安装角度应通过计算确定，但一般不大于 15°。

④ 应注意喷口外形与室内装修的协调，避免将工业厂房中使用的喷口运用于户式中央空调系统中。

2）回风口布置。回风口的布置方式应符合下列要求。

① 空调房间的气流流型主要取决于送风射流，回风口的位置对气流流型影响很小，对区域温差的影响也小。因此，除了高大空间或大面积而有较高区域温差要求的空调房间外，一般仅在一侧集中布置回风口。

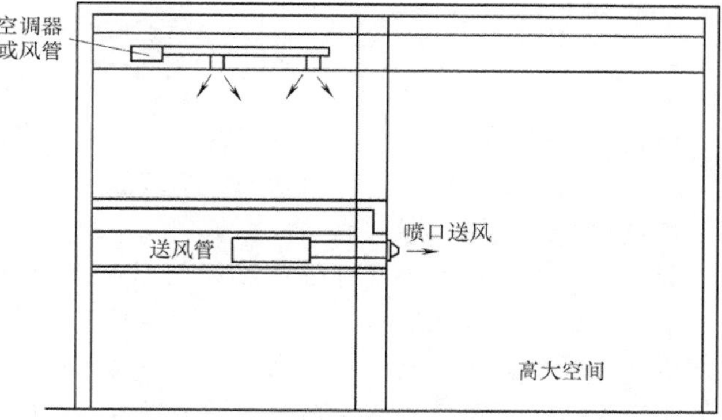

图 5-9　喷口送风形式

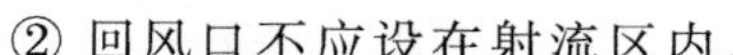

② 回风口不应设在射流区内。对于侧送方式，一般设在送风口同侧下方。下部回风易使热风送下，如果采用散流器送风形成平行流流型时，回风应设在下方。

③ 有条件时，可采用走廊回风，但走廊回风口应设在房间的下部。

④ 当室内采用顶送方式，而且空调系统是以夏季送冷风为主时，宜设与灯具结合的顶部回风口。

3）风量分配与房间压力控制。设有户式中央空调系统和机械排风系统的建筑物，其送风口、回风口和排风口位置的设置以及送风、回风和排风风量的平衡要有利于维持房间内所需要的空气压力状态。

① 建筑物内的空调房间应维持正压。

② 建筑物内的厕所、盥洗间内应维持负压。

③ 卧室内维持正压，盥洗间内应维持负压。

④ 餐厅的前厅应维持正压，厨房应维持负压。餐厅内的空气压力应处于前厅和厨房之间。

(4) 户式中央空调电气控制系统　户式中央空调系统是以温度作为调节对象，制冷剂作为能量传递介质，以压缩机为动力驱动制冷剂进行循环，使得制冷剂在制冷系统内完成高压冷凝散热、节流、低压蒸发吸热过程，利用冷凝器和蒸发器进行换热，从而达到被控温度恒定的目的。户式中央空调自动控制就是利用温差作为反馈信号，通过控制程序对各相关电器进行控制，从而达到恒温控制的目的。其接线图如图 5-10 所示。

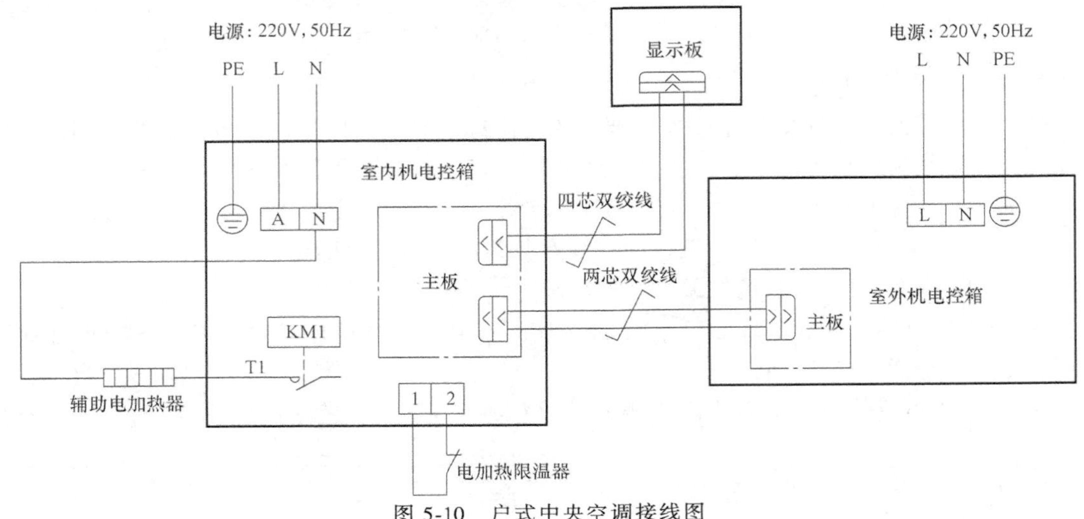

图 5-10　户式中央空调接线图

户式中央空调电气控制系统主要控制空调装置正常运行，防止压缩机和风扇电动机因过载而烧毁。其控制部件主要有起动和保护装置、温度控制器、除霜控制器、压力控制器等，其工作过程与房间空调器类似。

起动和保护装置是为了保证电动机正常起动与安全运行而设置的起动继电器、起动电容、运行电容和过载保护器等。温度控制器是户式中央空调系统中根据室内温度高低来控制压缩机起停的装置，当室内温度高于温度控制器设定值时，温度控制器可使电路接通，起动空调制冷模式。除霜控制器是热泵空调在冬季运行时用来控制蒸发器除霜的电气元件。压力控制器是压缩机高压保护元件。

户式中央空调控制系统包括风机盘管控制系统、加热器控制系统、加湿设备控制系统和新风量控制系统。

1）风机盘管控制系统。风机盘管是户式中央空调系统的末端装置，分散布置在各个空调房间内。为方便调节与控制，风机盘管多采用就地控制的方案，分为简单控制、温度控制和调压控制三种。风机盘管简单控制方式使用三速开关直接手动控制风机的三速（高、中、低三档）转换与起停。风机盘管温度控制采用温度控制器根据设定温度与实际检测温度值比较、运算，自动控制比例控制阀的开度，来控制水的流量，从而和室内负荷匹配。调压控制是当空调房间负荷发生变化时，通过压力传感器改变风机盘管中风机的转速，从而改变通过风机盘管机组的空气量，实现空调房间内的温湿度调节。

图 5-11 所示为两管制冷热两用风机盘管控制系统图。此系统在夏季制冷时，冷冻水在系统中循环，冬季制热时热水在系统中循环。温度控制器实时监测房间温度并和设定温度进行对比，根据比较结果控制电磁阀的通断，从而使房间温度保持恒定。

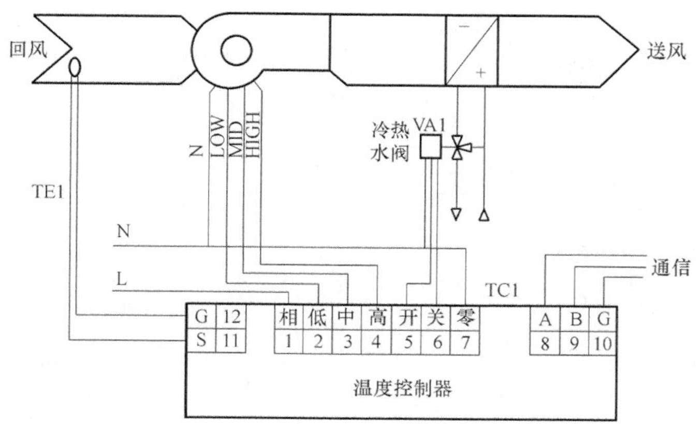

图 5-11　两管制冷热两用风机盘管控制系统图

两管制带电加热型风机盘管控制系统中，温度控制器实时监测房间温度并和设定温度进行比较，根据比较结果控制电磁阀的通断，从而使房间温度保持恒定。两管制带电加热型风机盘管控制系统图如图 5-12 所示。

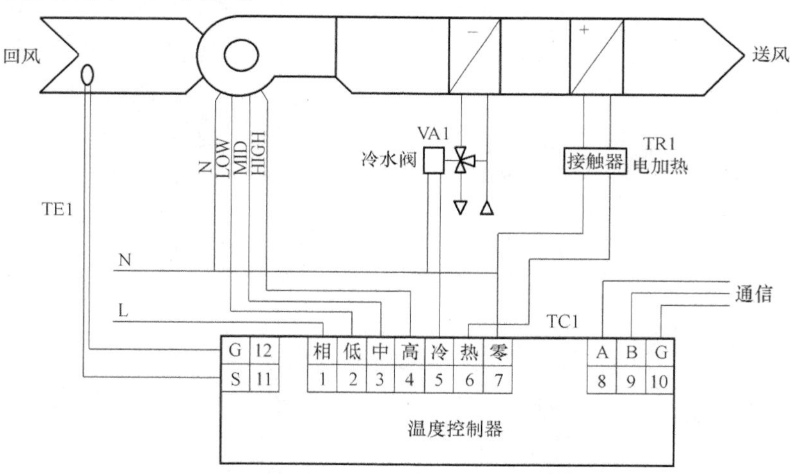

图 5-12　两管制带电加热型风机盘管控制系统图

如图 5-13 所示，风机盘管控制系统可以与主机进行联网控制，此时先将风机盘管温度控制器的控制相线经温度控制器开关接至机组电箱内的末端转接板上；接着将转接板的 X1 端口与机组内机主板的 end-switch 端口连接；最后将出厂默认接的相线取消。若风机盘管与主机不进行联网控制，则按图 5-14 所示配置。

2）加热器控制系统。在冬季由于外机工作的环境温度降低其主机工作效率也就逐渐下降，这样便达不到理想的制热效果。此时，需要开启辅助加热器来辅助加热。户式中央空调辅助电加热系统实物图如图 5-15 所示。户式中央空调辅助电加热系统流程图如图 5-16 所示。在开启辅助加热器时，先关闭截止阀 3，同时打开截止阀 4 和截止阀 5，系统水从辅助加热器流过，通过辅助加热器加热，温度升高，再送到用户末端。用户可以根据自己的要求来调节加热温度，通过辅助加热器的温度控制器来调节所需温度值。在制冷状态下或不需要辅助加热时，关闭截止阀 4 和截止阀 5，打开截止阀 3，系统水从截止阀 3 通过。同时需把辅助加热器下面的排水阀打开，把辅助加热器里面的水放干净。

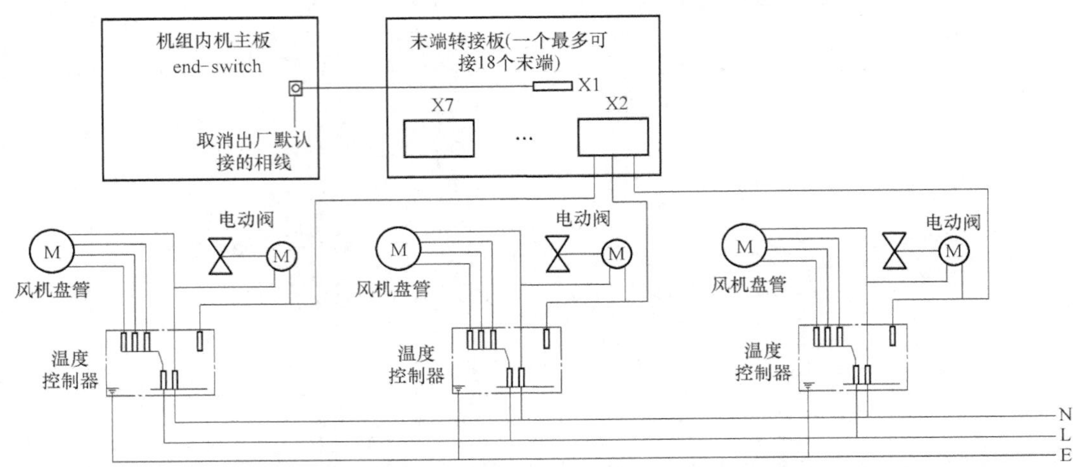

图 5-13　风机盘管与主机联网控制接线图

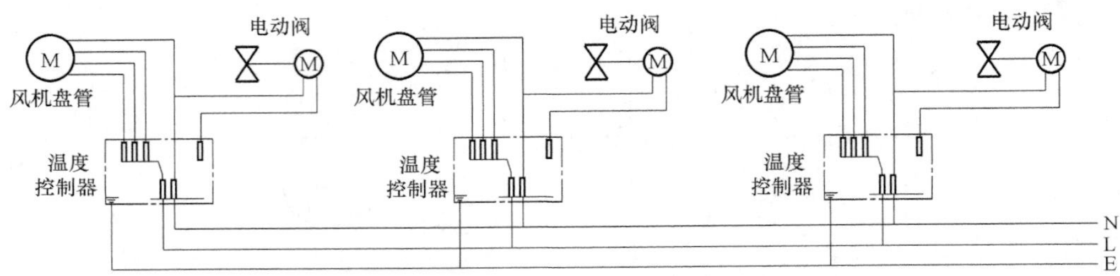

图 5-14　风机盘管与主机无联网控制接线图

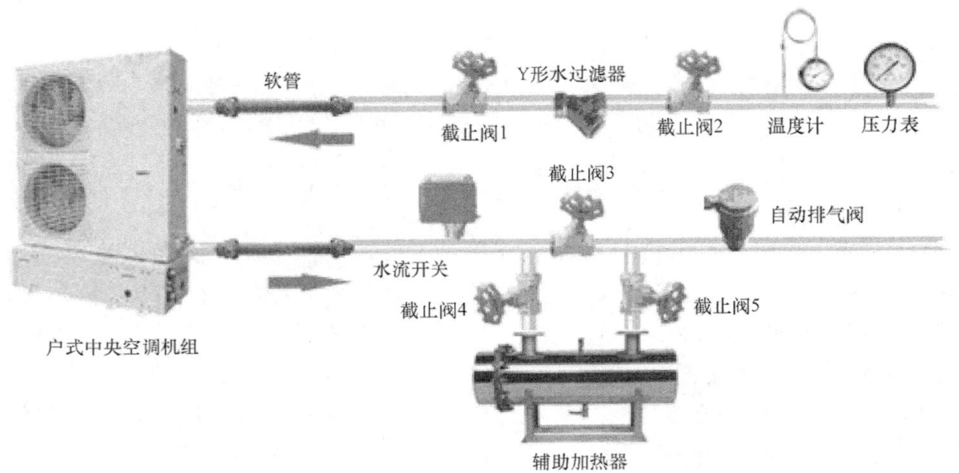

图 5-15　户式中央空调辅助电加热系统实物图

加热器温度控制系统（图 5-17）可采用双位控制或比例积分微分控制。双位控制适用于干扰变化不大且被调参数允许有一定偏差的场合；比例积分微分控制则应用于被调参数要求精度较高或干扰变化较大的场合。

3）加湿设备控制系统的常用形式有：

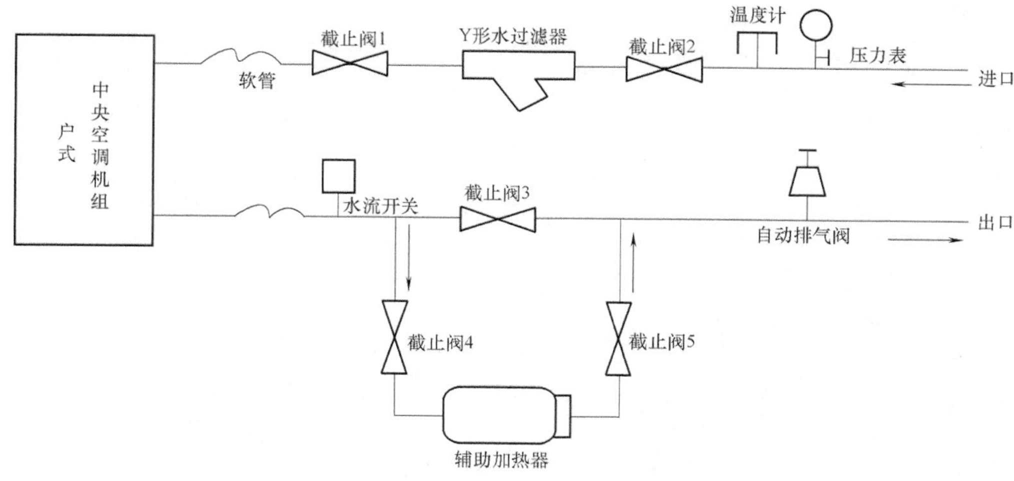

图 5-16　户式中央空调辅助电加热系统流程图

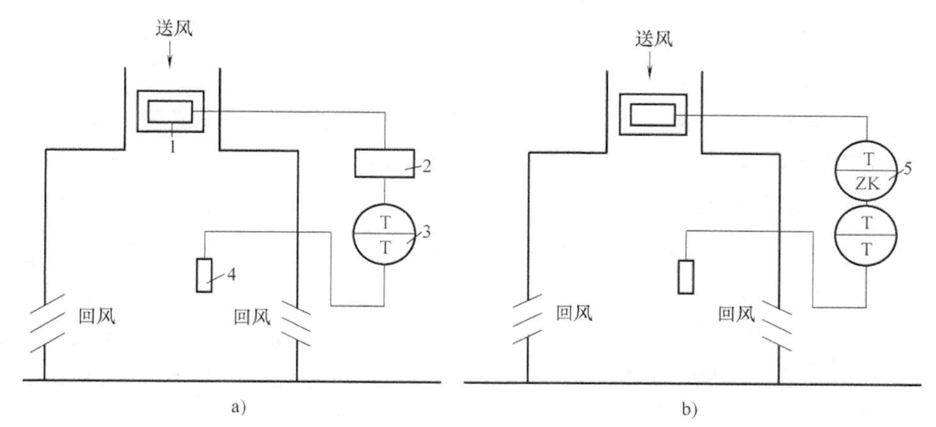

图 5-17　加热器温度控制系统

a）双位控制　b）比例积分微分控制

1—温度传感器　2—调节器　3—晶闸管电压调整器　4—电加热器　5—接触器

① 冷热源采用风冷热泵、室内采用风机盘管的形式。

② 采用一体式或分体式管道静压送风机组的风管式系统。

③ 变频一拖多（VRV）系统采用新风换气机供应新风的形式。

根据户式中央空调系统的形式不同，应采用不同的加湿方式。风机盘管户式中央空调系统加湿是在风机盘管的出风口处设置一组特殊加工的湿膜，即构成风机盘管加湿器。图 5-18 所示为风机盘管加湿器工作原理。

当采用新风换气机为户式中央空调系统供应新风时，由于冬季送风温度较低，如果采用湿膜或超声波式、高压喷雾式等形式的等焓加湿，即使加到饱和也无法达到用户要求，故只能采用电极或 PTC 电陶瓷加热的等温加湿方式。新风换气机系列加湿器的工作原理是将用电极或 PTC 电陶瓷加热而产生的蒸汽送到新风换气机的室内新风送风口处，完成新风加湿过程。图 5-19 所示为电极加湿控制系统图。电极加湿是利用水的导电性，使得插入水中的电极之间流过电流，从而对水加热，产生蒸汽加湿处理的空气。

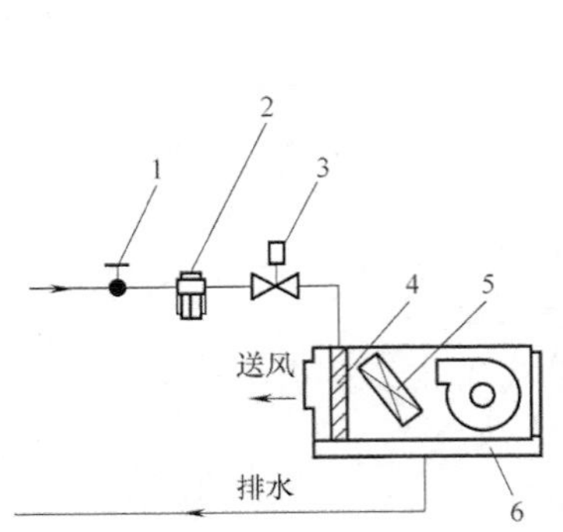

图 5-18　风机盘管加湿器工作原理

1—球阀　2—T 形精细过滤器　3—电磁阀　4—湿膜　5—盘管　6—凝水盘

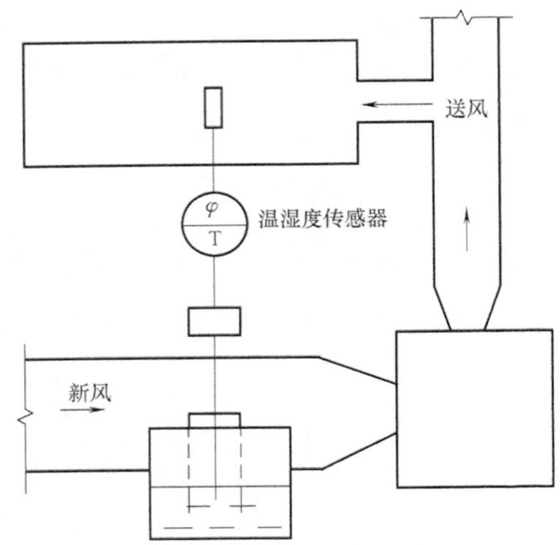

图 5-19　电极加湿控制系统图

风管式户式中央空调室内机（静压式管道机）为了降低噪声，风压一般较小。若在出风口上设置湿膜式加湿器，则对户式中央空调系统的送风量有较大影响，因此一般采用旁通加湿或采用电加湿。旁通加湿的工作原理是：将经过空调盘管加热后的空气一部分从旁通风管经过喷雾加湿段，利用送回风口的压差形成旁通空气循环，实现加湿目的。图 5-20 所示为旁通加湿工作原理图。

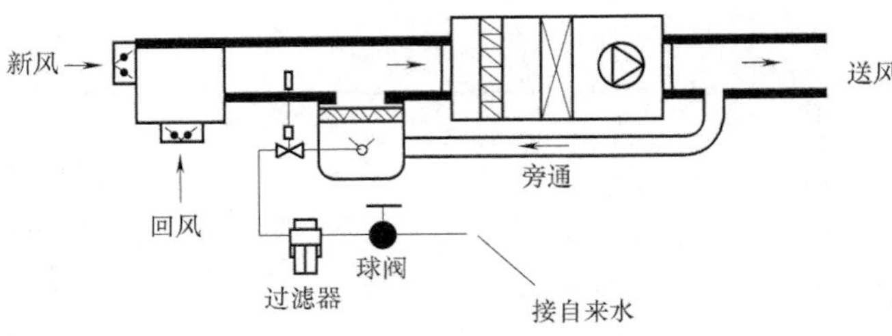

图 5-20　旁通加湿工作原理图

4）新风量的控制：户式中央空调室内新风量控制，目前主要采用两种方案，即根据二氧化碳浓度变化控制新风量和利用新风与回风的焓差控制新风量。

通过二氧化碳传感器测得室内二氧化碳浓度，将其值与设定值进行比较，当检测二氧化碳浓度小于设定值时，新风阀维持最小开度，当二氧化碳浓度大于设定值时，通过 PID 算法得到一个新风增量，从而使新风阀稳定于一个新的开度，达到调节新风量的目的。二氧化碳传感器新风量控制原理图如图 5-21 所示。

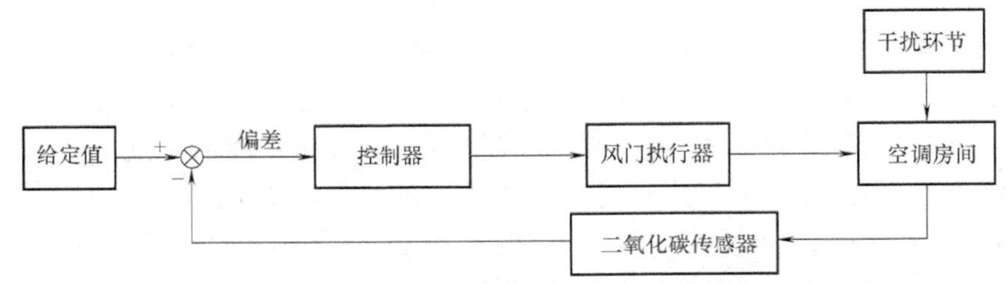

图 5-21　二氧化碳传感器新风量控制原理图

在空调系统中，为了节能必须使用回风，同时为了人体健康，也需要引入部分室外新风，新风负荷在空调系统能耗中所占比例较大。为了合理回收回风能量和利用新风能量，根据新风、回风的焓值比较来控制新风量和回风量的比例，实现最大限度降低负荷。焓差自动控制系统在新风机回风管道中分别设置干球温度传感器和湿球温度传感器，分别测量新风及回风管道中的干、湿球温度，将数据送入焓比较控制器，由焓比较控制器来计算新风及回风的焓值，进行比较判断，控制新风及回风风阀，自动根据新风及回风的焓值变化来调整新风及回风混合比例，以达到最佳控制效果。图 5-22 中，新风、回风干球温度传感器分别为 TE-1、TE-2，湿球温度传感器分别为 HE-1、HE-2。焓比较控制器为 TC-3，新风、回风和排风联锁电动风阀分别为 MV-1、MV-2 和 MV-3。

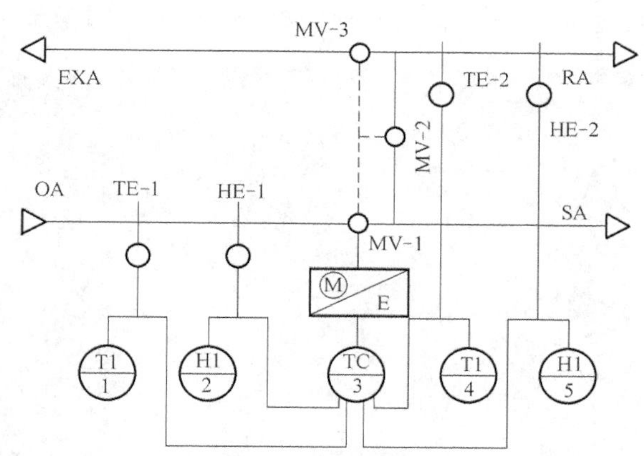

图 5-22　利用新风与回风的焓差控制原理图

二、户式中央空调制造及装配

风机盘管机组如图 5-23 所示，直接安装在房间内。风机盘管机组装配工艺流程如图 5-24 所示。

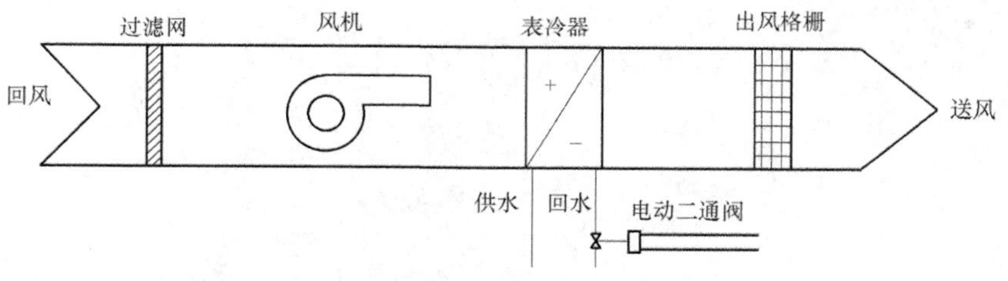

图 5-23　风机盘管机组

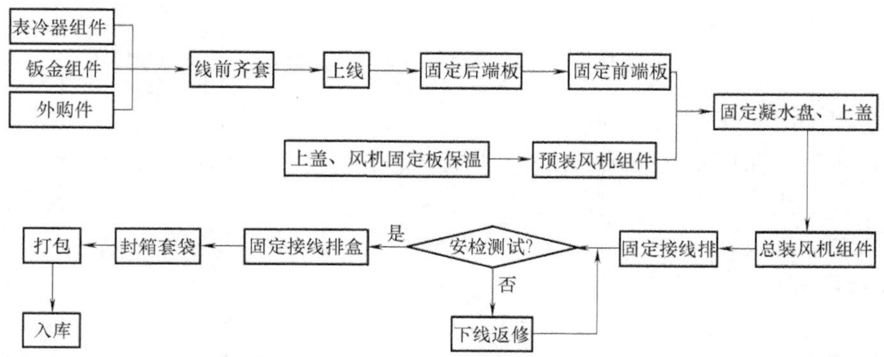

图 5-24　风机盘管机组装配工艺流程

1. 预装表冷器（图 5-25）

先将托盘置于线体上，检查托盘无划伤、变形、毛刺等不良现象；后将表冷器置于托盘内并连接固定，同时确保表冷器无倒片、过湿和起白粉等不良现象。

a)　　　　b)

图 5-25　预装表冷器

2. 上盖板、风机固定板保温（图 5-26）

上盖板采用 PU 海绵保温，隔音效果较好，要求粘贴到位，无褶皱、破损、歪斜等不良现象。风机固定板应贴上 PE 海绵进行保温。

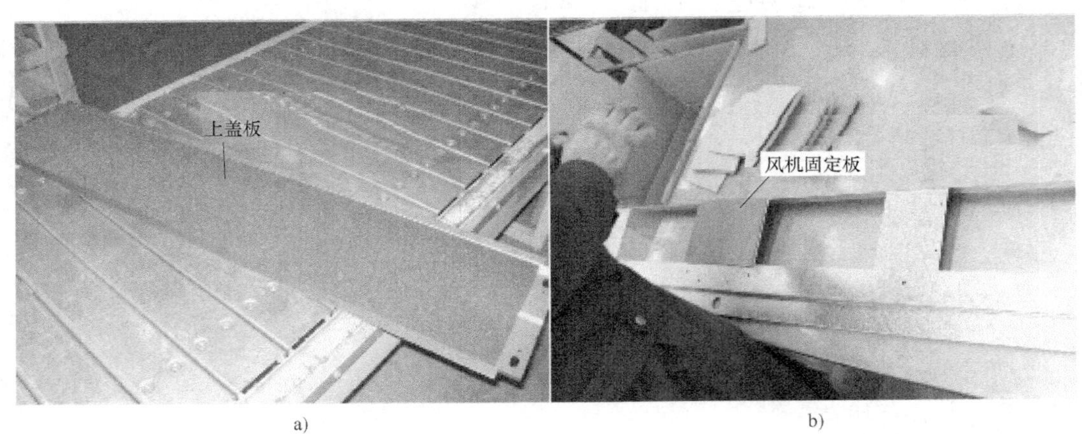

a)　　　　b)

图 5-26　上盖板、风机固定板保温

3. 预装电动机（图 5-27）

对电动机过线孔橡胶垫进行钻孔后，将橡胶垫安装到电动机固定板过线孔处并卡好。检查电动机有无导线不良等现象，确认合格后，将电动机线自上而下穿过过线孔，使得电动机固定，并将电动机线拉直。

4. 预装风机（图 5-28）

将螺钉从电动机固定板底面向上依次穿过电动机固定板、电动机支角固定孔，并用手稍拧两圈螺钉使其不会掉下，直至将电动机与电动机固定板连接在一起。取一个风机，检查风机外壳有无变形等不良现象，将风机与电动机安装在一起，使得电动机轴穿过风机轴线，安装时应注意风机不能装反。

a)　　b)

图 5-27　预装电动机

a)　　b)

图 5-28　预装风机

用气动枪将固定电动机的 4 个螺钉紧固到位。检查风机轴与电动机轴是否配合到位，如果到位，用气动枪穿过风机固定孔将风机与电动机紧固到位。然后用气动枪将螺钉从左向右依次把两个风机固定到电动机固定板上，每个风机固定 4 个螺钉，将螺钉紧固到位。

5. 固定凝水盘、上盖板（图 5-29）

将表冷器置入凝水盘内并连接固定，然后固定上盖板。

a)　　b)

图 5-29　固定凝水盘、上盖板

6. **固定风机组件**（图 5-30）

将电动机线置于电动机组件下方空隙处，以免压在凝水盘与电动机固定板之间，使导线出现损伤，发生漏电事故。使用气动枪将螺钉固定到位，将电动机组件与后端板、上盖、托盘固定在一起。

a)　　　b)

图 5-30　固定风机组件

7. **固定接线图与排气管**（图 5-31）

将接线图粘贴在前端板上，并将排气管插到排气阀上，要求出口朝下。

8. **固定接线排**（图 5-32）

先将接线排与固定板安装在一起，再将接线排与固定板用螺钉连接。取出电动机线，按照“黑-低、蓝-中、红-高、黄-零”的顺序将电动机线插接到接线排上，应注意插接要牢固，避免出现脱落现象。

图 5-31　固定接线图与排气管

图 5-32　固定接线排

9. **安全测试**（图 5-33）

查看电动机有无错装，用手转动风机应无摩擦蜗壳现象。将测试用电源线的两根蓝线与电动机低速、零线连接。将棕色导线卡在机组钣金上。将安检仪上的绿色线卡在机组接线排固定板上，对机组进行安全测试。

10. **固定接线排盒**（图 5-34）

取塑料盖安装在表冷器前端的进液管、出气管口上。将接线排盒扣在接线排固定板上，

a)

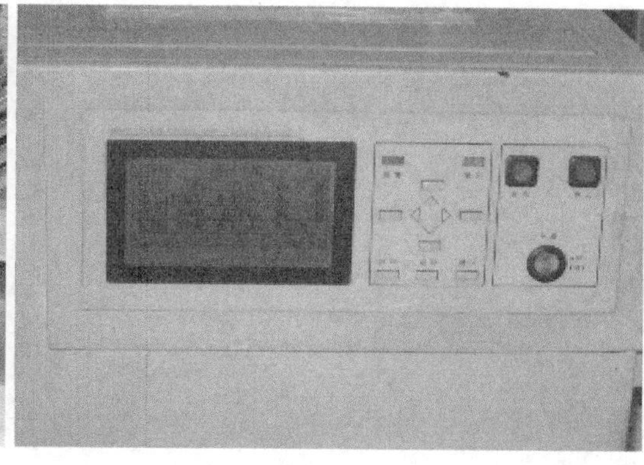
b)

图 5-33　安全测试

并将接线排扣在下面，使得电动机线夹在接线排盒卡槽内，用螺钉固定。

图 5-34　固定接线排盒

11. 套袋、封箱（图 5-35）

将塑料袋套在机组上，将机组放倒，使冷凝水盘朝下放在包装箱内。取厚、薄泡沫各一块垫在包装箱内，然后封箱。

三、技能训练

1. 训练项目

（1）户式中央空调室外机组装

（2）户式中央空调风机盘管组装

2. 训练场地及使用工具

（1）训练场地

（2）使用工具　风机盘管组件、扳手、螺钉旋具、气动枪、万用表等。

a)

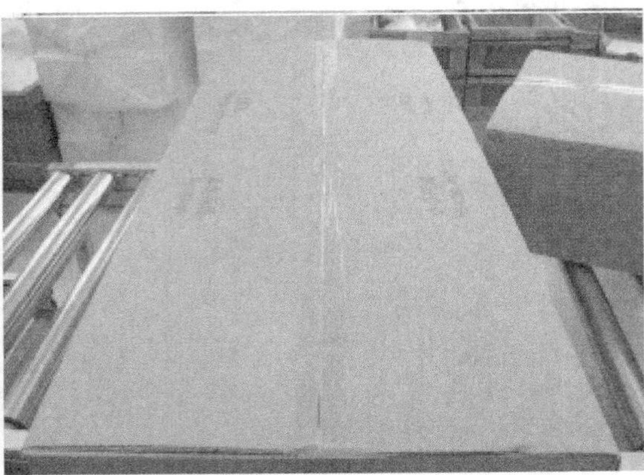
b)

图 5-35　套袋、封箱

3. 训练注意事项

4. 考核方式

1）训练项目考核以小组（每组 4 人）形式进行。

2）各项目所占分值见下表。

项　　目	户式中央空调室外机组装（50分）	户式中央空调风机盘管组装（50分）
资讯及方案制订	10 分	10 分
小组实际操作	25 分	25 分
针对方案和操作，小组自评和整改	5 分	5 分
组间观摩评价	5 分	5 分
安全操作	5 分	5 分
教师评价（综合得分）		

工作任务二　户式中央空调安装

学习目标

掌握户式中央空调安装基本操作方法及技能。

教学方法与教具

1）学生自主学习。

2）所需教具：户式中央空调模型、户式中央空调安装工具、模拟房间。

学习评价方式

1）小组进行户式中央空调安装操作。

2）根据小组表现进行自评、互评和教师整体评价。

一、户式中央空调安装

1. 多联机系统安装

多联机系统工程安装前，按照工程图样采购材料（主要是铜管、保温管、PVC 管、电源线、断路器、吊架等）。然后按照图 5-36 所示户式中央空调多联机安装流程、工程图样进

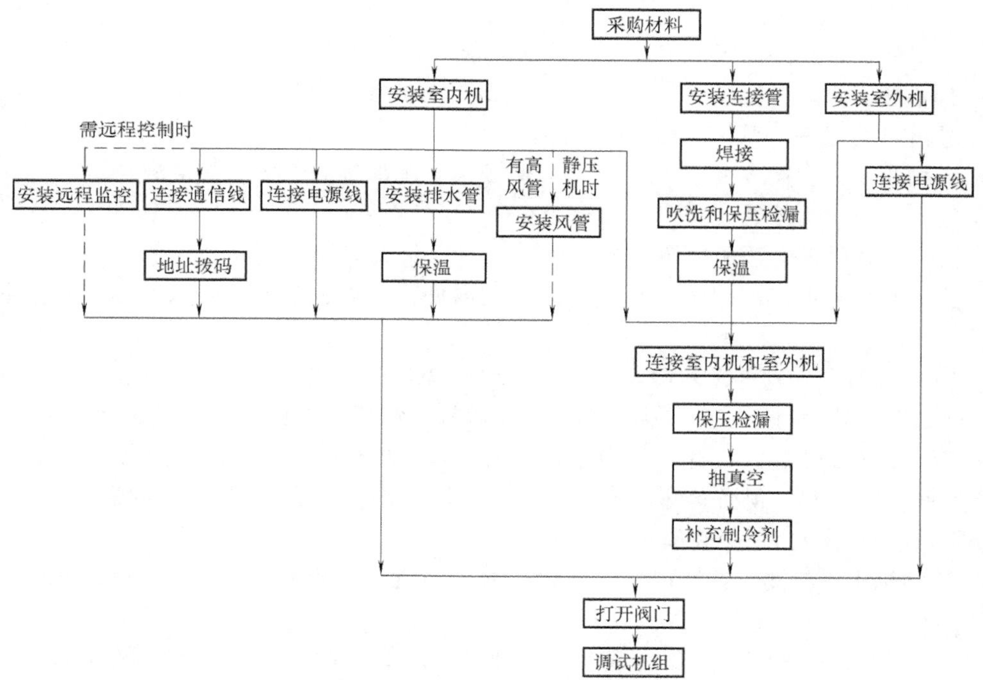

图 5-36　户式中央空调多联机安装流程图

行施工。每完成一步，检查这一步骤是否按要求完成，不合格的请及时返工，合格后才能进行下一步的安装。

（1）室内机安装

1）风管机的安装。

① 安装位置的选择。风管机电器盒侧离墙壁至少≥300mm，方便接线、地址拨码和有故障时维修。风管机送、回风口侧必须预留足够的空间安装送风管和回风管。风管机安装位置如图 5-37 所示。

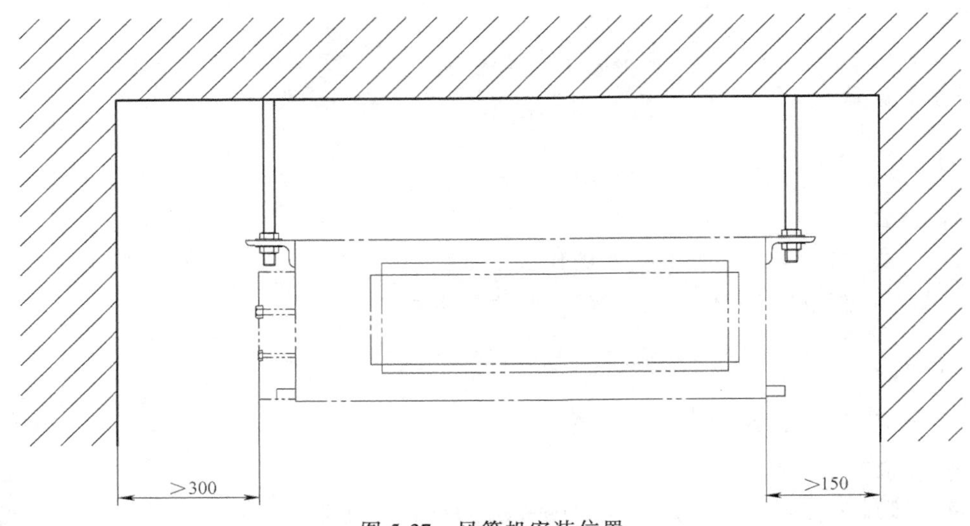

图 5-37 风管机安装位置

风管机安装时应确保：

a. 顶部挂件有足够的强度来承受机组的重量。

b. 排水管出水方便。

c. 进出口无障碍，保持空气良好循环。

d. 室内机要确保图 5-37 中所要求的安装距离，确保维修保养所需要的空间。

e. 远离热源、有易燃气体泄漏和有烟雾的地方。

f. 机组为吊顶式（顶棚内藏暗装式）。

g. 为了防止家电出现图像干扰和噪声，室内外机、电源线、通信线距电视机、收音机至少保持 1m 的距离。

② 室内机的安装。首先，量好室内机吊钩四个孔的定位尺寸，在顶棚上做好标识，根据标识配钻四个孔。将膨胀螺栓插入孔中，然后将铁钉打入螺栓中，如图 5-38 所示。然后，将吊钩安装在室内机上，如图 5-39 所示。最后将室内机安装在顶棚上，如图 5-40 所示。根据安装空间可将风管机顶面紧贴顶棚安装，也可有一定的空间。如果顶棚的强度不够，可采用角铁搭成横梁，将机组放在横梁上固定。

③ 风管机水平检测。在室内机安装完毕后必须进行整机的水平检测，使得机组必须水平放置，如图 5-41 所示。

④ 风管的安装。从实际安装空间考虑回风方式，回风方式有下回风和后回风，如图 5-42 所示。回风管必须接软接头，以降低气流噪声。回风管尺寸一般为回风口尺寸的 1.5

倍，可以适当大，但不能缩小，否则容易引起噪声大。回风口和送风口必须接在同一室内，否则容易造成制冷（热）效果差。回风口和送风口布置方式如图 5-43 所示。当有接新风的要求时，新风管中必须接过滤网，风管的设计和施工应考虑消声、减振。新风管较长时，可考虑加风机。

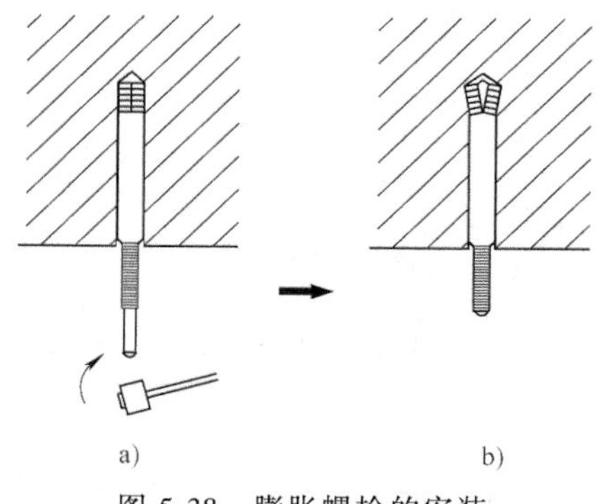

图 5-38　膨胀螺栓的安装

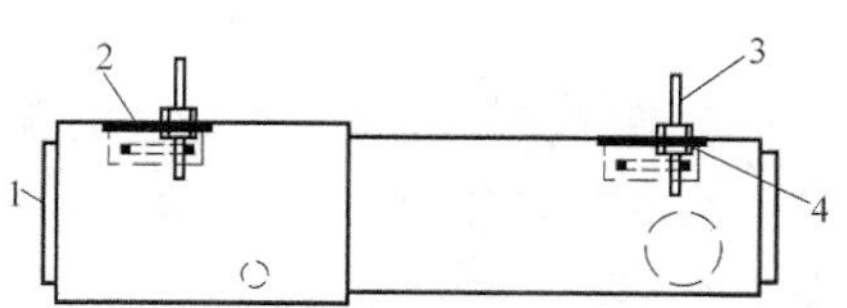

图 5-39　室内机上安装吊钩

1—送风口　2—挂钩　3—螺杆　4—螺母

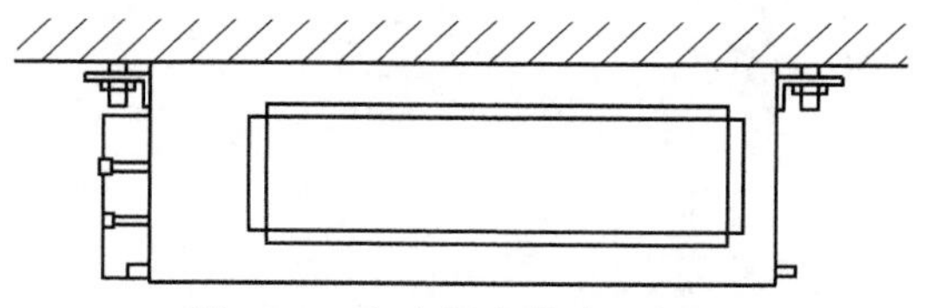
图 5-40　室内机安装在顶棚上

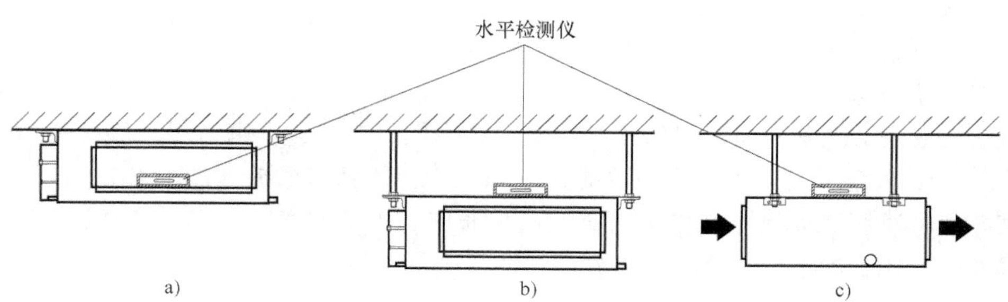

图 5-41　风管机水平检测

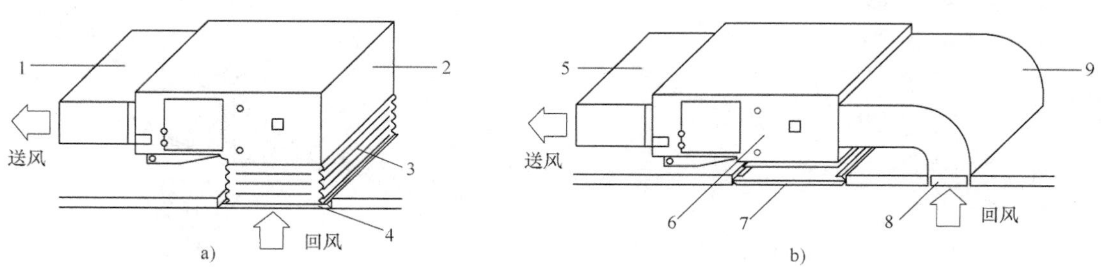

图 5-42　回风方式

a）下回风　b）后回风

1、5—送风管　2、6—室内机　3—帆布风管　4、8—回风口　7—检修格栅　9—回风管

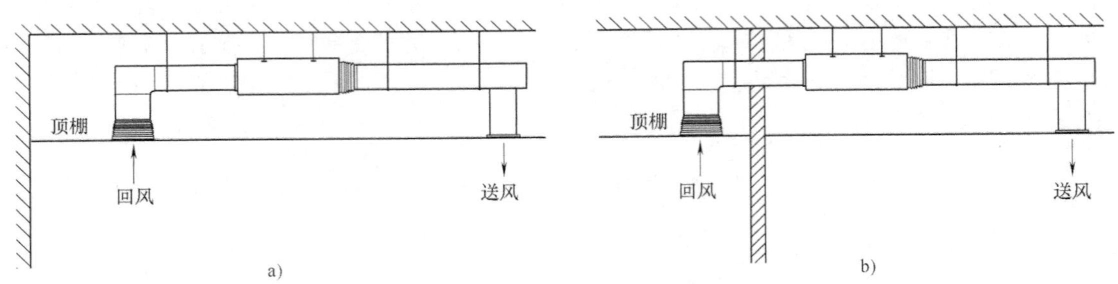

图 5-43　回风口和送风口布置方式

a）回风和送风口在同一室内（正确）　b）回风和送风口不在同一室内（错误）

选用高静压风管式室内机时，必须接送风管，送风管长度和送风口数可根据静压要求而定。送风管的安装如图 5-44 所示。

图 5-44 只表示出后回风口的安装，根据实际安装需要也可使用下回风口，安装方法与后回风口的安装类似。送风管为矩形风管，与室内机风口进行连接，所有送风口中，至少有一个保持敞开状态。

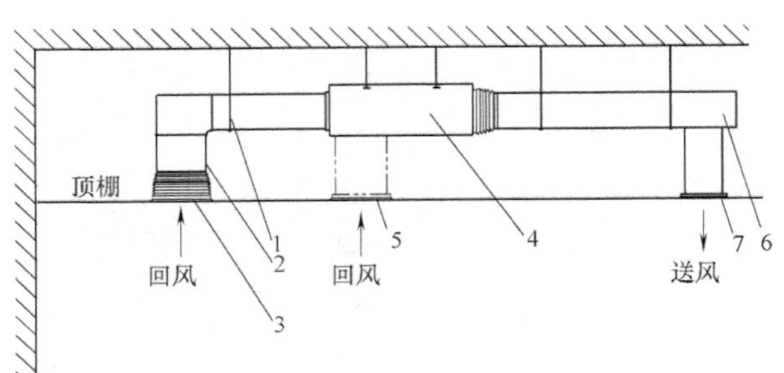

图 5-44　后回风口的送风管的安装

1—吊杆　2—回风管　3、5—回风口　4—风管式室内机　6—送风管　7—出风口

送风口与送风管连接处、回风口和回风管连接处用帆布（选用有保温效果的帆布）连接，当有静压和低噪声要求时，在送风口和送风管之间接一静压箱，静压箱风口的尺寸与送风口一致，静压箱与送风口用帆布连接。

回风管安装时，用铆钉将回风管连接在室内机回风口上，另一端与回风口连接即可。

⑤ 新风管的安装。当需要接新风管时，去除风管上的新风挡板（图 5-45）；若不用新风管时，用海绵将新风挡板缝隙堵住。当需接新风管时，安装法兰（图 5-46）以便接上新风管。风管及圆形风管均需很好密封及保温。

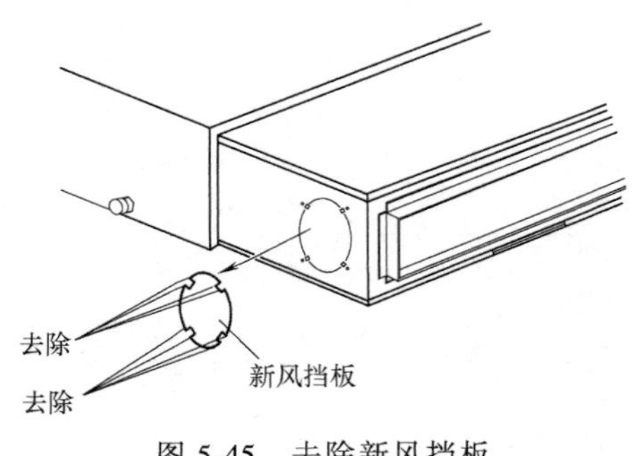

图 5-45　去除新风挡板

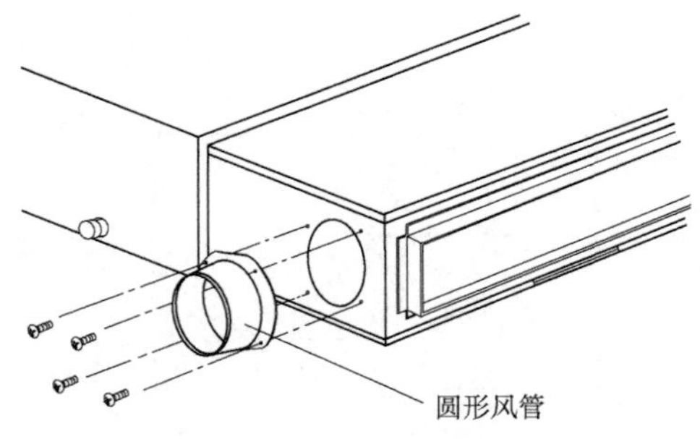

图 5-46　安装法兰

⑥ 检修口。内藏式风管机安装完毕后，吊顶时必须在室内机电器盒侧预留足够空间的检修口，方便检修。

2）壁挂式室内机的安装。选择合理的安装位置后，首先安装挂板。用挂线等方法找水平位置，调整壁挂板时让排水管侧稍微偏低。将挂板用螺钉固定在墙壁上。根据挂板位置开配管孔，按图 5-47 所示确定配管孔位置后，钻一个向外倾斜的孔。为了保护配管及电缆穿过墙不受损伤，要安装墙管。

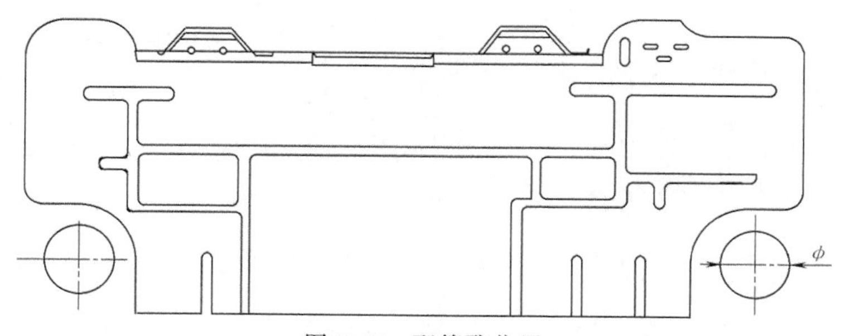

图 5-47　配管孔位置

壁挂式室内机配管走管形式如图 5-48a、b 所示，左侧或右侧走管（线）时，需将主机底座上留下的配管下料部分按需要切下来（图 5-48c）。只引出电源线时，将下料 1 切下；引出连接管与电线时，将下料 1、下料 2（或下料 1～下料 3）切下。将配管与电线包扎好后穿过配管孔（图 5-48d）。最后将室内机挂在壁挂板的挂钩上，左右移动机身看是否稳固（室内机安装高度保证在 2.0m 以上）。

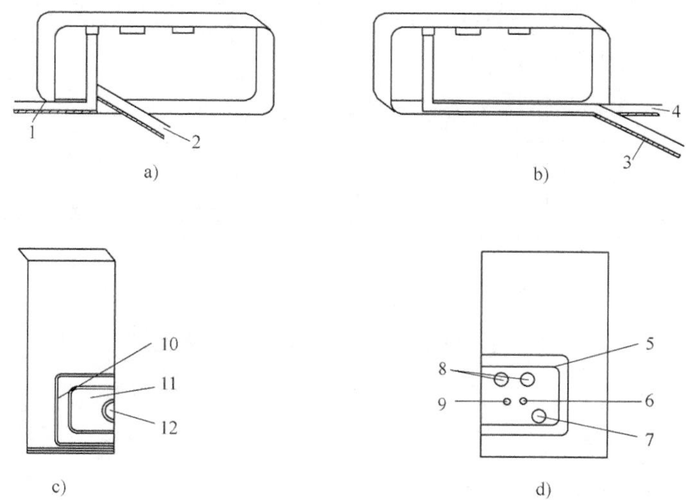

图 5-48　壁挂式室内机配管图

1—右配管　2—右后配管　3—左后配管　4—左配管　5—扎带　6—信号控制线　7—排水管　8—连接管　9—电源线　10—下料 3　11—下料 2　12—下料 1

3）落地式室内机安装。落地式室内机安装尺寸要求如图 5-49 所示。

使用聚氯乙烯管，将其穿过室内机过管孔，与排水管接头相互连紧（图 5-50）。连接处必须用粘结剂粘紧，避免漏水，并且要将排水管向下倾斜，保证管中不会形成积水。在接头处用保温胶带扎紧。连接之后，将注水软管插入出风口右侧，向热交换器侧板或机组内壁慢慢地注水，注水 1000mL，检查是否已排水及连接部位有无漏水现象。

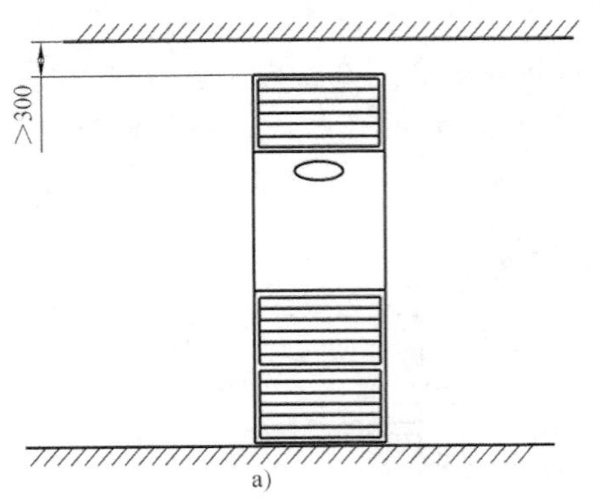

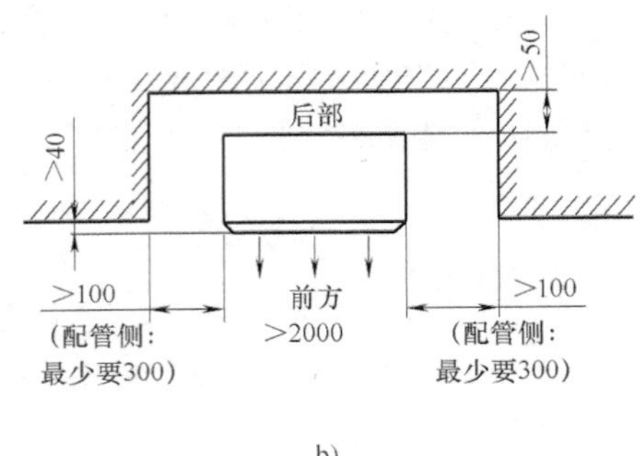

图 5-49 落地式室内机安装尺寸要求

4）天井式室内机的安装。顶棚与天井式室内机的位置关系如图 5-51 所示。

① 初步安装室内机（图 5-52）。将吊架座附在吊装螺杆上，务必在吊架座的上下两头分别使用螺母和垫圈，使吊架座固定牢靠。

② 使用安装用纸板（图 5-53）。对于顶棚开口的尺寸，请参阅安装用纸板。顶棚开口的中心在安装用纸板上有标志。用螺钉把安装用纸板装在机组上，并用螺钉固定管道出口处的排水槽的角。

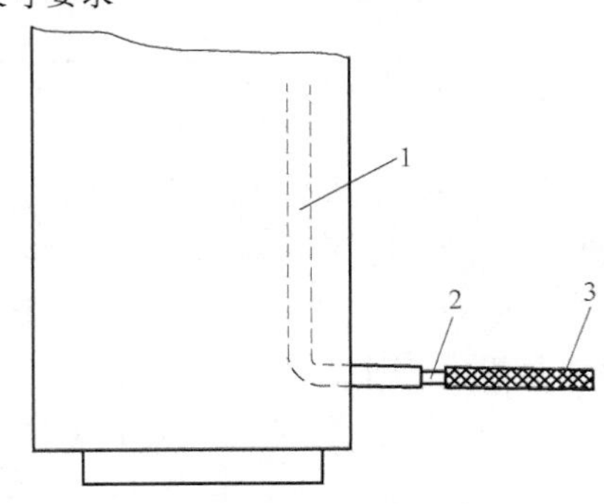

图 5-50 排水管连接

1—排水软管 2—接头 3—聚氯乙烯管

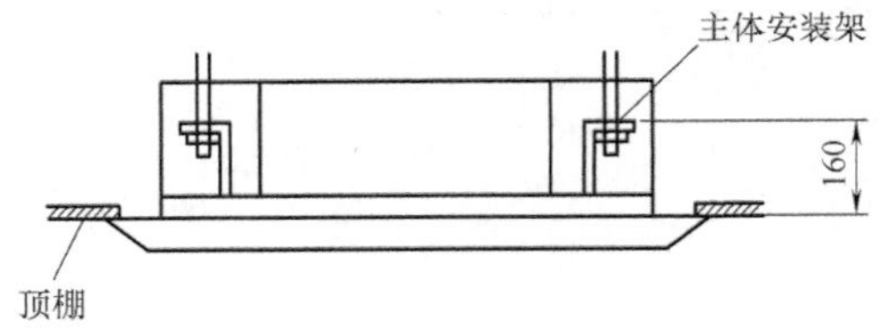

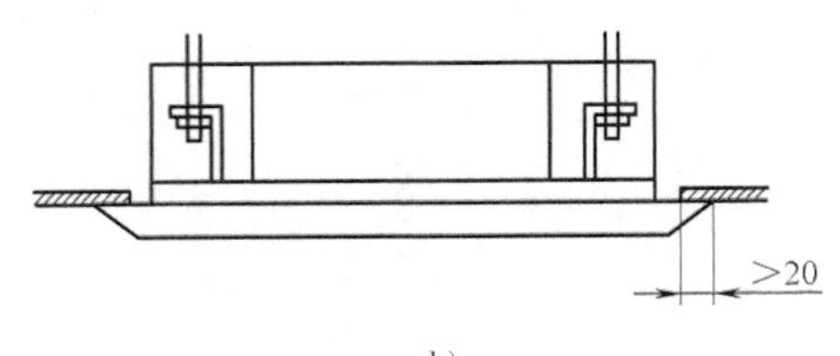

图 5-51 顶棚与天井式室内机的位置关系

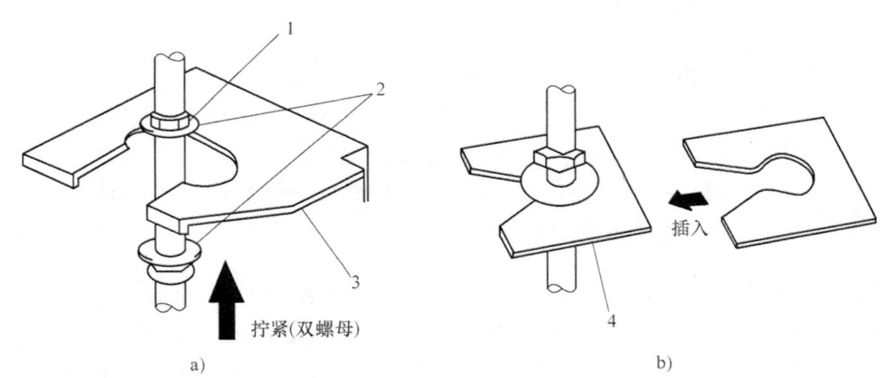

图 5-52 初步安装室内机

a）把吊架座固定牢靠 b）把垫圈固定牢靠

1—螺母 2—垫圈 3—吊架座 4—垫圈定位板

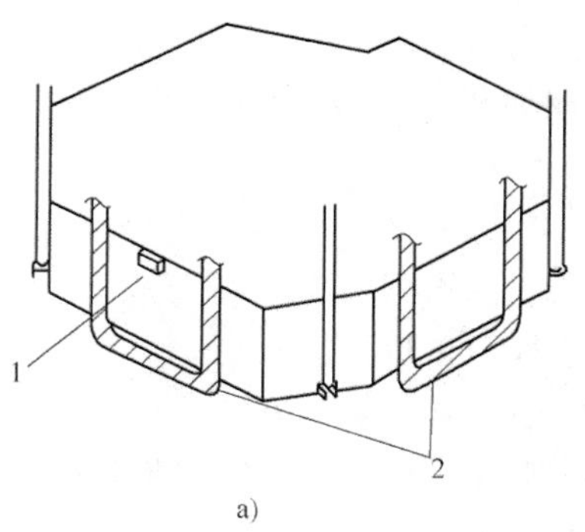

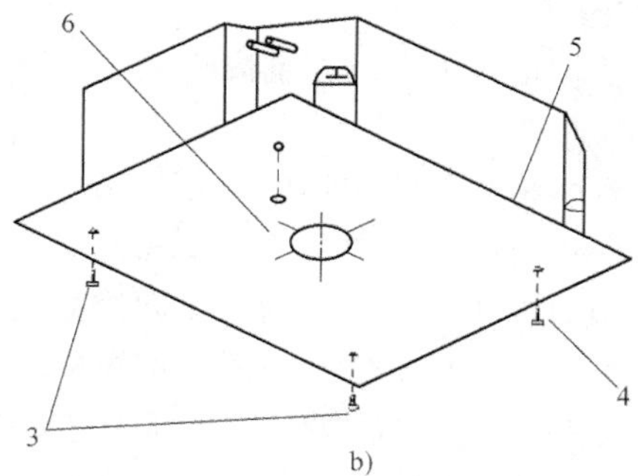

图 5-53　使用安装用纸板

1—水准器　2—聚乙烯管　3、4—螺钉　5—安装用纸板　6—顶棚开口的中心

③ 确定机组安装位置并调平。把机组调整到正确的安装位置，并检查机组是否水平。室内机配有内置式排水泵和浮子开关，用水准器逐个检查机组的 4 个角是否水平。若机组向凝结水流的相反方向发生倾斜，浮子开关可能出现故障，造成滴水。

④ 拆除用以防止垫圈脱落的垫圈定位板，拧紧上边的螺母，并拆除安装用纸板。

⑤ 安装面板。

按图 5-54 所示，将面板上的导风板电动机的位置对正室内机的管口位置。按下面步骤

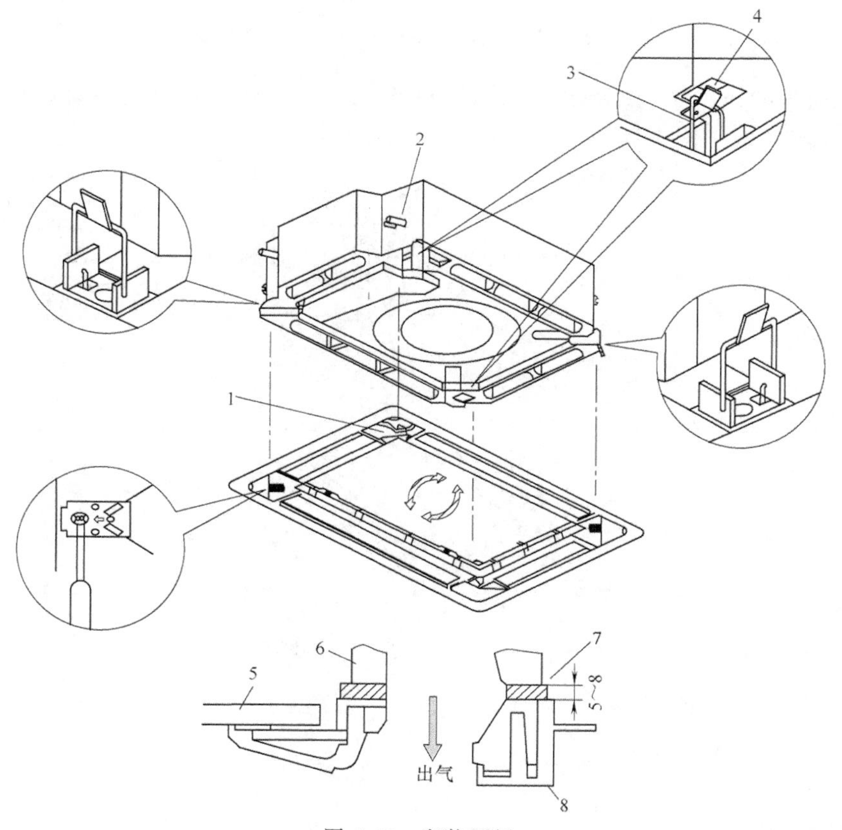

图 5-54　安装面板

1—导风板电动机　2—管口位置　3—挂扣　4—挂钩　5—天花板　6—室内机　7—封闭材料　8—装饰面板

进行面板安装：

a. 暂时将面板安装在室内机上。安装时把挂扣挂在面板上的导风板电动机的相反位置上的室内机的挂钩上。

b. 暂时将其他挂扣挂在主体挂钩上。

c. 将 4 个位于挂扣下的六角螺钉拧入大约 15mm。

d. 将面板转向箭头所指示方向进行调整，以便调节板与顶棚接合良好。

e. 拧紧螺钉直至位于面板和室内机之间封闭材料的厚度减少到 5~8mm。

面板装好后，要确保机组与面板之间没有间隙。拧紧螺钉后，若顶棚和装饰面板之间依然有间隙，则按图 5-55 所示调整方法重新调整室内机的高度。

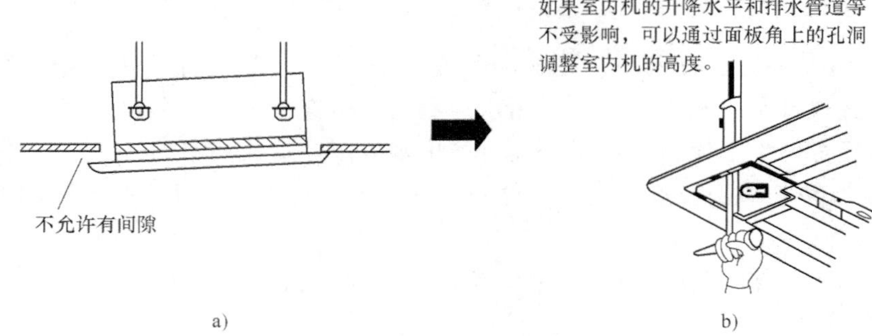

图 5-55　顶棚和装饰面板之间间隙调整方法

⑥ 装饰面板的线路安装。装饰面板的线路安装（图 5-56）时需连接两处装在面板上的导风电动机导线的两个接头。

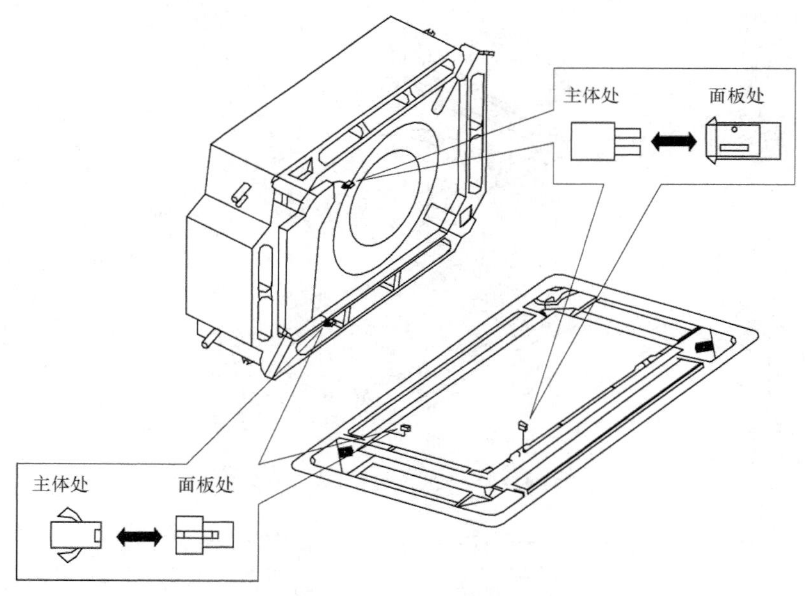

图 5-56　装饰面板的线路安装

（2）管道的安装

1）制冷剂管道的焊接。制冷剂管道焊接流程如图 5-57 所示。

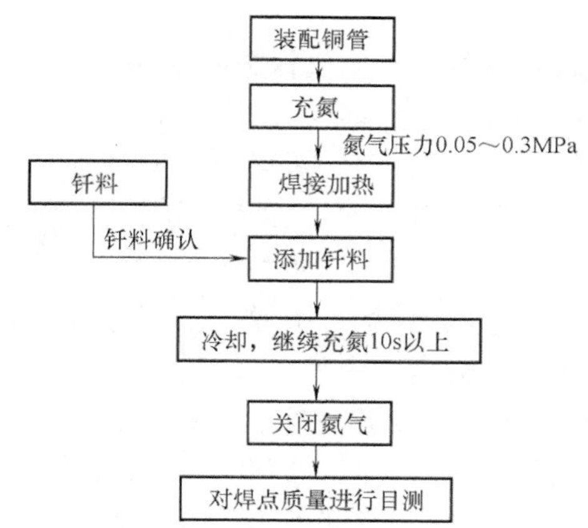

图 5-57　制冷剂管道焊接流程

① 装配铜管。铜管应按铜管焊接尺寸要求（表 5-2）插入规定深度，两装配件的中心线重合，焊接时应定位。为了保证装配尺寸正确，不能用手定位，防止加热时铜管移动。

表 5-2　铜管焊接尺寸要求　　　　（单位：mm）

管外径 D	最小插入深度 B	间隙 $A-D$
ϕ6.35	6	0.05～0.21
ϕ9.52，ϕ12.7	7	
ϕ15.8	8	0.05～0.27
ϕ19.05，ϕ22.2，ϕ25.4	10	
ϕ28.6，ϕ31.8	12	0.05～0.35
≥ϕ35	14	

② 充氮保护。铜管在钎焊温度下表面氧化剧烈，为有效减少铜管内部氧化皮的产生，要求对铜管进行充氮保护（图 5-58）。

铜管充氮时，气压为 0.05～0.3MPa，保证充入工件内的氮气流量为 4～6L/min（手摸有气流的感觉）；装配后开始充氮至焊后冷却继续充氮 10s 以上。充氮时应注意：快换接头和充气枪应合上压紧开关，使氮气全部充入管内；保证氮气达到各焊接接头处，以有效排出空气；连续充氮时一定要有出气口，否则在焊接时气体会从接头间隙处逸出，使焊接填料困难，并易产生气孔。

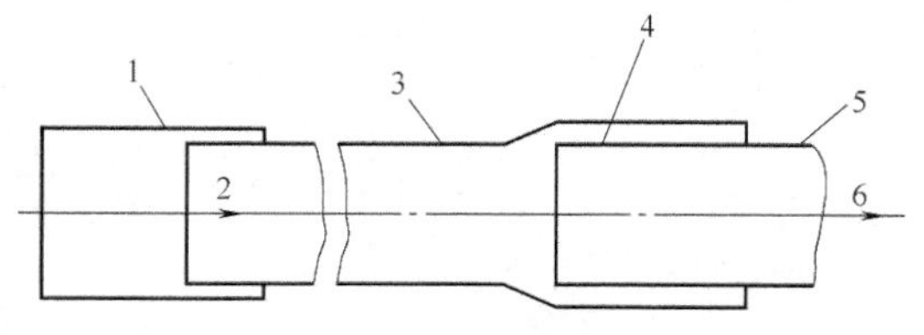

图 5-58　铜管充氮

1—充氮管　2—氮气　3、5—铜管
4—焊接需保护处　6—出气口

③ 焊接加热。焊接加热前确认铜管内有氮气流过，然后使用中性焰或轻微还原焰（一般采用外焰）对铜管进行焊接。铜管接头处加热应均匀，并注意根据管的材料尺寸分配热量。一般先预热插入管，使管配合紧密；再沿接头长度方向来回摆动，使其均匀加热到接近钎焊温度，然后环绕铜管加热至钎焊温度（铜管为浅红），同时钎料随其环绕加入，并均匀填满接头间隙，再慢慢移开焊炬，继续加入少量钎料，形成光滑钎角。加热时不能直接用火

焰烧焊条，加热时间也不宜过久。

④ 焊后处理（冷却）。焊后在管内有氮气保护的条件下，可对接头处再次加热至铜管变色（200~300℃），即进行退火处理。在焊缝完全凝固以前，不能移动焊件或使其受到振动。对采用水冷的焊件，应防止水进入铜管内部，放置焊件时仍要避免铜管表面残留水分流入管内。

⑤ 钎焊质量及检验。焊缝表面光滑，填角均匀饱满、自然地圆弧过渡。钎焊接头（图 5-59）无过烧、焊堵、裂纹、焊缝表面粗糙、烧穿等缺陷。焊缝无气孔、夹渣、未焊满、虚焊、焊瘤等缺陷。

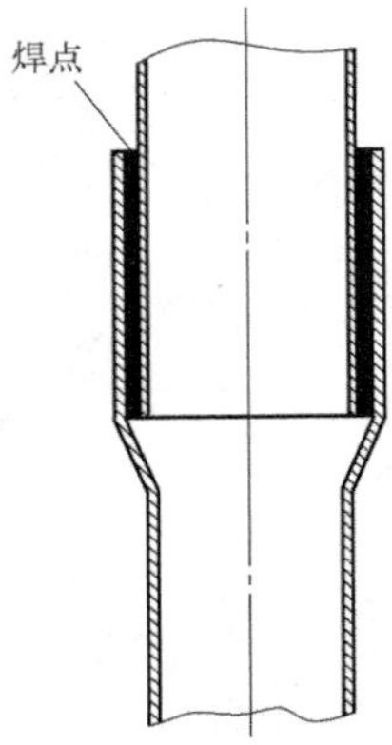

焊点

图 5-59　钎焊接头

2）喇叭管加工。机组截止阀为螺纹连接时，与机组截止阀连接的管子需要扩喇叭口。扩口时需用喇叭管工具、扩孔器、切管器等。

3）歧管的安装。歧管起着分流制冷剂的作用，所以歧管的选择和安装对于多联机组的运行是非常重要的。在正确选择歧管的基础上，应遵循歧管的安装规范。

① Y 形歧管的安装。Y 形歧管连接示意如图 5-60 所示。进口接室外机或上一分支，出口接室内机或下一分支。

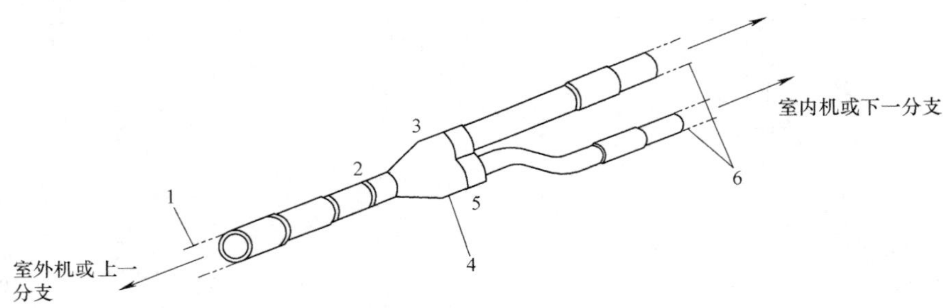

图 5-60　Y 形歧管连接示意

1、6—现场用管　2—进口　3—出口 1　4—Y 形歧管　5—出口 2

安装步骤如下：

a. 选择歧管。Y 形歧管为变径直管（图 5-61），可以连接不同的管径，通用性较强。

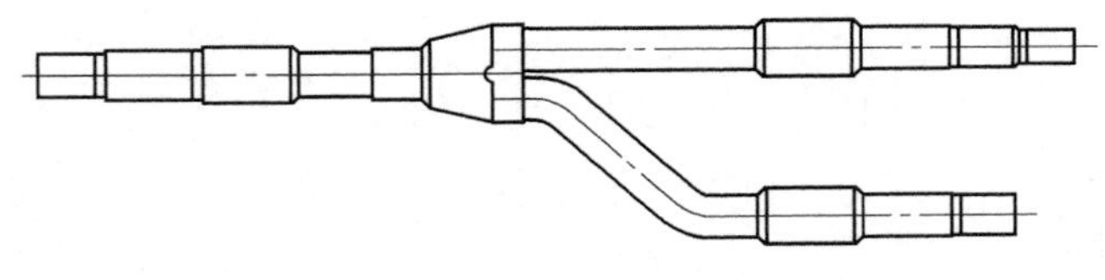

图 5-61　Y 形歧管

b. 切断歧管（图 5-62）。若所选的现场用管尺寸不同于歧管接头尺寸，则用切管器在所需接管尺寸的中部切开，并去除毛刺。

c. 安装 Y 形歧管尽量使其竖向或水平，水平放置时，倾斜度在±30°以内。放置在正确的位置后，充氮焊接。

d. 歧管保温：每对歧管均配有泡沫，用泡沫将歧管包好，上下泡沫用不干胶密封；泡沫部分和无泡沫部分均用保温管包

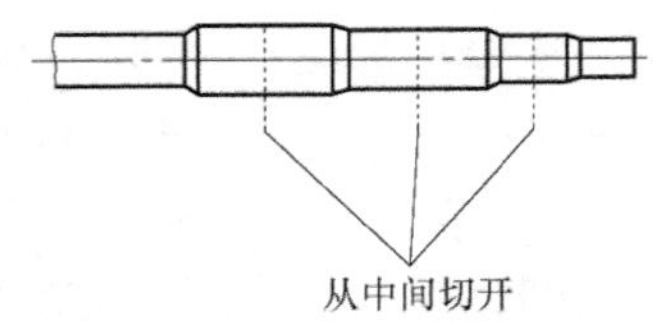

图 5-62　切断歧管

好，泡沫和保温管对接部分用不干胶密封。

② 分歧集管的安装。分歧集管连接示意如图 5-63 所示。进口接室外机或上一分支，出口接室内机或下一分支。

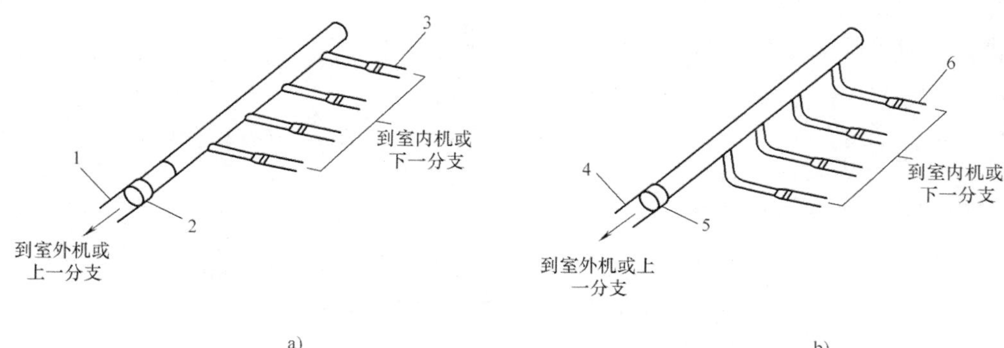

图 5-63　分歧集管连接示意

1、3、4、6—现场用管　2—气侧歧管　5—液侧歧管

安装步骤如下：

a. 选择分歧集管：分歧集管为变径直管，可以连接不同直径的管子。

b. 如果所选的现场用管尺寸不同于歧管接头尺寸，则用切管器在所需接管尺寸的中部切开，并去除毛刺。

c. 不用的分支封闭：可将管口夹扁，然后焊接密封。

d. 要水平安装歧管，不能用于垂直方向，倾斜度在±10°以内。确定位置进行焊接。

e. 歧管保温：每对歧管均配有泡沫，用泡沫将歧管包好，上下泡沫用不干胶密封。泡沫部分和无泡沫部分均用保温管包好，泡沫和保温管对接部分用不干胶密封。

f. 支承歧管（图 5-64）：做好保温后，将歧管用支架支承或排在悬臂支架上。

4）管路吹洗（图 5-65）。在焊接完一段管路后，必须对管路进行吹洗，即用氮气压力去除管内的外来物（灰尘、水分、焊接造成的氧化皮等）。吹洗的主要目的是：除去管内焊接时由于充氮不足造成的氧化物；除去因储运不当而进入管内的杂质和水分；检查室内机和室外机之间管路系统的连接是否有大的泄漏。

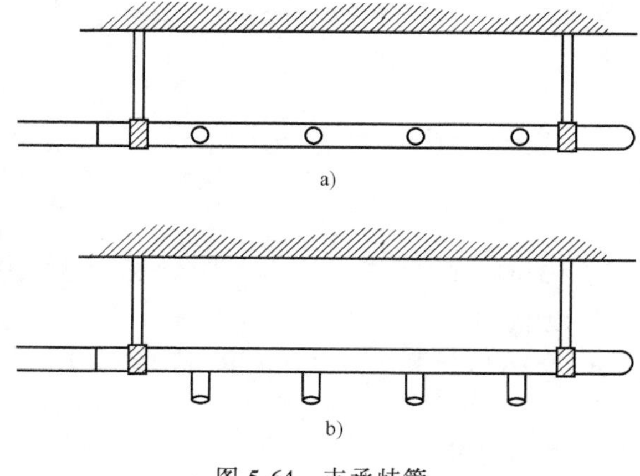

图 5-64　支承歧管

吹洗步骤：

① 将压力表装在氮气瓶上。

② 压力表高压端接上小管（液管）的注氟嘴。

③ 用盲塞将室内机 A 侧不吹洗的管子端口堵住，如图 5-66a 所示。

④ 打开氮气瓶阀，维持压力在 5kgf/cm^2。

⑤ 检查氮气是否流过室内机 A 的液管。

⑥ 吹洗。用手中的绝缘物抵住管口，当压力大得无法抵住时，快速释放绝缘物。再用绝缘物抵住管口，如此反复几次，直到没有杂物吹出为止（图 5-66b）。

⑦ 关闭氮气主阀。

⑧ 对室内机 B 重复以上操作。

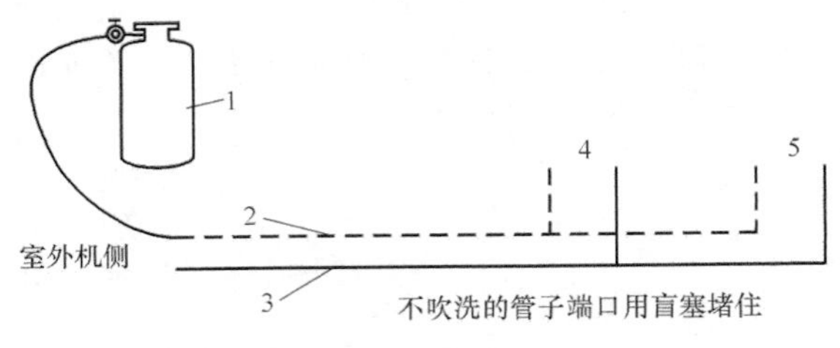

图 5-65　管路吹洗

1—氮气瓶　2—液管　3—气管　4、5—室内机

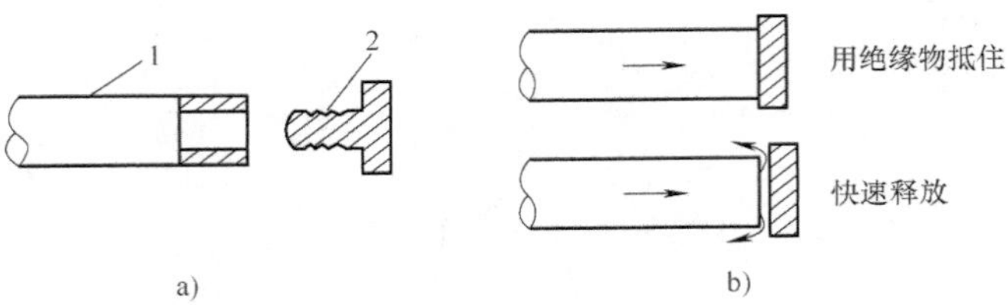

图 5-66　管子端口处理

a）不吹洗的管子端口用盲塞堵住　b）吹洗

1—铜管　2—盲塞

⑨ 对液管吹洗完毕后，再对气管进行吹洗，吹洗步骤跟吹洗液管步骤一样。

5）连接管的保压和检漏。系统的制冷剂连接管焊接好后，在室外机侧的大小管上各焊接一个注氟嘴，将连接至室内外机端的管子用钳子夹扁、焊死，进入连接管的保压检漏阶段。连接管保压检漏操作流程如图 5-67 所示。

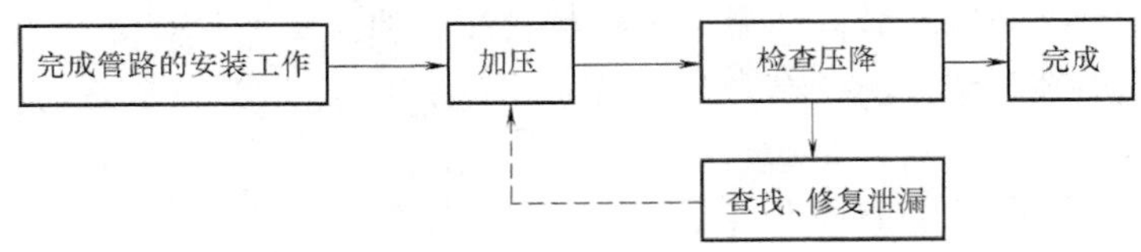

图 5-67　连接管保压检漏操作流程

① 加压。在室外机侧的大、小管的注氟嘴处用氮气加压。

步骤 1：加压到 0.3MPa 保压 3min 以上；

步骤 2：加压到 1.5MPa 保压 3min 以上；

步骤 1 和 2 主要检查大泄漏点，发现大泄漏点立即重焊或补焊泄漏点。

步骤 3：加压 2.5MPa 大约 24h，检验微小泄漏。

② 检查压降。

a. 检验合格的标准：除温度的影响，压降在 0.02MPa 以内为合格（温度变化 1℃，压力大约变化 0.01MPa）。例如：充氮 2.5MPa，当时温度为 30℃，24h 后温度变为 25℃，压力为 2.43MPa 以上为合格，2.43MPa 以下为不合格。

b. 若压降不合格一定要查到泄漏点，进行重焊或补焊，然后重复以上步骤，再充氮加压保压，直到压降在合格的范围内。

③ 检测泄漏。

a. 当发现压降时，仔细用“耳朵听”或“手感觉”等方法检漏，即用耳朵检测泄漏的声音或在连接部位用手检测是否有泄漏。

b. 若用上述方法无效，则释放氮气，充氟代烃制冷剂 0.5MPa 左右，然后用肥皂水或检漏仪进行检漏。

6）管道保温。确认制冷剂连接管没有泄漏后，应对连接管进行保温处理：按要求的厚度对制冷剂管进行包扎，保温管之间的缝隙用不干胶密封；用包扎带包扎保温管，以延长保温管的老化时间。

7）排水管的安装。

① 风管式和天井式室内机排水管的安装。风管式和天井式室内机排水管安装过程中应注意：接室内机的排水管管径一定要达到要求，不要选过小的管径，以致水溢出；总排水管视汇合室内机的台数而定，但应不小于 ϕ35mm；排水管需进行保温，保温管的厚度一定要达到要求；保温管之间的缝隙用不干胶密封；尽量将水排至地漏或卫生间等易于将水排出的地方；排水管安装好后，一定要进行水检（图 5-68），检查水是否能顺利排出，水只能从排水口流出，其他地方不能有漏水现象。

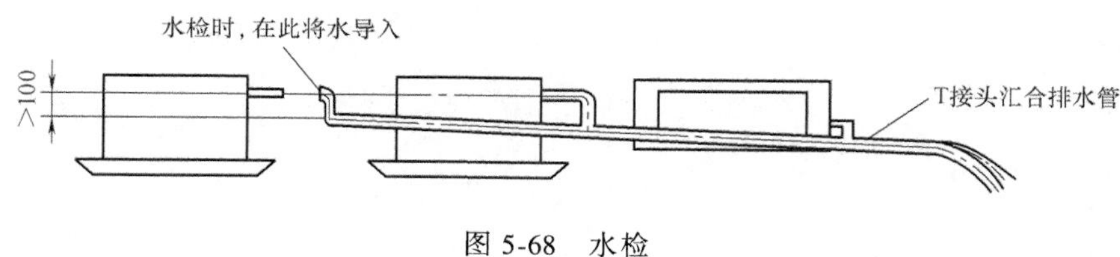

图 5-68　水检

② 挂壁式和落地式室内机排水管的安装。由于壁挂式和落地式室内机安装的特殊性，要求每台室内机单独排水。安装过程应注意：将水排至地漏等易于将水排出的地方，避免排水破坏装修和影响周围环境；排水管一定要布置成流水顺畅的下斜形式，不能布置成扭曲、凸起、起伏等，不要将出水口置于水中（图 5-69）；接长的排水软管通过室内时要包上保温管；排水管安装好后，一定要进行水检，检查水是否能顺利排出。

（3）接线　为了避免强电与弱电之间的相互干扰，施工过程将电源线和通信线分开布线。电源线和通信线分别安装在套管内（可用 PVC 管），两套管之间保持一定的间距。

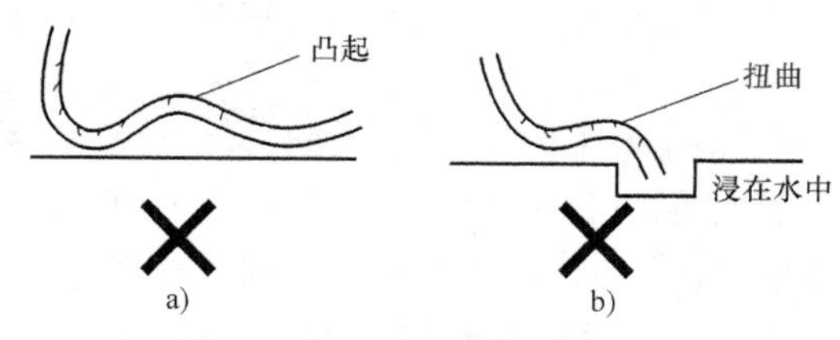

图 5-69　排水管错误布置方式

1）通信线的连接。每台室内外机机组内配有一条通信线。通信线的连接如图 5-70 所示。

2）线控器的安装和地址拨码。

① 线控器的安装。线控器的安装步骤：

a. 选定安装位置，根据通信线尺寸留一个凹槽或埋线孔以便埋设通信线。

b. 通信线的安装方式（图 5-71）可采用明装或暗装。

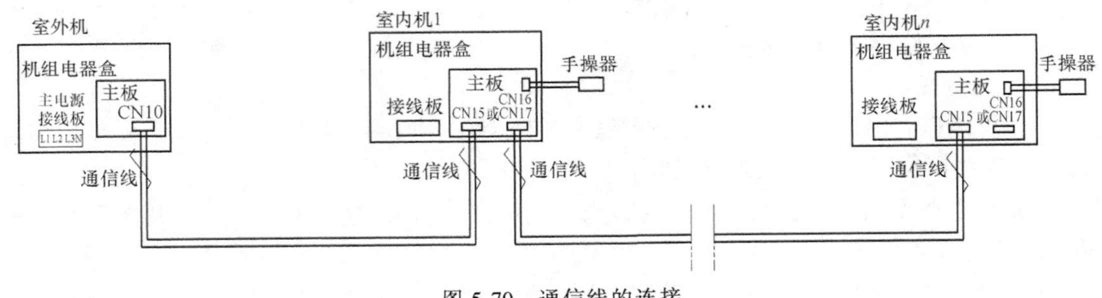

图 5-70 通信线的连接

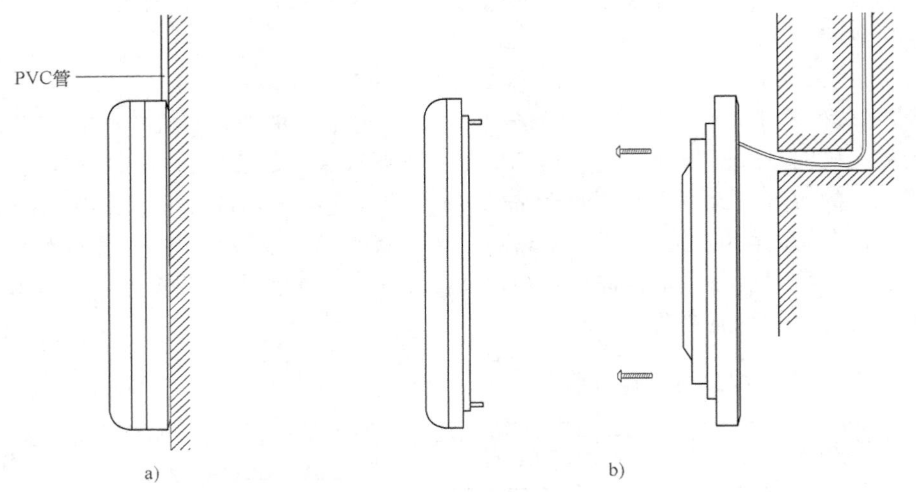

图 5-71 通信线的安装方式
a）明装 b）暗装

c. 分别用螺钉将线控器后盖固定在墙上。

d. 线控器接线（图 5-72）。将通信线插头插到线控器的通信线插座上，然后进行地址拨码。

e. 最后将线控器固定在墙壁上。

② 地址拨码。为了识别室内机，必须对室内机进行地址拨码，同一套多联空调机组内室内机的地址拨码不能相同，拨码时开关位不能拨在中间位置。例如：第 6 号机的地址拨码“0101”，图 5-73a 所示第 1 位拨码开关拨在中间，没有拨到位；图 5-73b 所示为正确拨码位置。拨码时，将电器盒盖拆开，找到主板上拨码开关的位置，在拨码开关上进行地址拨码。

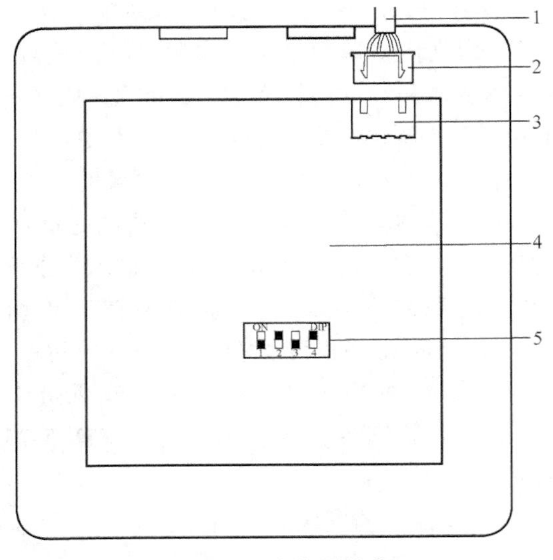

图 5-72 线控器接线
1—通信线 2—通信线插头 3—通信线插座
4—手操器控制板 5—地址拨码开关

(4) 室外机的安装 选择室外机安装位置时，必须保证室外机通风良好，否则容易

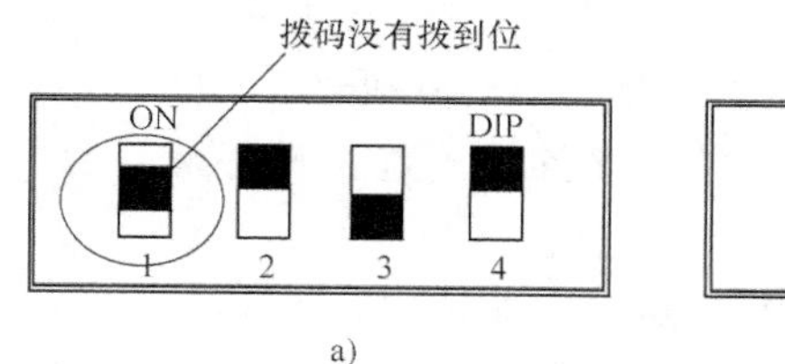

a)

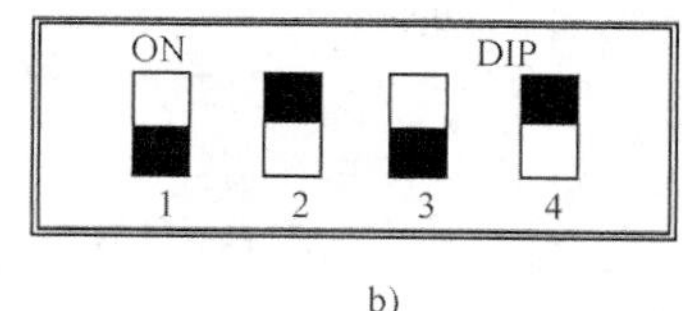

b)

图 5-73　地址拨码

a）错误拨码　b）正确拨码

发生气流短路，造成机组散热能力差。室外机安装在屋檐下时（图 5-74a），当 $H\geq 3000$mm，安装位置满足空间安装尺寸要求，当 $1000\text{mm}<H\leq 3000\text{mm}$，$R\geq S$，当 $H\leq 1000$mm，$L\geq S$。安装在上方有水平障碍物时（图 5-74b），当 $H\geq 3000$mm，安装位置满足空间安装尺寸要求，当 $H\leq 3000$mm，必须安装风道引出障碍物。

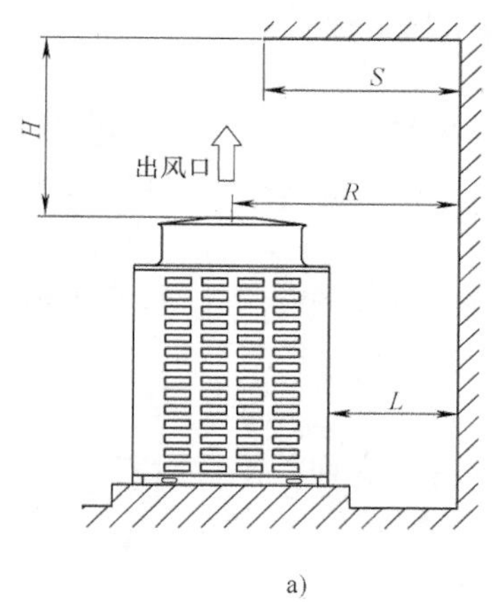

a)

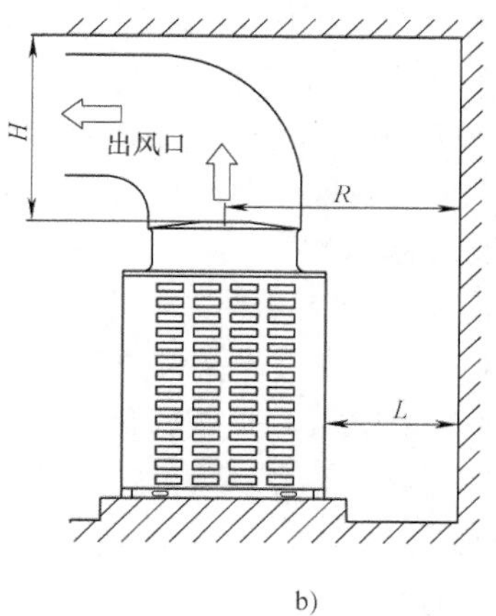

b)

图 5-74　室外机安装示意图

a）安装在屋檐下时　b）安装在上方有水平障碍物时

为了防止室外机噪声增大或振动，必须将其安装在水泥墩（图 5-75）或槽钢上，室外机四角安装减振弹簧。在修筑安装室外机的水泥墩时，应安装地脚螺钉，地脚螺钉必须高于固定位置表面 20mm 以上。

水泥墩做好后，在室外机搬上去之前，放 20mm 厚的橡胶垫片，起防振减振作用。将室外机搬运到水泥墩上，压住橡胶垫片，然后用扳手拧紧四个地脚螺钉。

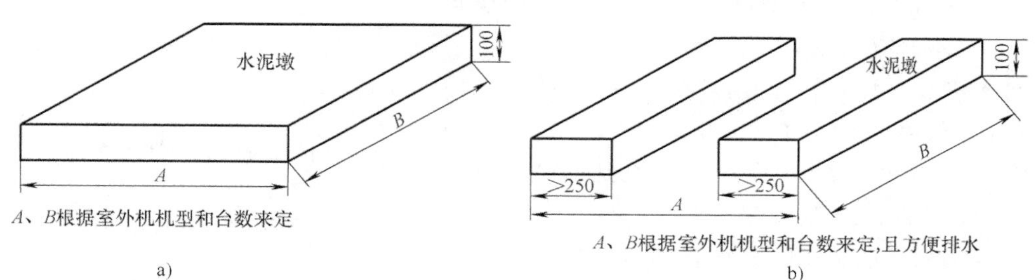

a)　b)

图 5-75　水泥墩

（5）室内外机的连接　完成了室内外机的安装、制冷剂连接管的焊接和管道保压检漏，确保制冷剂连接管没有泄漏后，可将连接管连接上室内外机，然后再保压检漏、抽真空。

1）连接室外机：在室外机正确安装和制冷剂连接管确认没有泄漏后，可以将制冷剂连接管连接上室外机。室外机连接步骤：

① 打开室外机的前面板，取出波纹管（随机配置）。

② 将大、小管夹扁端割断，去掉注氟嘴，然后与波纹管焊接，在小管侧（液管）焊接一个双向干燥-过滤器，然后将双向干燥-过滤器一起保温。

③ 将波纹管的喇叭口对准球阀锥形口，然后用扳手拧紧。

④ 做好室外机连接管的支承和保护。

2）连接室内机：在室内机正确安装和制冷剂连接管确认没有泄漏后，可以将制冷剂连接管连接上室内机。室内机连接步骤：

① 取出波纹管（随机配置）。

② 将连接管的喇叭口对准室内机的截止阀，用力矩扳手拧紧螺母。

③ 做好保温（保护截止阀处）。

3）保压检漏：在连接管的安装时，要求对连接管进行保压检漏，将连接管连接上室内外机后还需保压检漏一次，这次保压检漏的目的是检验室内外机螺纹连接处和新焊点是否有泄漏。保压检漏步骤：

① 充注压力为 2.5MPa 氮气，保压 24h（用压力表在大、小阀的注氟嘴处充氮气，充完氮气后保压时，压力表不要卸下）。

② 24h 后观察压力是否变化。

③ 如有泄漏，请检查室内外机螺纹连接处和新焊点，立即拧紧或补焊。重新保压，直到合格为止。

（6）系统抽真空、充注制冷剂

1）系统抽真空：两次保压检漏合格后，即可进行抽真空。系统进行抽真空主要是为了从管道内排走空气和氮气，达到真空状态；真空干燥，可排除系统内的水分。抽真空的步骤如下：

① 在检漏合格后，排出氮气，将压力表连通器接在室外机大、小阀的注氟嘴上，接一真空泵，高、低压同时抽真空。如图 5-76 所示系统抽真空，起动真空泵，打开“VL”和“VH”旋钮。

② 当真空度到 -0.1MPa（表压 $-1\mathrm{kgf/cm^2}$）后，继续抽 0.5~1.0h，然后关闭高压端“VH”和低压端“VL”旋钮，停真空泵。

③ 将连接真空泵的软管改接到氟代烃制冷剂充注罐上，排掉软管中空气，打开低压端“VL”旋钮，向系统管路里充填氟代烃制冷剂，压力到 $0.0\mathrm{kgf/cm^2}$ 时，再关闭低压端“VL”旋钮。

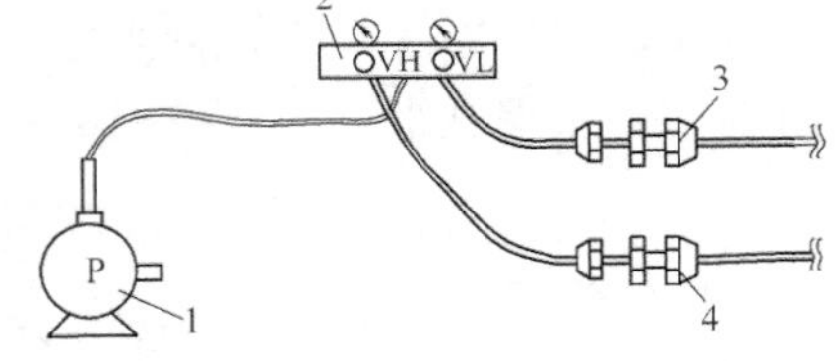

图 5-76　系统抽真空

1—真空泵　2—压力表连通器阀　3—气侧接头　4—液侧接头

④ 将连接氟代烃制冷剂充注罐的软管再改接到真空泵上，起动真空泵，打开高压端“VH”旋钮，在高压端抽 30min，再打开低压端“VL”旋钮，抽低压端直到真空度达 -0.1MPa（表压 $-1\mathrm{kgf/cm^2}$）。

若真空度达到-0.1MPa或更低，则抽真空完毕，真空泵停机，放置1h，然后检查真空度是否变化。若有变化，则有泄漏点。应检查泄漏点并进行补漏。

⑤ 按上述程序抽完真空，然后进行充注制冷剂工作。

2）充注制冷剂（图5-77）。充注制冷剂的步骤如下：

① 将制冷剂罐连接管接到压力表连通器阀，然后打开阀“VH”，排空管内的空气，再将压力表高压端接在室外机小阀的注氟嘴上。

② 打开阀“VH”，然后将制冷剂以液态充入液管侧，直至所需的灌注量。

如果不开机加不进系统，则让系统按制冷全负荷运行，打开阀“VH”，排空管内的空气。将压力表高压端接在室外机小阀的注氟嘴上，打开“VL”阀，以气态充入气管侧，直到所需的充注量。

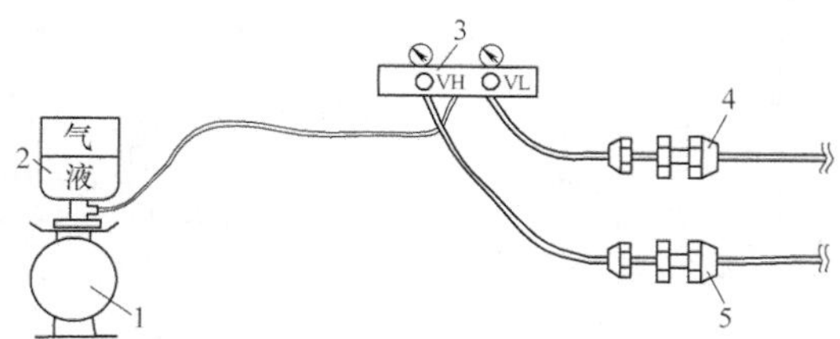

图5-77　充注制冷剂

1—弹簧秤　2—制冷剂罐　3—压力表连通器阀　4—气侧接头　5—液侧接头

③ 观察弹簧秤，当达到所需添加的制冷剂量时，快速关闭阀（关上制冷剂罐的源阀）。

④ 记下加到系统的添加制冷剂量。

⑤ 制冷剂充注结束后，打开室内外机的大、小阀，开始调试机组。

2. 冷/热水机组安装

冷/热水机组安装流程图如图5-78所示。

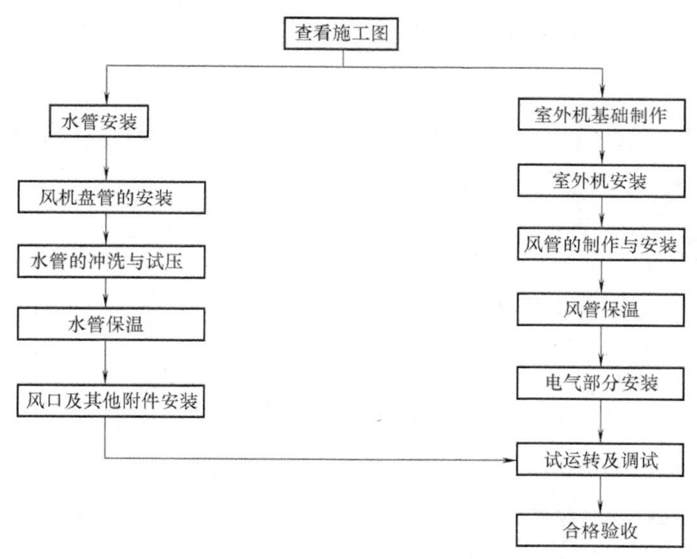

图5-78　冷/热水机组安装流程图

（1）水系统管路的连接和安装　在冷/热水机组中，水系统管路连接的好坏将直接影响机组的使用。水系统设计、施工必须按照水暖管道设计规范及标准正确进行。图5-79所示为采用闭式膨胀罐水系统示意图，图5-80所示为末端水系统连接示意图。水系统管路连接

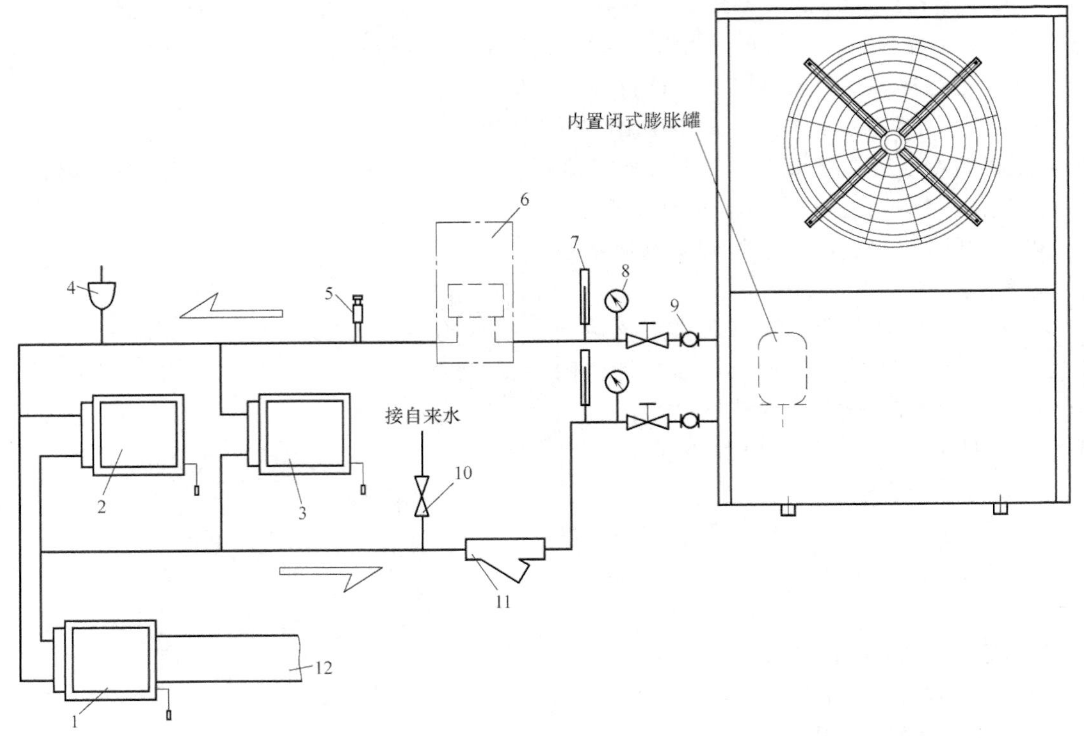

图 5-79 采用闭式膨胀罐水系统示意图

1、2、3—风机盘管 4—自动排气阀（系统最高处） 5—安全阀 6—辅助加热器 7—温度计 8—压力表 9—软接头 10—自动补水阀 11—过滤器 12—送风管

时应注意：

1）水系统管路中必须接补水管及自动补水阀，防止因缺水而对设备造成损坏。

2）机组进水管处，必须安装过滤器，以防止机组内的板式蒸发器堵塞。

3）机组的进出水管处应安装温度计和压力表，以便于检查机组的运行状态。

4）在户式中央空调系统中，由于安装条件限制，常采用闭式低位膨胀水箱。此类膨胀水箱安装时，补水电磁阀要加装止回阀，以免系统污水影响水源。

5）按机组制冷量及循环水量选取管径，并考虑尽可能地减小水系统的阻力损失。

6）水系统配管完成后，应根据暖通空调中有关规范进行水压试漏并排污，确保水管道内清洁、无锈渣等污物，以防止堵塞管路及机组内的板式热交换器和水泵，造成机组损坏。

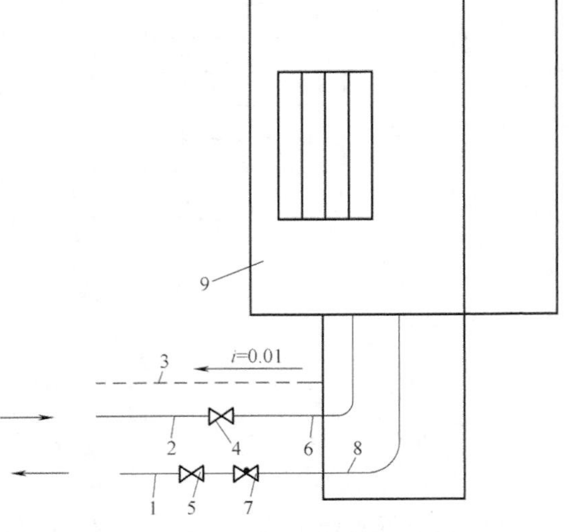

图 5-80 末端水系统连接示意图

1—进水管 2—回水管 3—冷凝水管 4、5—截止阀 6、8—软接管 7—电磁阀 9—末端

7）水系统的膨胀水箱或自动补水阀及截止阀应安装在室内，以免冬季使用时补水管和阀发生冻裂现象。

8）水管最低点处应安装排水阀。

9）水管必须保温及防湿，以防制冷量、热量损失和凝结水形成。

管道安装前应进行管道支架的敷设，根据不同管径和要求设置管卡和吊架，位置应准确，敷设要平整，管卡与管道接触应紧密，不得损伤管道表面。采用金属管卡时，金属管卡与管道之间应采用塑料等软物隔离。在金属管配件与给水管连接部位，管卡应设在金属管一边。在阀、水表等给水设备处应设固定支架，其重量不应作用于管道上。冷热水管共用支架时，应根据热水管支架间距确定。

（2）风机盘管的安装　风机盘管安装工艺流程：预检—施工准备—电动机检查试转—表冷器水压试验—吊架制作与安装—风机盘管安装—配管连接—检验。风机盘管安装示意图如图 5-81 所示。

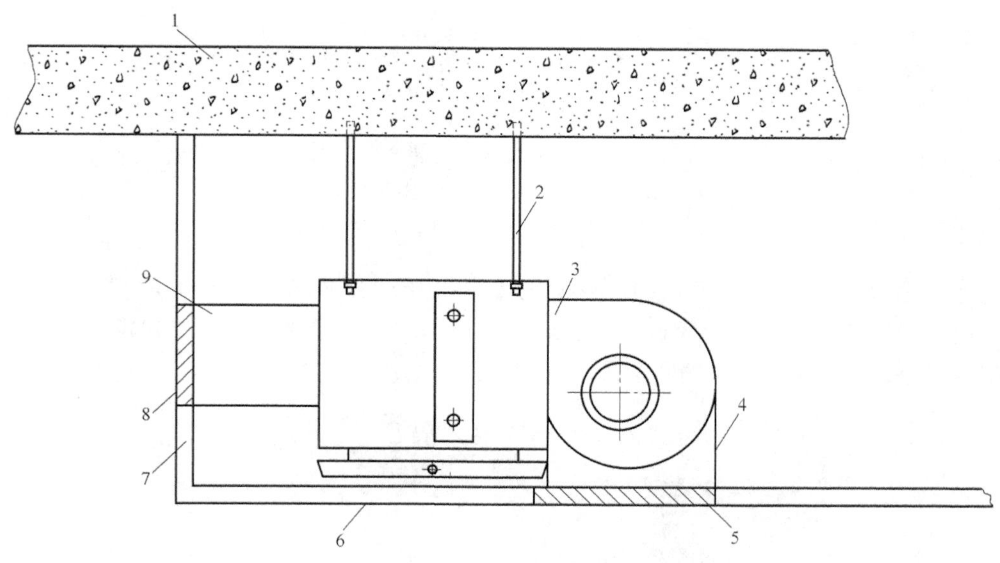

图 5-81　风机盘管安装示意图

1—楼板　2—吊筋　3—风机盘管　4—回风管（保温）　5—百叶回风口　6、7—局部吊顶　8—百叶送风口　9—镀锌钢板及保温风管

1）风机盘管预检及电动机检查试转。风机盘管在安装前应检验每台电动机壳体及表面交换器有无损伤、锈蚀等缺陷；电动机盘管应进行通电试验，试验过程中，机械部分不得摩擦，电气部分不得漏电。

2）表冷器水压试验。风机盘管安装前应逐台进行水压试验，试验强度应为工作压力的 1.5 倍，定压后观察 2~3min 不渗不漏。

3）吊架制作与安装。卧式吊装风机盘管和回风箱应单独设吊架，吊架安装应平整牢固、位置正确。吊杆不应自动摆动，吊杆与托盘相连应用双螺母紧固并找正。

4）风机盘管安装。风机盘管安装高度及坡度应正确，机组与风管、回风箱的连接应严密、可靠。风机盘管安装详图如图 5-82 所示。

5）配管连接。冷热媒水管与风机盘管连接采用钢管或纯铜管，接管应平直。紧固时用

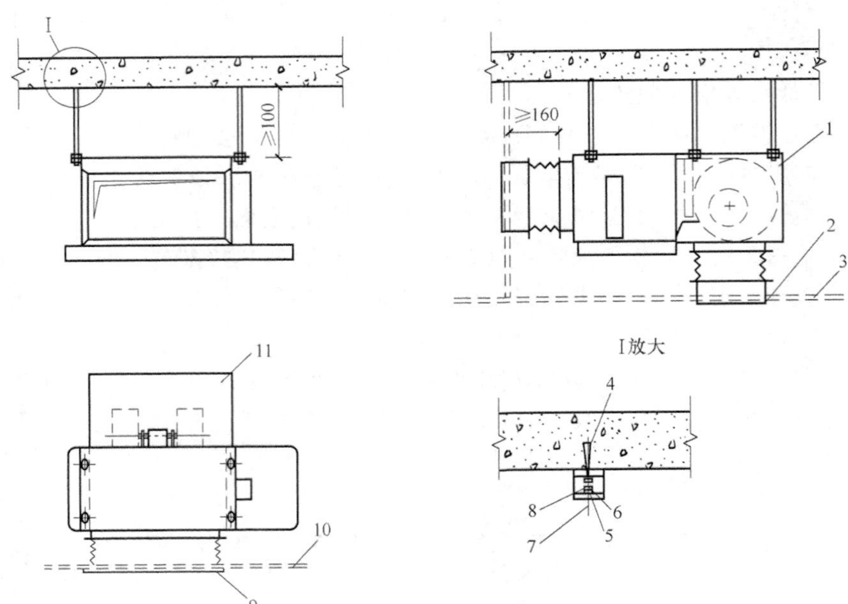

图 5-82　风机盘管安装详图

1、11—回风箱　2—风机盘管回风口　3、10—吊顶　4—膨胀螺栓　5—方斜垫圈　6—弹簧垫圈　7—吊杆　8—螺母　9—风机盘管送风口

扳手夹住六方接头，以防损坏管道。凝结水管宜采用软性连接，软管长度不大于 300mm，管材宜用透明胶管，并用喉箍紧固。接管时坡度应正确，凝结水应畅通流到指定位置，接水盘无积水现象。冷凝管连接实物图如图 5-83 所示。

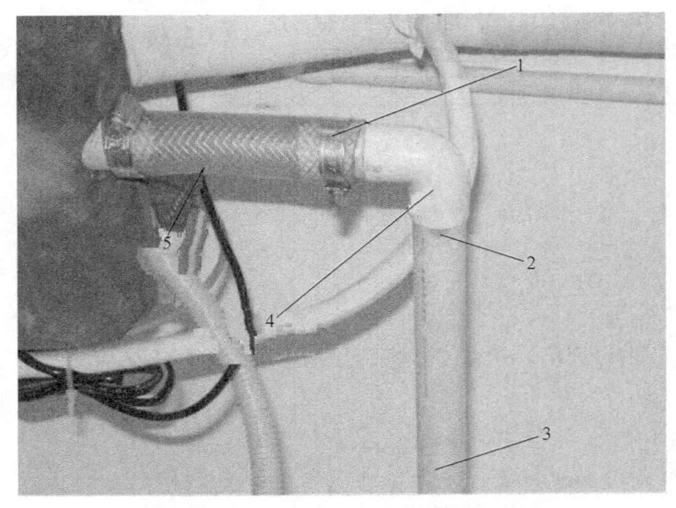

图 5-83　冷凝管连接实物图

1—喉箍　2—密封胶　3—PVC 管　4—PVC 弯头　5—软管

风机盘管同冷热媒水管的连接，应在管道冲洗排污后再进行，以防发生堵塞现象。风机盘管的接管详图如图 5-84 所示。

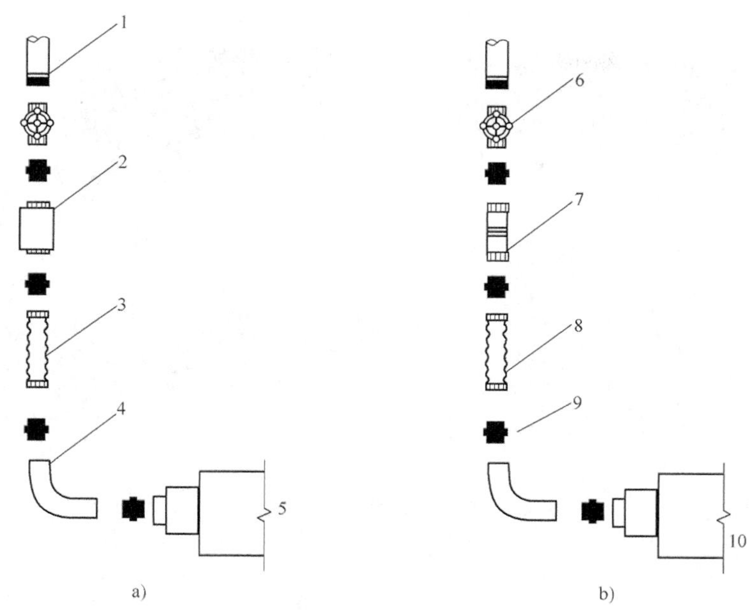

图 5-84　风机盘管的接管详图

a）回水连接方式　b）代水连接方式

1—水管　2—电动二通阀　3、8—软管　4—弯头　5、10—风机盘管　6—截止阀　7—过滤器　9—内接头

6）检验。风机盘管安装必须平稳、牢固，检验时可用水平尺和线坠测量；并且风机盘管、诱导器与进出水的连接管严禁渗漏，凝结水管的坡度必须符合排水要求，与风口及回风箱的连接必须严密。暗装的卧式风机盘管、吊顶应留有活动检查门，便于机组整体拆卸和维修。

（3）水管的试压与冲洗　水压试验：升压前排空系统内空气，确保系统内注满水。然后缓慢升压，首先升至工作压力，检查管路系统无渗漏、无变形后再升压至试验压力，保压1h，压降小于 0.05MPa，然后下降至工作压力的 1.15 倍稳压 2h，进行外观检查，不渗、不漏、压力下降不超过 0.03MPa 为合格。

管道冲洗：对试压合格的管道进行冲洗工作，冲洗水流速不低于 1.5m/s，且水流量不少于总水流量的 2/3，检查进出水口，且测得颜色浑浊度一致为合格。试验压力为系统工作压力的 1.5 倍，但不得大于管材许用压力。试验时应缓慢注水，注满后应做密封检查。加压宜用手压泵缓慢升压至试验压力。

（4）管道的保温　由于水系统中冷热水管路及冷凝水管与周围环境存在温差，因此必须对管道及各连接部件进行保温处理，常用的保温材料有软质聚氨酯泡沫塑料、玻璃棉等。保温后将水管及附件固定牢靠，然后再次进行试压。

（5）风口及其他附件安装　送回风口的安装较简单，但其影响工程的美观。因此选择风口时，除要确保风量要求外，对风口形式、形状、颜色等都要同装修人员协调后才能制作安装。常用的风口形式如图 5-85 所示。安装固定要可靠，避免使用时产生噪声。安装完成后，吊顶要留预留、制作检修口。

（6）风管的制作、安装与保温

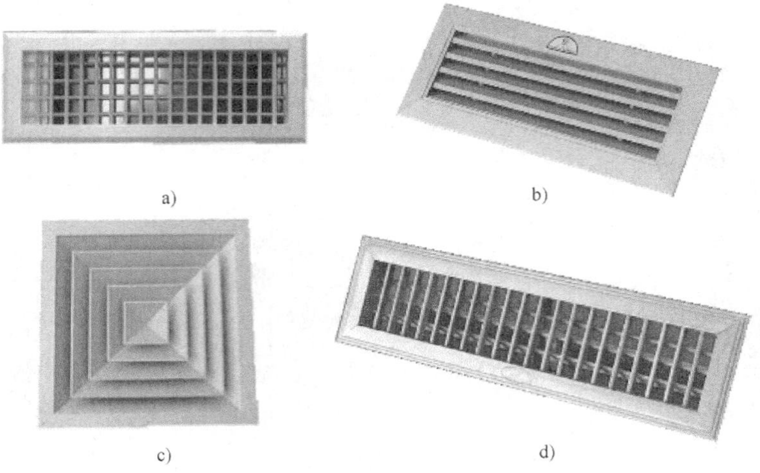

图 5-85　常用的风口形式

a）双层百叶　b）可开格栅带滤网　c）散流气　d）木质双层百叶

1）风管的制作、安装。风管材质一般选用镀锌钢管。风管在进行制作安装过程中应注意：

① 风管与配件可拆卸的接口，不得装设在墙和楼板内。

② 支、吊、托架的预埋件或膨胀螺栓，位置应准确、牢靠，埋入部分不得油漆，并应去除油污。

③ 不保温支、吊、托架不得设置在风口、阀、检视门外；吊架不得直接吊在法兰上，并在适当处设防摆动的固定点，支、吊、托架宜设计在保温层外部，不得损伤保温层。

④ 法兰的垫料厚度宜为 3~5mm，垫料不得凸入管内，连接法兰的螺栓、螺母应在同一侧，材质按设计要求进行。

⑤ 风管水平安装，水平度≤0.3%，总偏差应≤20mm，风管垂直安装，垂直度应≤0.2%，总偏差≤20mm。

⑥ 风管穿出屋面应设防雨罩，穿出屋面超过 1.5m 的立管应设计接索固定，接索不得固定在风管法兰上，严禁接在避雷针或避雷网上。

⑦ 钢制套管的内径尺寸，应以能穿过风管的法兰及保温层为准，其厚度不应≤2mm；管套应牢固地预埋在墙、楼板或地板内。

⑧ 风管的阀类调节部件应安装在便于操作的部位。阀板应顺气流方向插入，防火阀安装位置应正确，易熔塞应在系统安装后装入。

⑨ 各类风口安装应平整、位置正确，转运部分应灵活，与风管连接应牢固。

⑩ 滴水盘等安装应牢固、不得渗漏，凝结水应引流到指定的位置。

2）风管的保温。风管、部件及设备经质量检验合格后方可保温。风管保温使用的隔热材料应具有成品合格证，并符合设计和防火要求，隔热层应平整密实，不得有裂缝、空隙等缺陷。风管法兰处保温，待风管连接后在空隙部分注写隔热碎料，外面再布上隔热层。风管的法兰、阀处的隔热层应考虑能单独更换拆卸，隔热层在该处应留有足够的空隙，一般为螺栓长度加 25~30mm，再以同样材质的隔热层填补空隙，以便在更换填材、拆卸法兰时不破

坏两侧的隔热层。

（7）其他部件安装　冷热水系统其他部件安装与多联式空调机组类似，故不再赘述。另外风管式户式中央空调系统安装与多联式空调系统中风管机的安装类似，也不再赘述。

二、技能训练

1. 训练项目

（1）多联机系统安装

（2）冷/热水机组安装

（3）风管系统安装

2. 训练场地、使用工具及注意事项

（1）训练场地

（2）使用工具　户式中央空调设备及其附件、膨胀螺钉、水平检测仪、空心钻、喇叭管工具、扩口器、弯管器、切管器、真空泵、制冷剂、内六角扳手、钎焊设备、氮气瓶、肥皂水等。

（3）注意事项

3. 考核方式

1）学生以小组（4人）形式进行户式中央空调系统安装。

2）各项目所占分值见下表。

项　　目	多联机系统安装（35分）	冷/热水机组安装（35分）	风管系统安装（30分）
资讯及方案制订	5分	5分	5分
小组实际操作	15分	15分	10分
针对方案和操作，小组自评和整改	5分	5分	5分
组间观摩评价	5分	5分	5分
安全操作	5分	5分	5分
教师评价（综合得分）			

工作任务三　户式中央空调运行调试

学习目标

掌握户式中央空调运行与调试的方法及技能。

学习内容

1）风管式系统的运行与调试。

2）冷/热水机组的运行与调试。

3）多联式空调机组的运行与调试。

一、户式中央空调运行与调试

户式中央空调系统安装完毕后必须进行全面的调试，调试的主要目的是检查工程设计是否合理、检查工程安装是否达标、检查机组运行是否正常。

1. 风管式系统的运行与调试

（1）调试前检查　检查室内机、室外机有无损伤，以及管路系统是否在运输或搬运时遭到损坏；检查机组内电路是否连接完好；用手将风机转动几下，检查风机能否正常运转，是否有异常声音，是否风叶碰网罩，是否电动机支架松动；按照接线图逐项检查机组现场接线；检查感温包是否插到位，是否有松脱的现象。

（2）机组试运行　在以上各项检查均合格的情况下，可以进行机组的试运行。机组运行过程中，需检查室外机风机运转方向及异常声音和振动；测量工作电压和工作电流，工作电压波动必须在额定电压的±10%以内，工作电流必须小于额定电流的15%，否则热继电器将动作；确认机组温度控制器动作是否灵敏；测量机组运行压力、排气压力在1.2~2.3MPa，吸气压力为0.35~0.58MPa；测量机组室内进出风温度，若两者温差大于8℃，则制冷制热效果良好；运行时，使室外风机停止运转，检查安全装置，如高压保护开关的灵敏度。

2. 冷/热水机组的运行与调试

（1）空调系统冷冻水的充注　从补充水管向系统的冷冻水管内注水，同时从排气阀自动排气直到整个管内充满水，并确认管内的空气已经排净为止。

（2）试运转前的检查

1）检查室内风机盘管。检查所有室内风机盘管的电源线接线是否正确，风机运转方向是否正确，检查风机盘管进出口接管上的阀是否全开。若风机盘管内有空气存在时，应由放气阀将其排出。

2）检查机组。检查机组外观及管路系统是否在运输或搬运时遭到损坏；检查机组内电气元器件的接线端子是否松脱，相序是否正确；检查风机风叶旋转时是否与外壳及网罩有干涉的现象；检查感温包是否插到位，是否有松脱的现象。

3）检查管路系统。检查管路系统中的阀是否已经全部打开；检查整个管路系统水是否充满，空气是否排放干净；检查管路系统的保温是否良好。

（3）机组试运行　在以上各项检查均合格的情况下，可以进行机组的试运行。

1）给机组通电开机。使用三相电源的机组，若电源线相序接反，则相序保护器起作用，风机、压缩机、水泵均不动作，此时应先切断电源，再将三相电源线中的两相对调，即可再通电开机。

2）通电运行后，循环水泵应平稳运行，若运行不稳定，且压力表指针摆动较大，说明水系统内仍存在空气，此时仍应通过排气阀将空气排净后再开机。开机 3min 后，风机和压缩机自动起动。

3）压缩机起动后，若有异常声音出现，应立即停机检查。

机组夏季制冷运行时，出水温度 $T\geqslant 14℃$，压缩机起动运行，当 $T<7℃$ 时，压缩机停机，此时水泵继续运行，末端制冷量的供应继续由水管内冷冻水提供。机组在运行过程中，智能控制系统根据负载变化决定可以自动进行能量调节。

对于热泵机组，在冬季制热运行时，若出水温度 $T\leqslant 45℃$ 时，压缩机起动运行；当 $T\geqslant 54℃$ 时，压缩机停机，此时水泵继续运行，末端热量的供应继续由水管内的热水提供。观察机组进出水温度情况是否正常，进出水温差 $\Delta T>5℃$ 时，说明系统内水流量偏小，此时应检查过滤器是否有堵塞、空气是否排净、管路系统阻力是否过大等；ΔT 在 3～5℃之间较好。

试运行完成后，应清洗管路上的过滤器，方可投入正常运行。以后一段时间内应定期拆洗过滤器（如每月一次），以确保机组的正常运行。

3. 多联式空调机组的运行与调试

（1）调试前检查

1）检查制冷系统管道的气密性：通过观察安装在室外机处的压力表，在排除温度影响因素后，检查充氮加压的压力值是否仍然保持恒定。

2）对照安装说明，检查室内外机电源接线是否正确。

3）检查电气系统接线是否正确。

4）检查制冷系统配管连接是否正确、配管的保温是否完好。

5）对电源电路进行绝缘试验：使用 500V 绝缘电阻表在电源线连接端与地线之间施加 500V 的直流电压，检查绝缘电阻。要求绝缘电阻大于 2MΩ。

（2）系统运行调试　对制冷系统抽真空并充注制冷剂（方法如多联机安装过程中的抽真空和充注制冷剂）后，开始对系统进行试运行调试。

1）第一次合上空调系统电源总开关，向室外机通电预热 6h 以上，才能起动室外机运行（因为压缩机内的冷冻机油需要曲轴箱内加热器通电预热）。

2）变频空调通电后有自检功能，若系统接线错误，将在控制器上显示；若接线正确，系统自检自动停止。

3）调试过程中，应测量相关数据并记录。室内机检测制冷（或制热）的进气温度和排气温度；室外机检测绝缘电阻、电流、电压、排气压力与温度、进气压力与温度、压缩机频率等。

二、技能训练

1. 训练项目

（1）风管式系统的运行与调试

（2）冷/热水机组的运行与调试

（3）多联式空调机组的运行与调试

2. 训练场地、使用工具及注意事项

（1）训练场地

（2）使用工具　风管式户式中央空调、冷/热水机组、多联机系统、万用表、绝缘电阻表、高低压表、真空泵、制冷剂等。

（3）注意事项

3. 考核方式

1）本任务由学生以小组（4人）形式对各种户式中央空调进行运行与调试操作。

2）本任务各项目所占分值见下表。

项　目	风管式系统的运行与调试(35分)	冷/热水机组的运行与调试(35分)	多联式空调机组的运行与调试(30分)
资讯及方案制订	5分	5分	5分
小组实际操作	15分	15分	10分
针对方案和操作,小组自评和整改	5分	5分	5分
组间观摩评价	5分	5分	5分
安全操作	5分	5分	5分
教师评价(综合得分)			

工作任务四　户式中央空调故障诊断及排除

学习目标

掌握户式中央空调故障诊断、排除方法及技能。

学习内容

户式中央空调常见故障及其排除方法。

一、户式中央空调故障诊断及排除

1. 制冷机组不能起动

（1）故障现象　合上电源，制冷机组不能起动工作。

（2）故障诊断及排除　此故障一般是由电气系统故障引起的。

1）用万用表测主电路电压，或用电笔测电路是否通电。若电压明显低于额定值，压缩机电动机不易起动，并发出“嗡嗡”声。此时应稳定供电电压，否则可能烧坏压缩机电动机绕组。

2）若电压正常，检查压力继电器触点是否闭合。用万用表进行测量，若触点处于常开状态，应对压力继电器进行调整和检测。旋动压力继电器调节杆至低温区域，观察触点是否闭合。若不闭合。拆下感温包并浸入温水中，再观察感温包是否动作，若仍不闭合，则可能是感温包内感温介质泄漏，需更换感温包。

3）若合上电源引起熔体熔断，而其他电器和电路无故障，则可能是由于电动机线圈烧毁或短路引起的。此时，用万用表检查接线柱与外壳间是否发生短路，并测量各相电阻。若短路或阻值较小，则说明电动机绕组短路或烧毁，此时对电动机进行重新缠绕线圈或更换即可。

2. 机组运行过程中突然停机

（1）故障现象　机组运行正常情况下，突然发生停机现象。

（2）故障诊断及排除

1）将低压压力继电器的触点闭合或短接，起动压缩机，检查吸气压力表压力指示值，若低于压力继电器的整定值，则在运转过程中检查系统。故障原因可能是系统内发生堵塞或制冷剂不足，通过排除堵塞点、回收制冷剂、系统抽真空、充注制冷剂即可排除故障。

2）检查排气压力，若排气压力过高，可能是冷却风量不足、系统内有空气、冷凝器散热不良、制冷剂充注量过大等因素引起的，应逐项查明，并排除故障。

3）检查系统输油压力，若输油压力过低，油压继电器也会动作切断电源，使得压缩机停机。此时，应检查润滑油系统，排除故障后起动压缩机。

4）检查室内负荷是否突然增加，若室内负荷超出机组制冷量，压缩机电动机电流会迅速增加，热继电器动作，电动机停止运转。

3. 机组制冷量或制热量不足

(1) 故障现象　房间温度长时间达不到设定温度。

(2) 故障诊断及排除　导致机组制冷量、制热量不足的原因可能是:

1) 系统制冷剂不足。

2) 热力膨胀阀的开度不够。

3) 感温包安装的位置不合适，导致测得的温度不准确而使调节时出现偏差。

4) 施工完成时，由于在施工时有些物品忘记清理而放在风管内造成堵塞。

5) 室外机布置时，由于布置不当导致排气受阻。找到对应的故障点排除即可。

4. 机组冷热负荷配置足够，但效果不佳

(1) 故障现象　机组制冷量或制热量够，但室内空调效果不佳。

(2) 故障诊断及排除

1) 风管机的空调回风系统的风量不足，会使该问题显得尤为突出。产生原因通常为回风管及回风口面积不足（设计不合理）。故障排除时需要加大回风管及回风口尺寸，或增加回风管道及回风口。

2) 送风与回风气流短路，即送风口送出的空调风还未全部送达房间空调区域，便就近流至回风区域。此时需重新合理布置送回风口。

3) 风管采用过长的金属软管。当金属软管内的风速大于 3m/s 时，其管道内空气阻力会急速增加，而户式中央空调室内机风机风压较小。如果其风压克服不了过大的阻力，其实际风量便会大大低于额定风量。此时将金属软管改为固定风管即可。

5. 室内发生滴水

(1) 故障现象　安装室内机试验凝水管系统顺畅，而运行中或运行一段时间后发现有滴水现象。

(2) 故障诊断及排除

1) 室内机调试安装时其吊杆的上下螺母处未设弹簧垫圈，当设备在运行过程中将其螺母振脱落后室内机向凝水盘相反方向倾斜，导致凝结水从滴水盘上口直接溢水。此时，在吊杆的上下螺母处装上弹簧垫圈，拧紧螺母即可排除故障。

2) 凝水管支吊架间距过大、吊杆强度不够；尤其是在水平管向下接立管的弯头处未设支吊架或支吊架离弯头处过远，室内装修时将其立管上推，导致凝水管反坡。故障排除时，将空调凝水管的刚度及坡度调整至符合要求即可。

6. 机组不制冷

(1) 故障现象　合上电源，机组不制冷。

(2) 故障诊断及排除

1) 室外温度过高。在一些常年高温的地区，因为室外的温度过高而超过空调制冷极限，可能会造成空调不制冷，这种不制冷的状况常见于室外机装在比较密闭的空间或其四周的温度过高。

2) 室外机散热不良。室外机的散热器上面若存在大量的灰尘等，会引起散热效果差导致空调不制冷。

3) 制冷剂数量严重不足，会造成制冷效率低、效果差或者不制冷。此类问题加氟代烃制冷剂即可。

7. 电磁阀不动作

(1) 故障现象　通电时，听到电磁阀发出“嗒嗒”声响。

(2) 故障诊断及排除　出现此现象主要是由于电源电压低于额定值以下，电磁阀进出口压差超过开启压力，阀芯吸不上；或者电磁阀流向安装颠倒导致衔铁被卡死；阀内有污物、阀座或阀芯受损以及弹簧弹力过小等造成电磁阀关闭不严。出现此类故障，修复或更换电磁阀即可。

8. 冬季不能制热

(1) 故障现象　空调系统夏季运转正常，但是冬季不能制热。

(2) 故障诊断及排除　此故障原因可能是四通阀出现故障（例如四通阀上的毛细管堵塞、压扁或内部泄漏)，或者四通阀上的电磁线圈出现断路。出现此类情况，更换四通阀或电磁线圈即可排除故障。另外，制冷系统压差过小也会导致四通阀不能换向，此时应检查系统制冷剂是否过少，制冷系统是否发生泄漏。

二、技能训练

1. 训练项目

户式中央空调故障诊断及排除。

2. 训练场地、使用工具及注意事项

(1) 训练场地

(2) 使用工具　户式中央空调模拟操作平台、真空泵、气焊设备、制冷剂钢瓶、三通阀、万用表、检漏设备等。

(3) 注意事项

3. 考核方式

1）本任务由教师任意设定两种户式中央空调故障，学生以小组（4 人）形式进行故障诊断及排除。

2）本任务各项目所占分值见下表。

项　　目	故障 1(50 分)	故障 2(50 分)
资讯及方案制订	10 分	10 分
小组实际操作	25 分	25 分
针对方案和操作,小组自评和整改	5 分	5 分
组间观摩评价	5 分	5 分
安全操作	5 分	5 分
教师评价(综合得分)		

参考文献

[1] 吴业正. 制冷原理及设备 [M]. 4版. 西安：西安交通大学出版社，2015.

[2] 林钢. 小型制冷装置 [M]. 北京：机械工业出版社，2012.

[3] 邱庆龄. 小型制冷装置检测与维修 [M]. 北京：高等教育出版社，2012.

[4] 金文. 制冷装置 [M]. 北京：化学工业出版社，2007.

[5] 刘佳霓. 制冷原理与装置 [M]. 北京：高等教育出版社，2011.

[6] 张少利，何应俊. 制冷设备原理与维修实训 [M]. 北京：外语教学与研究出版社，2011.

[7]《工作过程导向的高职课程开发探索与实践》编写组. 工作过程导向的高职课程开发探索与实践——国家示范性高等职业院校建设课程开发案例汇编 [M]. 北京：高等教育出版社，2008.

[8] 姜大源. 职业教育学研究新论 [M]. 北京：教育科学出版社，2007.